U0257899

叶谦吉　著

叶谦吉文集

THE COLLECTED WORKS OF YE QIANJI

社会科学文献出版社
SOCIAL SCIENCES ACADEMIC PRESS (CHINA)

叶谦吉(1909~),江苏无锡人,西南大学教授、博士生导师。1933 年毕业于南京金陵大学农学院农业经济系,1933~1946 年任南开大学经济研究所教员、研究员、教授,1936~1938 年赴美国康奈尔大学、哈佛大学进修。1948~1952 年任重庆大学经济系主任、教授、硕士生导师兼学校副秘书长;1952 年 3 月始任西南农业大学教授兼农业经济研究室主任、生态农业研究所所长,重庆市政协第七、第八、第九届常委,重庆市科技协会委员、生态农业学会理事长、农业经济学会理事长,四川省国土经济学研究会顾问,中国生态经济学学会常务理事,民盟中央科技委员会委员。著有《生态农业——农业的未来》《英汉农业经济辞典》等专著;曾获四川省第一、第四次哲学社会科学重大科技成果一等奖,农牧渔业部科技推广优秀教师,全国各民主党派、工商联为四化服务先进个人;享受国务院政府特殊津贴。

代序　一位年老的年轻人

——叶老百岁华诞感言

今天我们从四面八方奔向重庆，济济一堂，是为了一个特别的人和一个特别的日子。

在这个特别的日子，我们见到了一位长寿而健康的老人，见到了一位保持百年青春并将继续前行的年轻思想者。

有谁见过这样的人？一名教授，被打入冷宫20年，从劳动改造者到资料室的资料员，却依然坚强、执着。他做了几万张资料卡片，编辑了我国第一部《英汉农业经济辞典》，翻译出版了《现代企业管理》。

有谁见过这样的人？1982年，当改革开放的春风刚刚吹来，当人们还在苦苦思索中国农业走向何处的时候，他却以大师的手笔发表了《生态农业——我国农业的一次绿色革命》，率先提出了生态农业的战略思路。

有谁见过这样的人？1986年，当中国的温饱问题刚刚得以初步解决，工业化与城镇化进程刚刚起步，他却以思想家特有的洞察力首次提出了超越时代的“生态文明”的思想。

有谁见过这样的人？在81岁高龄时还能获得省级一等奖的科技奖励，在88岁高龄时冒雨为农村干部作长篇报告，在92岁高龄时写政协提案，在98岁高龄时发表系列学术论文，在100岁的时候还保持理论的梦想与学术的朝气。

有谁见过这样的人？一代宗师，几十年与家人两地分居，几十年搭乘公共汽车，几十年独居一隅，承受孤独，潜心学问，教书育人，任劳任怨。

有谁见过这样的人？将90岁称为“小小90岁”，计划120岁从专业领域退休，然后开始做慈善事业。

这是一位老人吗？不是，明明是一位充满理想、满怀憧憬的年轻人。

这是一位老人吗？不是，明明是一位充满活力、永葆青春的思想先锋。

这是一位老人吗？不是，明明是一位事业如日中天的青年才俊。

这位年轻的老人就是我们的老师——尊敬的叶教授！他就是我们的导师——亲爱的谦吉先生！

他是一个奇迹——

他是一个爱憎分明的人：爱家人，爱学生，爱事业，爱党，爱国，爱社会；憎恨不正之风，憎恨小人，憎恨禁锢与邪恶。

他是一位单纯而又深刻的人：对科学、对生态经济、对人与自然充满好奇，童心未泯；对理论、对学术、对事业执着追求，时常闪现智慧的火花与大师的深邃。

他是一位严格而又宽容的人：对自己要求严格，对学术要求严格，对事业要求严格，原则性极强；对学生包容，对同事包容，对社会包容，对自己所受到的不公包容，从不与人斤斤计较。

他是一位骄傲而又谦虚的人：为学科的发展而骄傲，为学生的进步与成就而骄傲，却对自己的丰硕成果始终淡然处之。

他是一位知道最多而又懂的最少的人：他经历了100年，他见过了太多的东西，他知道丰富的过去，他本身就是一部史书——但他鲜谈历史；他还有50年的追求，还有常人一辈子的求索，还有无数未知的难题等着他破解，他本身就是一个未来——但他喜欢谈未来。

他是一位可尊可敬的老人；他是一个可亲可爱的年轻人。

100岁的身体，80岁的辉煌，50岁的成熟，40岁的心脏，30岁的思维，20 岁的斗志，10 岁的童心……

这就是我们共同的导师！

成为他的学生，是我们的荣幸。

成为他的弟子，是我们的造化。

成为他百岁华诞的见证人，是我们的福气。

上帝在考验我们每个学生的耐心与信心——有耐心等待导师的再度辉煌吗？有信心与导师再携手走过半个世纪吗？

让我们齐叩首，祝福我们伟大的导师青春永驻、思想常新、幸福安康！

让我们齐努力，相互搀扶，与我们可爱的导师一路同行！

罗必良

2009 年 6 月 25 日于重庆

目　录

生态农业理论研究

生态经济理论研究

生态农业与区域发展研究

生态经济与产业发展研究

Contents

Ecological Agriculture and Regional Development

The Ecological Economy and Industry Development

生态农业理论研究

生态农业[*]

——我国农业的一次绿色革命

现代意义上的农业，是一个巨大而复杂的系统。这个系统叫农业系统或农林牧系统，也可以叫农业生态系统。在这个系统中，有生命的生物群体之间和生物群与无生命的环境条件之间相互联系，相互制约地形成一个统一的、不可分割的自然综合体。农业，就是人类在这个综合体中，利用其生物成分和非生物成分，通过劳动（体力和智力），从事生产和经济活动，从而调整和控制人和自然之间物质变换的过程而达到一定的经济目的。我们从事农业，是为了实现两个长远目标：一是经营管理好这个庞大而复杂的生态系统，生产出更多的食物、工业原料和生物能源等，以满足人类日益增长的需要。二是运用现代科学技术，因地制宜地加工改造自然生态环境，不断调整、改进其结构和功能，创造适应人们需要的、更合理的生态系统。这两个目标是一致的。食物和工业原料的高产和稳产，在目前，很大程度上仍然有赖于良好的自然环境。同时，只有良好的生态环境，才能创造出高产和稳产的食物和工业原料。因此，农业生态系统与自然生态系统完全不同，它是经过人们加工改造而形成的人为生态系统。在这个系统中，随着生产资源的投入和农产品的产出，物质循环和能量转化，千变万化，错综复杂。加之经济政策、科学技术以及人类行为不断干预着农业生态系统的结构和功能，因而它的组成因素要比自然生态系统复杂得多。同时，由于农业生产是综合性

---

* 本文最早以《生态农业》为题发表于《农业经济问题》1982 年第 11 期。本文是其扩展文本，收录于《生态农业论文汇编》，西南农业大学，1986 年 11 月。

的生产，它会受到多种因素的影响。因此，各个组成因素必须组合得当，结构合理，综合平衡，关系协调，并经常地保持良好的平衡状态，方能使生态系统的物质循环和能量转化的功能得到充分的发挥。为了很好地利用、改造和保护这个农业生态系统，我们必须不断探索和研究这个生态系统中的那些至今还没有被人们所掌握的内在规律。同时，还必须总结各地在运用这个人为生态系统时，群众创造出来的行之有效的经验，来丰富我们生产的知识，从而遵循这些生态规律，因地制宜地建立起一个比较理想的农业生态系统，即能够稳定、持久地保持最佳平衡状态的高效农业生态系统。这既是“生态农业”要探讨的课题，同时也是我国农业发展中一个重要的战略问题。

一 生态农业概念浅释

在农业生态系统中，人、生物、环境三者之间的关系，是矛盾统一的关系，而人是其中起主宰一切的作用的。人类本身需要一个良好的生存环境。同时，从发展生产的需要来看，人也要能动地改造生物界，改造环境，要在大力发展生产的同时，不断改善环境，绝不能盲目地干那种违反自然规律和经济规律的事，如毁林开垦、毁草种粮、重农轻林(牧、副、渔)、单一抓粮、掠夺土壤、陡坡开荒、围河湖造田、破坏水源、污染环境，至今仍存在的原始“刀耕火种”等现象，使环境条件越来越差，生产水平越来越低，生态系统的平衡状况遭到严重破坏，导致恶性循环。我们一定要做到“按自然规律办事，按经济规律办事”，对自然资源、生态环境既要大力开发利用，又要积极保护改造，使生态系统整体达到综合平衡、关系协调。要发展林牧业，改良草原，涵养水源，保护土壤，改善环境，使土地资源得到综合利用；用养并重，使土地生产力越来越高，生态环境越来越好，形成良性循环。总之，农业的未来要求在农业生态系统中主宰一切的人，必须善于遵循自然规律和经济规律，立足今日，放眼未来，多起积极维护作用，尽量少起或不起消极破坏作用，避免以至根除恶性循环，力求促进和维护良性循环，为我们这代人以及子孙后代创造一个理想的、经常保持最佳平衡状态的生态系统。对此，我们称其为高效生态系统，即生态农业。

生态农业必须维护和提高整个系统的生态平衡，这种生态平衡是扩大意义上的生态平衡，它既包含个体生态平衡或微观生态平衡，又包含总体生态平衡或宏观生态平衡。所谓微观生态平衡，就是当生态系统中的能量转化和物质循环过程较长时期地、稳定地保持平衡状态时，这个系统内的有机体种类和数量最大、生物量最大、生产力也最大。这是指个别子（分）系统内部各种生物与个别环境因子之间的相互关系，如作物与肥料或水的生态关系；个别子（分）系统中共同生活的各种生物相互之间及其整体与环境的生态关系，如森林、草原、农田与地区环境的生态关系。所谓宏观生态平衡则是指子（分）系统和个别系统相互之间及其整体，与社会政治、经济发展水平和状况等因素的各种比例关系的平衡协调。这些比例关系都不是孤立存在的，而是相互联系、相互影响、相互制约的。当比例关系协调、生产结构合理时，这个大农业生态系统就必然能带来生产发展，五业[①]并举。农民增产增收，生活逐步富裕起来，国家、集体、个人三者全面受益。这种状态就叫关系协调、综合平衡，这就是总体生态平衡或宏观生态平衡。在这些比例关系中，任何一个因素，既受到周围各个因素的影响，同时，又能反过来影响其他因素。只要其中一个因素发生变化，其他因素就会发生一系列的连锁反应，而导致该系统变得不平衡，甚至平衡状态遭到严重破坏。例如，我国过去相当长一个时期，在发展国民经济时，片面强调重工业优先增长，农、轻、重三大部类之间比例关系严重失调，致使农业发展缓慢，农业生产未提高，农民生活得不到改善。又如，过去在“左”的影响下，农业片面强调种植业，而种植业又是单一地抓粮食生产，严重违反了自然规律和经济规律，致使农业内部五业不振，经济结构不合

① 五业指农、林、牧、副、渔业。

理，比例关系严重失调，导致毁林开荒，毁草种粮，土壤大量流失，草地沙化、退化，土地生产力衰退，旱洪灾害频繁，生态平衡遭到破坏，形成恶性循环。但自中共十一届三中全会以来，全国各地贯彻执行国民经济调整方针，认真落实党的各项农村经济政策，束缚农村经济发展的人为因素得到了改变，建立了各种生产责任制，因地制宜地调整了作物布局，发挥了当地的优势，生产蒸蒸日上，粮食和棉花等的总产量大幅度增加，农民收入水平稳步上升，生活得到改善。同时，农业是国民经济的基础，农业出现了上升的趋势，反过来必然会促进国民经济其他部门的顺利发展和人民生活的不断改善。

农业生态系统的平衡状态是矛盾的统一，因此，它是不断变化的，不是固定不变的。平衡是相对的，不平衡是绝对的。它总是循着："平衡→不平衡→新的平衡→新的不平衡"的规律，不断发展，不断变化，循环往复。平衡状态有高低之分，为了便于探讨和说明问题，可以分为以下四种状态：一是最佳平衡状态，这是理想的平衡状态，即系统总体处于关系协调、综合平衡的状态，如农、林、牧、副、渔业平衡发展，整个系统抵御旱洪灾害的能力大大加强，生产蒸蒸日上，农民收入稳步上升。二是相对稳定平衡状态，即一个生态系统中有一个因素发生变化，或受到外界某种因素的干扰，只要自变因素的变化幅度或干扰程度不超过系统本身自动调节的能力，物质循环和能量流动过程不受阻碍，就仍然能较长时期地保持整个系统的结构和功能处于相对稳定状态，其结果是系统有机体数量和生物量有增无减，生产力也能保持一定水平不变。三是不稳定平衡状态，或称局部平衡状态，即一个系统的个别子（分）系统能孤立地暂时相对保持平衡状态，而其他子（分）系统因空间或时间不同，或局部条件发生变化，会使物质循环受阻、生态平衡失调、生产功能下降，进而导致该系统整体处于不稳定平衡状态。四是平衡破坏，形成生态恶性循环和生产恶性循环的状态。以上四种平衡状态，可以因条件不同而有所变化，每种平衡状态又可以表现出不同的平衡水平。

值得注意的是，由一个生态系统相对平衡状态到平衡破坏的过程，可以是为时很短暂的，但是要使破坏了的生态平衡复苏，将其改造为相对稳定的平衡状态，就需要一个漫长的过程。就是说，人们自觉和不自觉地破坏一个生态系统的生态平衡，是轻而易举的，但要促进、复苏和改善这个生态平衡，却十分艰难，需要付出长期艰苦的努力。例如，荒漠生态系统改造为农田生态系统的过程可能要8~10年；森林生态系统从生态平衡破坏状态恢复到相对稳定平衡状态，在封山育林条件下，可能需要10~20年。历史上，爪哇附近的克拉克托岛曾发生过一次猛烈的火山爆发。当时岛上的一切生物都毁灭了，通过生态系统的自我修复和环境资源的再生，用了不到50年时间，该岛恢复了森林密布的景象，许多种类的昆虫、鸟类、爬行动物和脊椎动物重新在岛上生息。但是，这种生态系统的自我修复是有条件的，绝不是恢复到原有生态环境基础上的生态平衡状态。因此，现在我们的国土上，土壤一经流失，要凭借环境资源再生能力再形成一寸表土，则需要几个世纪的漫长时间。据估计，每1立方米土壤的形成需要328年。至于山区和丘陵地区，在陡坡毁林、毁草开垦种粮，使土壤严重流失，形成生态恶性循环，对这种情况，虽然可以通过长期努力改善其生态环境，但是已经流失的大量土壤，则是永远也无法挽回的。我国农业的现状，总的说是处于低水平的不稳定平衡状态，还有局部地区则是处于生态平衡严重破坏的状态，如川、黔、滇三省边远地区，刀耕火种、烧山毁林的原始农业操作竟然至今还在继续。因此，我们建议把建立和发展生态农业系统提到我国农业现代化建设的议事日程上来。这个生态农业系统，就是能充分发挥改善气候、涵养水源、保护土壤、增进地力、保护环境、生态平衡作用的，资源配套、综合利用、适合国情的，土地密集、技术密集，农、林、牧、副、渔按比例发展、稳定增长的，产、供、销一条龙，农、工、商综合发展，达到高产、稳产、高效率、高收益、高技术水平、高管理水利的生态农业系统，是能促进中国繁荣昌盛的生态农业系统。

二 生态农业理论与实践初探

回顾我国农业发展的历史进程，我们的祖先在长期的生存斗争和生产实践中，创造了成套、适合国情、合理可行、符合生态规律的中国独特的“有机农业”，这在未来的生态农业中，无疑是应该继承、发扬的。但是，几千年来占主导地位的，还是传统的、掠夺式的生计农业，即以户口为目的自然经济，它是我国农业长久贫穷落后的根源。这是一个农业生态经济规律。近年来提出的“大农业”战略观点，是一个突破，它无疑是准确的。但是，1981 年百年不遇的特大洪灾，尤其是四川省的灾情，给农业带来了毁灭性的破坏，这是长期以来从事传统生计农业，以及“左”的错误路线等造成生态环境被严重破坏的恶果。这是大自然对我们这一代人的惩罚，也是我们为过去的失误付出的昂贵代价。时至今日，我们定要猛醒过来，重视保护生态环境，改善和提高生态平衡，竭尽全力地进行一次绿色革命（世界意义的第四代绿色革命），创造一个适合国情、合理、均衡、稳定、安全的生态农业系统，为我国农业现代化建设闯出一条新路。特大洪灾的周期可能会大大缩短，发生频率可能增高，人们的生产和生活势必受到更加严重的威胁。1983 年 7 月，四川省有一些地区在暴雨中相继发生严重的大面积滑坡、山崩、地陷等即是有力的例证。我国历史上的丝绸之路，今天为什么会变成广漠无垠的沙漠？埃及这个文明古国，今天国土的 96% 为什么尽是沙漠？前车之鉴，值得深思和警惕！

建立生态农业的前提条件，主要是适合国情。我们的国情，一是土地辽阔，但耕地面积相对很小，可开垦的农地也不多。二是山地多、面积大，但森林资源少，森林覆盖率低，造林种草潜力相当大，但这种潜力还没有被开发和利用起来。三是人口多，劳动力资源十分丰富，但农业劳动力剩余现象严重。四是在我国辽阔的土地上，水土流失现象严重，尤其是丘陵地带和山区，毁林毁草、陡坡垦荒导致植被遭破坏、生态环境恶化、生态平衡严重失调。基于上述情况，建立生态农业必须对稀有的土壤资源统筹规划，综合利用，因地制宜，趋利避害，使地尽其利、物尽其用，宜农则农，宜林则林，宜牧则牧，用养结合，培肥地力，更要珍惜表土，防止流失，大力造林种草、封山育林，采取流域综合治理，保护生态环境，促进生态平衡，从农业生态系统整体出发，既要实现生产上的良性循环，又要实现生态上的良性循环；既要看到我国人多地少，又要看到农村劳动力大量过剩，只有靠大力发展多种经营、广开门路才能逐步解决存在的问题。

各地区之间的自然环境、地理条件，以及光、热、气、水、营养因素等非生物因子有差别，生存于其间的植物、动物、微生物等生物因子也各不相同，由此可以建成森林生态系统、农田生态系统、草原放牧生态系统或水域生态系统等。

山区和高丘地区以建立森林生态系统为主，也可以因地制宜地建立林、草、牧结合的生态系统，或林、果、桑、茶、经（桐、油茶）、粮结合的立体生态农业系统。草原地区以草原放牧生态系统为主，也可辅以林草牧生态系统。平原地带以粮经（油、棉）生态农业系统为主，也可以辅以粮、桑、蚕生态系统或粮、经、果生态系统。大城市郊区农业则应以菜、奶、蛋、肉、鱼生态农业系统为主。总的方针，应以林业为基础，农业为主导，形成以林业保农业的，农、林、牧、副、渔全面发展的，山、水、田、土、气因地制宜、综合利用的生态农业。在生态农业中，林业起核心作用，林业对农业起到了“保护伞”的作用，所以突出林业，完全符合生态学规律，也符合我国山地多、面积大的客观实际。从长远利益来说，更具有全球战略意义。在这个大生态农业系统中，其中的各子（分）系统既各有自身的生态结构和功能，又互相联系、互相影响、相辅相成、互补互利，以此来实现其生产上和生态上的良性循环。但在一定条件下，通过自然力、社会力和人力的作用，它们互相转化，改变其生态平衡状态和水平，改变其生态结构和功能，成为不同的生态农业系统。因此，在一定条件下，也可以是农林为主，或林牧为主，全面发展多种经营的生态农业，或者把它们按照人们的意志，改造成为更加符合人类生活、生产和发展所需要的高效生态农业系统。反之，如果人类的行为自觉或不自觉地违背了自然规律和经济规律，人为因素干扰破坏的作用或自然因素的影响，超过了生态农业系统自身的调节能力，那么该系统的生态平衡状态和水平将逐渐下降，并导致其生态结构恶化和功能减退，其结果则可能使高效森林生态系统蜕变为生态循环完全被破坏的荒山秃岭，高效农田生态系统蜕变为循环失调的荒漠生态系统。

生态农业的基本内容，可以概述为以下 5 个过程。

（一）生物生长过程

自然界中的生物群体，彼此间存在相生相克的关系，一般地保持着相对的生物生态平衡状态。人们认识了这一生物规律，可以将其应用到农业生产中去，趋利避害，为人类服务。

例如，豆科植物的根瘤菌，一方面，依靠根系分泌物；另一方面，固定氮素，供给植物并促其生长，彼此相生相养，这是生物之间彼此共生的关系。根瘤菌能固氮而增加土壤肥力，并能改良土壤团粒结构，这又是生物与非生物相生相养的关系。人们利用豆科植物轮作或套种间作，能增进土壤肥力，促进中耕作物增产。又如，蜜蜂取食花蜜并传播花粉，它起到促进植物开花结果的媒介作用，这是动物与植物之间的关系。另外，自然界还有动物与动物之间、动物与非生物之间的相生相克关系。如蚂蚁与蚜虫的关系，前者以后者所分泌的蜜露为食，后者能驱走前者若干天敌而使其得到保护。但这是对农作物生长不利的动物之间的共生关系。昆虫之间还存在一种相克的关系。如虎甲、步甲等能捕食多种有害昆虫；蚜狮、食蚜虻等捕食蚜虫。这是人类可以利用到农业生产中去的一种益虫与害虫之间的相克关系。

农业生产中，农作物因大量昆虫的取食而受到损失，据估计农产品产前和产后受虫害的损失至少占总产量的 10% 以上，损失之大是惊人的。在自然界动植物之间，昆虫彼此之间的相互关系，一般地应该是保持自然平衡的状态。但是，由于种种人为的原因，人类违反生态规律行事，如大面积毁林开荒、烧荒等，以及滥用农药（如 DDT 之类）杀伤了大量害虫天敌，严重地破坏了自然生态平衡，导致目前某些害虫更加猖獗。

因此，在农业生产中应该应用生物共生规律趋利避害，改善农业生态平衡状态，促进生产，减少损失，为人民服务。我们认为，从生物措施角度来考虑，要改善和提高农业生态平衡状态，必须遵循以下 3 点农业生态经济原则。

1. 发挥生物共生（互利）优势原则

上述蜜蜂采蜜和传授花粉共生优势，可以广泛运用。果树栽培业与养蜂业，以及稻田养鱼、鱼稻共生都可在生产上和经济上起到互补的作用。在农作物合理布局、改进作物结构，以及合理轮作和套种间作等方面，充分利用豆科植物能起到养地保土的作用。

2. 利用生物相克趋利避害原则

利用白僵菌或菜青虫颗粒体病毒防除菜青虫，利用赤眼蜂防除松树林松毛虫害等，都是利用生物相克原则的生物治虫防虫的有效措施。苹果、梨等果树由于锈病菌为害，发生了梨锈病，而梨锈菌在其生活史中是以柏树为其转枝寄主的。掌握了这个规律，我们应在梨、苹果园附近严禁栽种柏树，如果已经栽了的就把它移走，就可有效控制梨锈病。又如常绿树和落叶树、针叶树和阔叶树的混交林，应控制松毛虫、天牛等害虫的猖獗危害。农业生产中利用生物相克的潜力是很大的，但不同生态系统利用生物相克的效果往往不尽相同，如农田生态系统效果不太显著，而果园或森林生态系统则效果较好。

3. 生物相生相养的原则

除上述豆科植物的根瘤菌能固氮、养地和改良土壤团粒结构等，是体现生物相生相养原则最好的实例外，还可以举出桑、蚕、鱼、人（以桑养蚕，以蚕沙养鱼，再以鱼供人食用）食物链一例，也是一种扩大意义的共生关系。它是发展多种经营十分可取的一种模式，具有生产实践意义和重要的农业生态经济理论意义。

（二）劳动生产过程

生态农业在技术措施上，不仅要求因地制宜地科学种田，而且还应该做到不断改善和提高该地区或本系统的生态平衡状态。我国当前农业生产发展的主要障碍是，生态环境恶化，水土流失严重，地力普遍下降。因此，着眼点应放在积极改善植被状况，改革耕作制度，改进栽培技术措施，以及改土、保土等方面，并应认真地、正确地贯彻“因地制宜，宜农则农，宜林则林，宜牧则牧”的方针，以及“绝不放松粮食生产，积极发展多种经营”的方针。在技术措施方面，我们建议认真贯彻以下 4 点农业生态经济原则。

1. 最大绿色覆盖原则

绿色植被是生态农业关键的一环，它是涵养水源、防止土壤流失、改善生态环境的一个非常重要的因素。绿色植被指森林、草地、农田等的绿色覆盖状况。其中，森林覆盖状况是关键。因此，提高绿色覆盖率是改善和提高农业生态平衡状态的极为有效的措施之一。“文化大革命”和之后几年，由于毁林毁草，开荒种粮，滥垦滥伐，草原退化、沙化等，绿色植被遭到破坏的情况非常严重，尤其是森林的覆盖率大大下降。四川省森林资源本来是比较丰富的，新中国成立初期森林覆盖率为 19%，现在已下降为 13.3%。全省森林覆盖率不到 10% 的县占 47.15%，其中不到 1% 的县占 7.25%。新中国成立以来，四川省毁林开荒、刀耕火种，破坏林地多达 5 亿亩，其面积之大，相当于历年来造林保存面积的总和。1981 年四川省遭受百年不遇的特大洪灾，灾情十分严重，可以说是毁灭性的，但有少数森林覆盖较好的地区，显示了明显的抗洪能力，即：农田没有被冲毁，而且粮食产量比 1980 年还有所增长。根据不完全统计资料进行分析，我们发现有效抗洪森林覆盖率为 22.6% ~30%，有效抗洪森林覆盖率的下限为 22.6%，而最佳抗洪森林覆盖率的下限则为30%。由此可见，森林是生态农业的核心。

提高农田生态系统和草原生态系统的绿色覆盖也是生态农业的重要环节，在改善和提高农业生态平衡状态和水平中，是不容忽视的，特别是坡土的绿色覆盖，显得更加重要。例如，重庆每年7月降雨量最大，土壤冲刷亦最大，如果没有作物覆盖，土壤流失就无法防止。因此，在作物布局上应考虑每年7月以前，所有田土、梯田、草地都应使作物和草类的覆盖率达到最大，其他地区也应根据当地气候条件，在降水集中期以前，把绿色覆盖率和植被质量提高到最高限度。

2. 最小土壤流失原则

四川省水土流失情况非常严重，每年经长江三峡滚滚东流的泥沙量竟达6.4亿多吨，相当于500万亩耕地被冲走厚达20厘米的表土，至于被带走的氮、磷、钾肥也达480万吨之多。1981年洪水期四川省土壤流失量高达4.5亿吨，相当于表土厚达20厘米的耕地300万亩。外国人将这种土壤流失严重的情况以喻为“大动脉出血”，其言不为过，值得我们重点关注。

生态农业的战略措施之一，就是搞好水土保持，防止土壤流失。四川省丘陵地区的等高梯田，是我们国家农业技术的宝贵历史遗产，是水土保持的一项有效技术措施。川东丘陵地区有一些传统的耕作制，如陡坡一锄一窝点胡豆（蚕豆）的免耕法、荒坡种“荒瓜”的免耕法，以及低丘筑等高台地（向里、向一侧微微倾斜，两侧开浅洪沟，沟底开沉砂）的一整套农田基本建设设施等。此外，坡土耕作法，如“竖开沟，横开行”“陡坡挖土，挖倒土”（由上而下挖土）等，都是贯彻了最小土壤流失原则的好方法，值得研究、整理并加以完善。

3. 土地资源用、养、保结合原则

长期以来，传统农业单一地抓粮食生产，连种耗地作物，忽视对土地资源的合理利用，忽视用地养地，进行掠夺式的生产，以致土地肥力减退，土壤结构变劣，土地生产率下降。生态农业要求我们要用地养地，用养并重，并注意保护土壤资源，使土地越种越肥，越种越好。这是一条土地资源用、养、保结合的农业生态经济原则。我国传统农业中的“有机农业”，如秸秆还田，施用厩肥、人粪尿、绿肥，利用豆科作物轮作、间作、套种等，其合理部分是符合用地养地原则的。我们应继承和发扬，科学地制定一套适合当地自然条件和生态环境的用、养、保结合的耕作制度。用、养、保结合中还应该突出一个“保”字，要保护土地资源，珍惜每一寸土地。用地养地而忽视保地的耕作制，不是合理的耕作制，不是生态农业要求的耕作制。农田生态农业系统和草原生态农业系统，要统一规划和合理组织，建设以防洪护岸林、水土保持林、防风防沙林为主的防护林体系，这个体系要将带、片、网相结合，充分发挥防洪固岸（堤）、防风固沙、水土保持、减轻风害风蚀和旱涝灾害等多方面的效益。

4. 生态环境保护原则

近些年来，我国对环境保护方面的科学研究逐步增加，并采取了一系列行政措施，在某些方面已经收到很好的效果。至于农业环境保护，特别是农业生态环境保护，则还没有引起人们足够的重视，结果将是害虫为害无法控制，农作物损失日益严重，导致产量大减。

各种生物在自然生态系统中，原是互相依存，互为消长，成为一种环形的食物链，往往由于一种外生因素的变化，或一种不为人们重视的生物繁衍受到干扰和限制，就会造成一连串生态的不平衡，进而造成经济生物的大量减产，或有害生物更加猖獗。如施用大量农药则产生了一种事与愿违的结果，一方面，越来越多的农作物害虫对农药产生了抗药性；另一方面，农作物害虫的许多天敌（益虫、益鸟）也被杀灭了。“封山育林”原是农业生态环境保护的一项重要措施，国家在森林法中有明文规定，但“封”而不育，“封山”而不禁止人畜为害，行政措施不严不力，以致收效不大。生态环境保护应从多方面考虑，采取综合措施，如造林护林，植树种草，实行免耕少耕法，建立农业工程设施，改良土壤，合理施用化肥，防止农药公害，进行病虫害综合防治，厉行农产品以及种子、种苗、种畜等检疫制度等。总之，生态农业应以生态环境保护为中心，立足于当前，放眼于长远，当前服从长远，使当前利益与长远利益相结合。在施行生态环境保护综合措施的同时，要大力宣传和推广生态环境保护科技知识，使其在广大干部和农民中家喻户晓。广泛进行热爱祖国、珍惜土地的教育，以充分调动广大人民群众参与水土保持，提高其参与生态环境工作的积极性。

（三）经济管理过程

经济因素包括有关农村经济的政策、方针、规划、计划、设施、结构、体制等。对农业生态系统的组建、结构、功能和运行等方面起决定性的影响。往往一种因素的变化，会使农业生态系统产生一连串的相应变化。这种变化如果是积极的，就能使生态平衡状态和水平稳步上升；如果是消极的，就能使生态平衡状态和水平不断下降以至恶化；有时还可能既有积极的一面，又有消极的一面，两者互为消长。积极的方面大于消极的方面时，利益可以弥补损害，而使生态平衡仍能保持稳定状态。而消极方面大于积极方面时，损害超过了生态系统自我更新能力，则导致生态恶化。例如，过去“以粮为纲”的方针，单一地抓粮食生产，结果粮食产量虽然增长了一点，城市粮食供应紧张的情况似乎缓解了，农民吃不饱的问题缓和了，但是粮食挤林、挤棉、挤桑等的矛盾加剧了。由于毁林毁草，开荒种粮，生态环境恶化，生态平衡遭到严重破坏，反过来又导致粮食单产不高不稳，农业生产长期搞不上去的恶性循环。又如，十一届三中全会以来，各项农村经济政策全面落实，特别是建立了各种形式的生产责任制后，农业生产蒸蒸日上，社员普遍反映，生产责任制建立后“一年生产大变样，两年社员卖余粮，三年国家、集体、个人建粮仓”。目前，由于生产责任制还有待进一步巩固和完善，经济体制改革尚待全面推广，因此，在农业形势大好的情况下，也产生了一些副作用，农民怕政策变，以致林木乱砍滥伐现象严重，此风至今还未刹住。胡耀邦同志在党的十二大报告中指出，近几年来，在农村建立的各种形式的生产责任制，必须长期坚持下去，只能在总结群众时间经验的基础上逐步加以完善，绝不能违背群众的意愿，轻率变动，更不能走回头路。这样，就从根本上解除了农民怕政策变的思想顾虑，坚定了他们的信心，乱砍滥伐森林的现象很快就可纠正过来。

黑龙江省海伦县开展农业现代化科学实验的主要经验是，大力调整农林牧及农业内部的比例，加快林牧两条“短腿”的发展。一方面，对农作物布局因地制宜地进行大的调整，把布局不科学的40多万亩良田改种以大豆为主的经济作物和牧草、饲料等。在生产结构上，开始由单一抓粮食向农林牧有机结合的方向发展。另一方面，统一规划，因害设防，积极植树造林，分别在坡耕地上成片造水土保持林，平川地上重点造农田防护林，低洼地则分给社员造薪炭林。全县3年共造林20万亩。农业区的林牧覆盖率由1978年的3.5%提高到1981年的8.9%，因此，“日趋合理的农、林、牧结构，使已经严重恶化的生态系统得到改善，农业生产由恶性循环开始转向良性循环”①。

上述说明，三种情况将有三种结果：①政策失误，放弃长远利益，只重视当前利益，导致生态上和生产上的恶性循环。②政策方针和生产责任制的方向都是正确的，只是农民思想认识上有顾虑，以及生产责任制尚待继续巩固和完善，特别是自主权问题没有解决好，农民片面地强调当前利益而忽视了长远利益。③科学地断定了海伦县农业发展的主要障碍是生态恶化，土壤受到破坏，影响和抵消了现代农业技术能力的发挥。措施上主要靠合理调整生产结构，改善生态环境和生产条件，综合应用先进农业基础，同时注意改革经济体制和讲究科学的经营管理，力求最大经济效益，加快农业发展步伐。

以上这些情况都充分说明了在农业生产的指导上一个共同的问题，即决策问题，也就是管理问题，管理要从实际出发，要服从客观规律，这就是说要讲究科学的管理。科学管理主要是讲决策，也可以说管理就

① 《探索中国式的农业现代化道路——海伦县开展农业现代化科学实验好》，1982年8月5日第4版《光明日报》。

是决策。决策的正确与否，对生态农业的建设和健康发展具有深远的影响。因此，科学管理是生态农业的一个重要环节。

生态农业在经济管理措施方面有以下四项生态经济原则是需要加以阐明的。

1. 资源最佳配套原则

在保护好国土资源的基础上，充分利用和开发这些资源是我国的基本国策。如何充分和合理地利用土地资源是生态农业的一项重要任务。长期以来，传统农业习惯于8亿农民（3亿劳动力）在15亿亩耕地上采取人海战术种粮食、搞饭吃。人地比例很不相称，结果产出的粮食不够吃，农村劳动力大量过剩（实际上是失业、半失业）。而且单一抓粮食的严重后果，造成了生产上和生态上的恶性循环。究其原因，主要在于我国14.4亿亩土地资源和农村8亿农民这两大项丰富资源没有得到充分发挥和合理利用，这就是农业发展中最大的浪费。因此，有限的土地资源和丰富的劳动力资源如何在农、林、牧、副、渔五业中合理地再分配以及如何合理配套，是当前亟待解决的一个重要课题。似应组织力量，从事调查研究，探索不同地区、不同生态农业系统资源配套的规律和途径以及资源最佳配套原则。

2. 劳动力资源充分利用原则

我国人口多，农业劳动力资源丰富与耕地不足，引进大量先进技术与出口货源有限，外汇不足，农业机械化、水利化、电气化、化学化的资金不足，提高农业劳动生产率与农村劳动力大量过剩，这是我国农业现代化建设进程中需要解决的一系列矛盾。把大量劳动力集中在有限耕地的种植业上，以及劳动力资源的大量闲置和浪费，是我国农村经济贫困和农业发展缓慢的主要根源，我们应该在积极发展多种经营的基础上，大力发展劳动密集型多种经营专业化生产项目，充分利用农村大量剩余劳动力，这是正确解决上述一系列矛盾的有效、可行途径。前者如栽桑养蚕、花卉栽培、家庭各种手工业、编织业、抽花刺绣等；后者如农作物病虫害测报和防治服务业，花卉盆景制作，切花插花技术等，这些都是劳动力资源充分利用的有效措施。在农业生产劳动力大量过剩的情况下，一部分农民同土地分离，同农业生产分离，可以转移到农产加工业，林产、畜产加工业，以及农村服务行业。

3. 经济结构合理化原则

我国的农业经济结构是消费型的，即单一抓粮食而忽视轻工业原料，重粮食作物轻经济作物，重种植业轻林、牧、副、渔业和加工业，重生计经济轻商品经济。农业现代化要在这样的经济基础上建成是难以想象的。因此，经济结构的改革和合理化，对现代化生态农业系统的建设，是和水土保持、土地资源保护具有同等重要的决定意义的。最近，中央领导同志指出，对全国农业生产的指导上，要狠抓“两个转变”，即：一是从单纯抓粮食生产转到同时狠抓多种经营；二是从单纯抓农田水利建设转到同时大力抓水土保持，改善大地植被。这是我国农业发展战略决策上一个可喜的突破。

经济结构合理化应一改过去单纯追求粮食产量高指标的片面观点，而采取多元指标的综合经济效益的观点。同时，可根据不同地区不同生态农业系统的特点，突出其战略目标或主攻方向，区别为不同类型的经济结构，如最大经济效益结构、最佳资源利用结构、充分就业结构、最小成本结构、最大收益结构等。

各种类型的结构都应因地制宜地决定农、林、牧、副、渔五业之间的比例关系，如这个比例关系在实践中证明其经济效益为最大，那么它就是这个生态系统的最佳经济结构。这种比例关系也可通过全面规划进行综合计量分析研究来测定，然后据以制定可行性方案来实施。

4. 专业化、社会化生产原则

生态农业的建设，只有突破了自然经济的束缚，向专业化商品生产过渡，才是可能的。近几年来，我国农村随着各种形式的生产责任制的建立，农民的生产积极性被充分调动起来，劳动生产率大大提高，农业增产增收，粮食、资金以及劳动力产生了剩余，广大农村涌现数以万计的各种形式的专业户、重点户。这就为农村治穷致富开辟了一个新路子，是从生计农业的自然经济逐步过渡到生态农业的专业化商品生产，以及产供销经济联合、农工商综合体起到桥梁作用的一种好形式。随着专业户、重点户向着专业化、社会化生产的进一步发展，专业化门路越来越多，分工越来越细。有许多从事各种农副产品加工业、养殖业、服务业、运输业、销售业等的专业户、重点户不断出现，他们就会和土地分离，和种植业分离，而种植业内部的专业化也分工越来越细。在分工的同时又会出现各种形式的协作，发展为专业户之间，专业户与国营经济或集体经济的经济联合。专业分工要正确处理好自主权问题，经济协作也要贯彻有利生产和自愿互利的原则。不管专业分工还是经济协作，都需要科学协调和组织各种生产力量，使其充分发挥分工协作的作用。

（四）综合治理和综合发展过程

生态农业的生态农业系统本来就是一个有机整体。各种类型地区建设，生态农业系统的步骤可以通过全面规划，统筹安排，科学地根据决策目标和限制条件规划设计出最佳可行性方案，然后根据可行性方案制订行动计划，逐步付诸实施，建设生态农业系统的全面规划必须贯彻综合治理和综合发展的原则：一是采取山、水、田、土、林、路结合起来的自然区综合治理和综合发展的办法，而再不能只治土、治田而忽视治山、治水。二是采取上、中、下游相结合起来的流域综合治理和综合发展的办法，而再不能治水只治下游而不顾上中游。三是采取以农畜产品或林产品加工业为中心的生态经济区的综合治理和综合发展的办法。四是必须采取政府和群众相结合的综合治理和综合发展的办法，不能单靠政府投资或行政措施，而忽视广大人民群众的力量。例如，植树造林以及城市绿化工作，国家负责在山区和流域上游用飞机撒播树木种子和草籽，而在广大人民群众中则掀起全民义务植树造林运动的办法是行之有效且成绩显著的。五是必须由过去推广单项技术向各项新技术的综合应用转变，形成综合的生产力。

（五）人类生产活动和经济活动的统一过程

生态农业建设主要是要解决好农业生态系统中人、生物、环境三者之间矛盾统一的关系。人的生产活动和经济活动对农业生态系统起决定性的作用，起主宰一切的作用。人类可以通过努力为自身创造一个生产和生活所必需的良好环境，就是说，在这个农业生态系统中发挥积极的作用。人类也可以盲目地毁林开荒、毁草种粮，使水土流失、生态环境恶化，给自身和子孙后代生存和生活带来危害，就是说，在这个农业生态系统中做了负贡献，起消极破坏作用。童山秃岭和黄水害河绝不是自古以来就有的，不是天生的，而是人为的。可惜的是人类在历史长河中起消极破坏作用的时候多，起积极建设作用的时候少，这是值得我们猛醒和警惕的。

我们经常说要按照自然规律和经济规律办事，农业要因地制宜，“宜农则农、宜林则林、宜牧则牧”，这就是主观世界要符合客观世界。我们似乎在认识上已经解决了这个问题，但是往往在生产实践中，却做了许多主观努力违反客观规律的事。以粮食挤经济作物，以农业挤林业、牧业及其他各业，“向荒山要粮”，“毁林开荒”，“向河滩要地”，围河（湖）造田，甚至“刀耕火种”“烧山种粮”等破坏水土资源、破坏生态环境的行为，至今还没有被有效制止。因此，必须广泛开展关于水土资源、保护生态环境的全民宣传教育，提高全国上下对水土流失、生态恶化的严重危害性的认识，组织包括决策者在内的各级领导干部学习有关水土保持、生态环境保护等方面的科学知识，要使全民族在保护和建设农业生态系统中更好地发挥积极作用，大大减少和消除破坏作用。

生态农业系统的建立，除了以上述种种生物措施、技术措施，以及管理措施等的综合运用为基本内容外，还必须有一定的保证，方能经过我们这一代人和下一代人的长期努力，而变理想为现实。所谓保证应包括政策保证、组织保证、技术保证、社会保证、法律保证等。没有这些保证，生态农业系统是难以实现的。

建立生态农业系统应立足当前，放眼长远，大处着眼，小处着手，微观与宏观结合，国家与群众结合，山区与平原结合，上中游与下游结合。在步骤上，应当从建立“生态农业户”“生态农业村”入手，进而建立“生态农业大队、公社”，以点带面地逐步扩大到区、县、市直至建立“生态农业省”“生态农业流域”，最后达到全国都完成生态农业系统建设。那么，祖国的河山、中国农业的面貌，将发生一次革命性的变革，在祖国大地上将出现“青山永在，绿水长流”的美好图景，生态农业系统在社会主义的明天将成为现实。

三　生态农业——绿色革命第四代

生态农业是以森林为核心，以水土保持，环境保护，改善绿色植被，合理调整经济结构恶化作物结构，保护和提供生态平衡状态和水平为目标的农业发展的一项战略设想。它是改善我们生产和生活环境的一项根本措施，是关系到我国到21世纪末工农业年总产值要翻两番的宏伟战略目标能不能胜利实现的一件大事，它是彻底改变我国农业面貌的一次革命性的变革，是一次伟大的绿色革命。

在世界范围内，农业上的绿色革命起源于应用杂交优势原理进行作物育种，产生了杂交玉米。由于杂交玉米普遍推广，玉米生产大幅度增产。嗣后杂交技术的广泛应用，使粮食产量猛增，在解决世界饥饿问题的努力中，发挥了极为重要的作用，因此，人们称杂交技术是绿色革命的第一代。20世纪30年代后期起，化肥和农药在农业上的普遍应用，使粮食和经济作物的产量大幅度增长，为第二次世界大战后缓和全球性的粮食紧张状况也曾发挥了重要作用，因此，人们把化肥和农药的应用称为第二代绿色革命。50年代喷灌技术兴起，在60年代和70年代也曾在农业方面起到了增产节支的重要作用，所以人们又把它称为第三代绿色革命。化肥、农药和机械能需要耗费大量石油和天然气，所以称投入机械能、化肥和农药的农业为“石油农业”。“石油农业”突出的优点是大幅度地提高了农业生产率，但这个较高的农业生产率掩盖了“石油农业”的严重危害。“石油农业”的危害主要在于导致土壤破坏和流失严重。农作物害虫因产生抗药性和天敌被误杀，而更加猖獗。近年来，西方一些专家、学者对“石油农业”的危害深表忧虑，而盛赞中国式的“有机农业”的优越性。与此同时，外国毁林垦荒造成水土流失、生态日趋恶化的严重后果，也正引起许多科学工作者和学者的重点关注，这已成为全球性的严重问题。目前东南亚、非洲、拉丁美洲等地区的许多热带雨林、亚热带森林资源，正以惊人的速度逐渐消失，其后果不堪设想。所以，埃及报纸曾为此呼吁，“快快筑起我们自己的绿色长城”。

大抓生态建设，保护和改造农业生态环境*

——论生态农业发展阶段

一　建设生态农业的重要性及其发展阶段

农业生态系统中，生态关系与生产力发展要求之间严重不相适应的矛盾日趋恶化，已经越来越普遍地引起举国上下的关注。国土整治、计划生育、绿化祖国和环境保护等与农业发展紧密相连的问题，已定为重大的基本国策。1985 年中央 1 号文件明确地提到了“鼓励种草种树”“保护天然资源”“改善生态环境”等，很多地方也掀起了开发荒山荒滩、种草种树、保护和发展绿色植被、治山治水、改造生态环境、改变山河面貌的热潮。这同全国广大农村早已出现的历史性转折和正在蓬勃发展中的农村经济一样，都十分鼓舞人心。

农业生态系统中，生态关系的恶化，原因是多方面的。归根到底，主要还在于人们对土地及其他自然资源的开发利用不合理、不科学，不尊重客观生态规律，浪费滥用，掠夺破坏，不加珍惜。如毁林毁草、开荒种粮、“刀耕火种”、轮番烧垦、围湖（河）造田、乱砍滥伐，森林资源遭到严重破坏、草原退化沙化，以致水土流失严重，旱洪灾害逐年加剧，大小滑坡、泥石流、山塌地陷等频频发生，农村环境污染问题也日趋严重，农业生态环境已处于严重的恶性循环中。农业生态

* 本文发表于《西农科技》1985 年第 3 期。

恶化是个全球问题，已引起了国内外许多生物学、生态学学者的关注，他们忧心忡忡，有人甚至宣称21世纪将是“生态学世纪”，这不是没有道理的。我国人口众多，土地相对较少，作为国土自然生态屏障的林草植被减少和被破坏达到了惊人的程度，农业生态问题尤为严重。农业的未来向何处去？这是我国农业发展的一项需要认真探讨的重大战略问题。“生态农业”这一战略设想，就是基于上述客观形势发展的需要提出的。

首先，在概念上要明确：生态农业是一个有机统一的整体，是一个多目标、多功能、多成分、多层次的，组合合理、结构有序、开放循环、内外交流、关系协调，能协同发展，可动态平衡的巨大生态系统，是一个开放的非平衡有序结构的生态经济系统，是一个不同于传统农业又具有中国特点的现代生态经济系统。在这个系统中，人们根据不同生态环境、资源状况和技术条件（包括科学技术、信息技术、工程措施、机械装备等软硬技术），遵循生态规律和经济规律，从事生产活动和经济活动，力求对自然资源和生态环境既要合理开发利用，又要积极保护改造。宏观上，既要协调生产关系，又要维护综合动态平衡和协同发展，微观上，既要做到多层次物质循环和综合利用，又要提高能量利用率和转化率。总之，要以最小的投入，谋求最大的产出（生产出更多、更廉、更好的食物、工业原料、动力和生物能源等），来满足经济发展和人民生活水平日益增长的需要。运用现代科学技术，因地制宜、有计划、分步骤地进行生态建设，保护和改造现有农业生态环境，实现由自然生态的恶性循环向良性循环转化，调整和改善农业生态系统的结构、功能和运转，使经济、生态、社会三效益互补互利，能协调一致、同步增长。由自给经济向大规模商品生产转化，由单一经营的传统农业向农工商服务综合发展的现代农业转化的农业生态经济系统，被称为“生态农业”。

生态农业这一战略设想，谈的是未来，今天还不是现实。但这个设想是根据我国国情和生态经济规律提出来的，所以它又是现实的，就是说，在社会主义制度下，尊重客观规律，通过长期努力是可以实现的。至于如何实现，在现有传统农业的基础上如何起步？又如何向作为战略目标的“生态农业”转化？这是一项非常艰巨复杂的任务，是一个稳步渐进而又积极上升的演变过程，是长期生态建设的发展过程。这个过程既是一个由点及片、由近及远、当前与长远结合、微观与宏观并重的时空延伸的发展过程，又是从无到有、由小及大、由简及繁、由易到难、由低级到高级、由不完善到完善的量变到质变的演替过程。这是“平衡→不平衡→新的平衡→新的不平衡”“封闭→半封闭→开放→更加开放”“有序→无序→新的有序”的矛盾统一发展过程。千里之行，始于足下。路总是要一步一个脚印地走的。这个过程绝不能一蹴即就，而必须有计划、分阶段，稳步渐进地走才可以实现。从时间序列讲，我们认为，大体上可以划分 3 个发展阶段：第一阶段，大抓生态建设，保护和改造农业生态环境。第二阶段，由传统农业向生态农业转化。第三阶段，经济效益、生态效益和社会效益三者辩证统一的生态农业成长阶段。在各个发展阶段中，生态农业建设的目标、措施以及农业生态系统的结构、功能都各具特点及其必须遵循的客观规律。

由于我国土地辽阔，生态环境条件千差万别，各地区的起点、起步先后、转化过程以及发展战略和发展速度都有所不同。因而在较大区域范围内，如一个经济区，一个省、市、地区甚至一个县，在上述 3 个发展阶段中，在时间上往往先后继起，在地域上又同时并存。

生态农业建设是相当复杂的大课题，本文只是就生态农业发展第一阶段从理论上着重针对作为生态农业建设基础的农业生态环境，阐明保护和改造的重要性及其内在客观规律。

二　农业生态发展与时间和空间的关系

农业生态系统代表一种非常复杂多样的动态交错平衡。它是人类、生物、环境和实践等生态因子相互联系、相互制约、相互适应地交互作用着，使系统的发展朝着前进或倒退、上升或下降、高效或低效（有时甚至负效）、丰足或灾歉、繁荣或衰退的方向不断变化的演替过程，即由“平衡→不平衡→新的平衡”到新的不平衡的非平衡演变过程。这里把时间这个生态因子考虑进去，是十分重要的。各种生物都有一定的生活周期和生命史，不同的植物有不同的营养生长期和生殖生长期，脱离母体的植物种子（繁殖体）也有长短不一的寿命。植物适应不良环境表现的休眠期，动植物生活过程及其活动规律对气候环境条件周期变化的反应，有一定的物候期。自然界有气候周期，土壤母质通常都以地质年代分类。生态系统也有一定的发育年龄，生态系统的物质能量流动是以周转率和周转时间来表示的。经济再生产也存在生产周期和经济周期等。这些都是时间因子起生态作用的例子。由于环境空间和时间是生态系统运动和发展的两个内在环节，时间和空间的统一，构成了各种物质形态之间的一种普遍联系。因此，我们在农业生态系统（或者农业生态经济）的研究中，不仅要在空间上而且还应在时间上考察系统的成分间和生态因子间相互的动态关系。人在这个生态系统中是最活跃、最积极的因素，是核心，是主宰人类利用自然、改造自然，从事农业、发展生产，发展社会生产力的决定因素。人类从事农业，即进行生物生产，受环境和实践的制约，生物的生长、发育和繁殖都要与生态环境和时间因子相适应。同时，人类也有可能运用科学技术改造环境和控制时间来适应生物的再生产。今天人类对这个系统所起的核心作用面临两种可能、两种选择：一是由于不懂得或者不愿意遵循前任已经积累起来的生态规律的知识，盲目地任意变更或破坏生态系统的动态平衡，最终导致不可逆转的恶果，遭受自然的严峻报复和惩罚。二是自觉地掌握和运用已经认识的生态规律，并继续探索那些尚未被认识却客观存在的规律，运用它们来更好地调整、控制和改善农业生态系统中的各生态因子之间的动态平衡和协同关系，借以保障人类安全地生产、生活并长远生存于一个适宜的高效的和保持长期相对稳定而又持续前进的环境中。对以上两种可能，我们应当竭尽全力避免前者而力争后者。因此，我们在现阶段（第一阶段）的任务，首先是掌握和运用客观存在的生态经济规律和现代科学技术，保护和改造农业生态环境，保持其动态平衡和协同关系，为促进农业生态经济系统趋于稳定上升状态打下坚实基础，为从现存传统农业向生态初级阶段转化，并进而向高级阶段发展创造条件。

农业生态环境存在复杂多样的生境类型，每一生境类型具有不同的植被类型、植被区域、植被地带、植物群落和群丛等大小环境单位。因此，在生态环境中植被是基本的，是起核心作用的生态因子。胡耀邦同志 1983 年 7 ~8 月视察西北时曾强调："要使这里的生态和农业恶性循环转变为良性循环，根本的出路在于首先大力种草种树，以草养林、养牧、养粮，实现草、灌、乔混种以及林、牧、农结合，解决植被问题，恢复生态平衡。"由此可见植被问题的重要性。农业生态系统中，植被因子微小的或者较大的变更，都会导致生态环境向上或向下的明显变化。植被的发育状态标志着一个生境的生产率和潜力，并且是清楚地标记了生境类型的历史烙印，反映着这个环境单位的演替过程和演替趋势。这就是说，植被及其生境的过去、现在，和未来有密切的联系，或者可以说，农业生态环境中植被的发育状态，决定了这个生境现在的生产率水平和将来的发展前景。我国目前农业生态环境中植被发展状态处于极低水平，农业生态处于恶性循环中，要想在此基础上顺利地向现代农业发展，首先要保护自然资源，解决植被问题，改造农业生态环境，实现农业生态系统的良性循环。

三　农业生态与环境管理和土地利用的关系

农业生态环境的演替过程是被人们生产活动和经济活动中的土地（资源）利用和环境管理的状况制约着的。不同的土地利用和环境管理方式和决策，决定了农业生态环境演替的不同方向和速度。根据我们在四川省丘陵地区考察的初步结果，认识到生态环境的演替对土地资源利用和环境管理的生物学反应，是非常敏感。合理的资源（土地）利用和有效的环境管理，可以促进生态环境朝着上升和加速（即有利于人类和社会）的方向发展；否则，就会促使它向相反的方向发展。四川省大足县中敖区麻杨公社毗邻的两个生产队——柿花三队和永和十队，长期以来，由于对土地资源的利用和森林植被的管理，采取了两种不同的方式和对策，因而就有两种不同效益的经验教训，这十分清楚地说明了上述观点。一个是青山绿水，林业生态效益显著；另一个是秃岭荒坡，生态失调、效益差。柿花三队森林地占全队幅员的40%，木材蓄积量人均达2.75立方米。由于林地面积大，农田处于林网中，小气候好，连年丰收，1982年人均生产粮食1049斤，其中水稻587斤。水土流失问题得到了很好的解决，水源丰富，农作物免除了干旱威胁。粮丰林茂，饲草饲料充足，为养殖业创造了很好的条件。猪多，耕牛多，户均养猪3头，每100亩耕地平均有耕牛7头。此外，社员修房造屋，添置农具和家具多，柴草不缺，用不着卖粮来买燃料。全队50%以上的家庭有存款。而麻杨公社永和十队与柿花三队接壤，荒坡秃岭，只有房院四旁有些竹林，岩坎陡坡生长一些荆棘野草，由于无森林缓冲，每年暴雨季节地面径流很快汇成山洪，耕地表土被冲刷严重，田土极易受旱，旱季又无水抗旱，因而农作物产量不高。1982年人均生产粮食881斤，其中水稻仅为363斤。粮食少了，生猪养殖发展缓慢，户均仅为两三头，成了社员缺燃料、庄稼缺肥料、牲畜缺饲料、建房缺木料的“四缺队”。又如，大足县南山与北山，城东乡红旗六队与红旗八队，射洪县柳溪区清堤公社六大队与一、二、三大队，重庆市江北县茨竹公社一队与千丘七队，这些毗邻的两个队不同生态平衡状态鲜明对比的事例，都说明了不同的土地（资源）利用和环境管理，县城不同的生态环境状态，产生了不同的生态效益和经济效益。而这些生态效益和经济效益的不同水平，又决定了生态环境的不同等级。生境等级之间的演替和变化，都有一定的向上或向下的序列，被称为演替序列。森林是农业生态系统的核心，森林生态系统的纯生产量（植物生产量）最大，生产力也最大，都比农田生态系统高，居第一位，所以我们就把森林生态系统看成农业生态环境的最高环境等级。由于人们对资源需要和利用不合理而改变了环境条件，如林木过伐、乱砍滥伐、烧山轮垦等，把森林生态系统变为迹地生态系统。迹地在没有人为干预的条件下，本来可以通过自我条件、修复能力，向上演替成为森林生态系统。如果人们在迹地开荒种粮，又可成为新垦地农田生态系统；如因广种薄收，产量很低，经济上不合算，又可能弃耕而变为撂荒地（裸地生态系统），逐渐演替为草坡草山生态系统。草坡草山经济效益太低，人们从眼前利益出发，认为采石、开矿砂、烧石灰等经济效益很高，有利可图，于是开山采石，彻底破坏了生态系统的环境条件，使其沦为非农地，这是农业生态环境演替序列中的最低的环境等级（见图 1）。

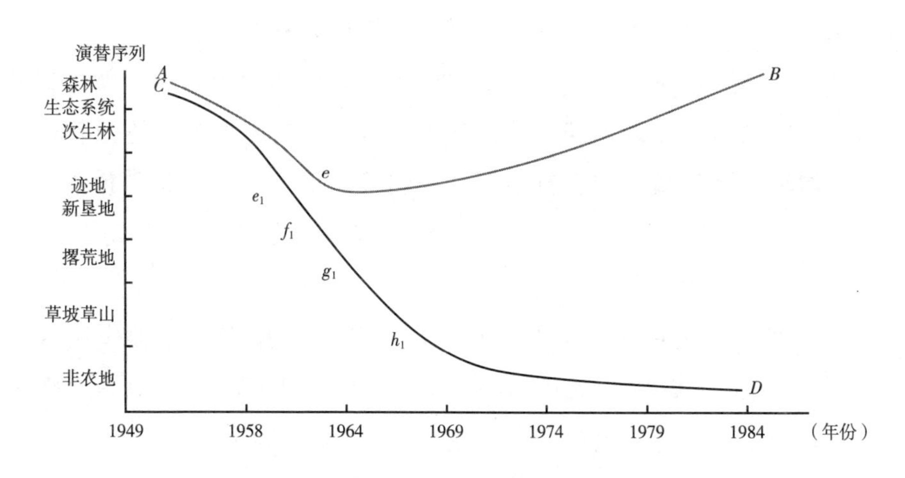

图 1　农业生态环境演替序列中的环境等级

因人们经营管理的得失，使植被格局随之变化其演替过程，导致农业生态环境的状态依一定的规律而发展，这些规律如下。

（一）生境的演替过程可以是上升的、前进的或下降的、倒转的

图 1 中，*eB* 线表示向上的前进演替；*Ae* 线和 *CD* 线表示向下的逆演替。在完全没有人为干扰的情况下，除非受不可逆的自然灾害的冲

击，一般来说，封闭性生境通过自我调节、恢复和更新的演替过程，总是缓慢地单向前进演替。人们为了自身的和社会的利益，可以自觉地运用这个规律，指导土地资源的利用和管理，朝着有利的方向发展，加速前进演替或者阻止和扭转逆行演替。图 1－1 中，*AB* 线上的 *e* 点是逆行演替与前进演替的临界值点或称为阈值点，该阈值点 *e* 是 *AB* 线上的阈值最低点，即这个生态系统内在的自我调节、控制能力的最低点。不论在 *Ae* 线段上还是 *eB* 线段上，阈值点的位置越高，这说明系统的成熟性越高，生物种类组成越多，营养结构越复杂，纯生物量和生产力越大，因而自我调节、控制能力越大，抵御外界的干扰或冲击的能力越大，系统的稳定性也越强。所以，*A* 点和 *B* 点都是 *AB* 线上的阈值最佳点，即森林植被顶级状态。阈值点 *e*，就像一个门槛，在该系统范围内只要在这个阈值点用很小一点气力，从外界向系统内有利的、合目的的方向做功，就像运用物理学中的杠杆作用原理一样，施加积极影响，就可将逆行演替的方向扭转过来，朝着我们期望的有利方向，回到前进演替进程上来。如果跨越门槛，即逆行演替过程继续向下发展，逾越阈值点 *e* 或 *CD* 线上的 e_1，那就需要加大一点气力来扭转逆行演替。逾越阈点 e_1 值向下越远，需要使用的力量或做功越大，如阈值点 f_1 和 g_1 等。因此，阈值点 *e* 和 e_1 是最有利的生态杠杆效应或演替作用点，这种作用点叫“临界最小努力（做功）效应”。此即所谓的“顺天时，量地利，则用力少而成功多。任情返道，劳而无获”（《齐民要术》）。

由此可见，临界最小努力效应可以使一生境内被破坏了的森林生态系统的经济效益和生态效益协同回升。只要采用有效的环境管理措施，就可扭转逆行演替重新走上前进演替进程，并依靠自我调节能力逐渐达到演替顶级 *B* 点。这是一条重要的农业生态经济原理，被称为“临界最小努力原理”。

临界最小努力原理可以有效地运用于所有农业生态系统中，举例如下。

第一，上述大足县麻杨公社柿花三队与永和十队两个毗邻的生产队，地处同一生境，原来山顶山坡森林茂密，郁郁葱葱。1958 年他们在“左”的影响下，都将森林砍光，森林生态系统沦为迹地生态系统。两个队当时的生态环境都处于最低阈值点上，但他们做出了两种不同的决定：柿花三队采取了严格的“封山育林”保护措施，通过系统内部自我恢复能力，8 年后迹地上恢复了一片茂密的幼林，20 年后森林已郁闭，达到了盛期发育阶段。他们的经验是封山育林，严禁社员进入森林采柴割草，由生产队每年“限量间伐”，解决社员烧柴或修建房屋用材的需要。“封山育林”措施就是临界最小努力原理的巧妙运用。而其邻队永和十队则采取了另一种策略，逾越阈值点 e_1，跨过门槛继续破坏迹地生态系统，在迹地上清理整地、开荒种粮，变为新开垦的农田生态系统，只能“1 年收，2 年歉，3 年丢”，而且水土流失严重，终于弃耕而成为撂荒地。

第二，柑橘园生态系统中往往有这样的情况，如大足县南山园艺场内的枳砧嫁接株或者实生苗长成并已经投产的老树子，在酸碱度偏高（pH 值为 7.5～8）的碱性土壤中，容易患缺素病，会导致树根腐烂、落叶落果，产量骤降，甚至不结果，最后树子相继死亡。再将病株砍掉，补栽幼苗，则需 7～8 年后才能投产。但如以枳砧（枳壳砧木）嫁接在腐烂树根上部树干上进行复壮，因枳砧较耐酸碱，能适应酸碱度偏高的土壤环境条件，嫁接成活后去掉烂根，病株就可恢复健康，继续产果。这又是运用临界最小努力原理的一个实例。

第三，水域生态系统的水生境是鱼类资源生活和生存的空间。水域生态系统的生态动态平衡，与渔业生产关系极大。这个系统的生态失调，会严重影响渔业生产的发展。保护水生环境是改善水域生态平衡状态和水平的重要环节，而改造其周围的森林生态，特别是保护水源林，改善周围农田生态系统生态平衡以及改善流域植被，就会改变整个生态环境的气候条件、天文条件、水量水质及其他各种生态因子，使其处于生态平衡状态，系统的鱼类资源和渔业生产便会稳步发展。但是，以上各种生态技术措施是需要大量投资或社会劳动力支出和长期演替过程的。四川省长寿湖是发育年龄不算长的一个成熟性不高的生态系统。原来系统内鱼类种群数目不多，营养结构简单，生物量和生产力都不高。但是，近年来采取了“大规格鱼苗放养”“分段分片放养和捕捞”，开辟浅水湖湾为“大规格鱼类养殖捕捞区”等生态措施，鱼类种群数目很快就由10多种增加到30多种，捕鱼量由原来全年的30多万斤不断增长，1983年达到浅水湖湾一次一网捕获40多万斤的高产水平。这是临界最小努力原理运用于生态渔业中成效显著的实例。

第四，农田生态系统也是有效利用临界最小努力原理的广阔领域。例如，稻田生态系统中，水稻成熟收割后，留下稻茬稻根可以肥田，增加肥力，特别是能够补充稻田中被消耗掉的磷素并增加有机质。但稻茬又往往是三化螟滋生的寄主，如果犁田翻土等整地工作推迟到翌年立春或雨水后进行，螟虫若虫就有充分的时间发育繁殖，就会加剧危害，破坏稻田生态平衡。到那时再来喷药治虫，不仅增加人力、物力的费用，而且防治效果也不一定理想。如果把施肥、犁田、深翻耙土等工作提前到水稻收割后立即进行，只是在时间上变动一下，即使不追加投入，消灭螟害的效果也会显著得多。或者采取早春（惊蛰前）稻田浸水，也是防止螟害（三化螟）的简而易行的办法。这是对常规水稻而言的情况。现在杂交水稻普遍推广，栽培技术改变了，三化螟不再是重要害虫，但二化螟发生了，特别是在寄秧田里尤为严重，秧苗移栽时又带到杂交水稻田中，所以现在二化螟的危害是主要矛盾了。治理的办法是，按照生态规律，在寄秧田治理，简而易举，又容易收效。这些是临界最小努力原理在农田生态系统中的运用。

（二）生境类型的演替

在没有人为干预的条件下，生境类型可以从最低等级极其缓慢地、渐进地，经过若干过渡等级，朝着高级演替。这是封闭系统的自然演替，是一种从无到有、从小大大、由少到多、由简及繁、由低级到高级的演替过程。所谓最低等级生境类型，一般指裸地、裸岩、石山、沙丘沙漠等。最高等级的生境往往是被最高级植被类型永久占领的生境，即森林群落发育到顶级状态的所谓顶级植被。其中，乔木层、灌木层、草被层，以及地衣层等各层次与多种群间彼此相互适应，互助互利，能在拥挤条件下生活与繁殖，使植物逐渐增多，植物组合以及植被群落结构越来越复杂化，从而更完全、更充分地利用环境条件。这种单向前进演替过程，有可能通过有目的、有计划的人工调节和控制，加强保护和抚育，促进和加速其进程。同时，有可能由于盲目的、自私的、贪婪的人为干扰和破坏，致使系统的结构与功能由高阶到低阶、由复杂到简单、从多到少、从大到小、从有到无地逆行演替。前一种演替过程需要长时间艰巨的努力才能完成；后一种过程往往是在短时间不用费很多力气就自然完成了。

图 1 中，CD 线是一逆行演替曲线，Ce_1 线段说明森林生态系统内部受到外界的干扰或消极冲击，使系统的生态平衡状态与水平受到影响，呈递减的趋势。当外力的干扰和冲击加强，超过系统自我调节能力，而继续下降直到阈值点 e_1 时，植被种群数目急剧减少，生物量大大下降，系统结构和功能失调，直到消极冲击作用超越阈值点 e_1 时，就引起系统内的物质循环和能量转化中断，并导致原有系统的崩溃，变成了另外一种低级的迹地生态系统。这个具体演替周期大约只是一年或不到一年的时间。如大足县麻杨公社永和十队在利用土地资源方面采取了不用于其邻队（柿花三队）的方式和对策，相继突破阈值点 e_1、f_1、g_1 和 h_1 等，逐渐演变成草山草坡生态系统。最后，开山采石彻底破坏了该区域的生境格局，使其沦为非农地。在植被类型的急剧改变过程中，也不断地改变了它周围的环境条件。CD 曲线上的 e_1、f_1、g_1 和 h_1，表示演替序列中不同等级生境类型的相应最低阈值点，也就是各该生境类型内部自我修复能力的最低点。由于 $e_1 > f_1 > g_1 > h_1$，所以要使低价系统扭转逆行演替的方向，向上突破边界线，即由低一等级生境类型的终态（上限）进入高一等级生境类型的始态（下限）时，上下两个生境类型边界线上的阈值点，又是演替作用的最大冲击点。这是因为由一

个植被类型到另一个植被类型的转变，需要经过植物个体种向新的生境的侵移、适应、定居、增殖、占领，然后形成群丛、群落的演替过程。这个过程需要通过压倒原来占领这个生境的优势群众，并取而代之的激烈生存竞争，才能完成。这个过程在封闭系统的自然演替中需要漫长时间逐渐完成。例如，采石场生境类型的自然演替可能需要好几个世纪或更长的时间。如果采取人工演替想把采石场、石山、裸岩等改造成为高级生态系统，可以用开山劈岭，修筑等高梯土、梯田，挑土拓田，环状爆破，开渠筑塘等办法来实现。这是需要大量投资、投料、投工的一项艰巨而规模较大的农业基本建设工程和生态建设工程。这就叫“临界最大冲击效应”。

在小生境内，如前文图1，*CD* 曲线的 g_1 阈值点，即草山草坡生境类型的最低阈值点，是改造这个生境时必须突破的门槛。改造的途径有两种：一是采取自然演替，运用临界最小努力效应原理，实行“封山育林”的办法。但这需要很长时间，农民燃料、饲料、肥料等无法满足，一时还行不通。二是采取人工演替，植树造林。大足县北山大片草山上，大约在5年前曾稀疏分散地栽了一批柏树幼苗，栽得很粗放，挖一锄、栽一株。现在这批柏树还只是小指粗细的“小老树”。究其原因，草山草坡上的植被优势种本是多年生禾本科白茅草，它根系发达，与柏树幼苗根系争夺土壤中的养料和水分，迫使柏树幼苗无从扎根定居，加剧了和土壤环境条件的矛盾，更谈不上占领和形成群丛，结果被淘汰而逐渐消亡。采取临界最小努力原理的办法，跨不过 *CD* 线上 g_1 的门槛。有效的办法是挖掘“大窝窝坑”，施足底肥（草皮、灰渣以及城市垃圾等），密植适地速生丰产树种，加强管理，使其很快形成群丛；或栽果树，精耕细作；或采取一定措施，采用将其改造为良种牧草地等压倒草本优势种的办法，花大力气突破 g_1 这个演替作用点，成为优势种，最后取代处于劣势的白茅草种群，并占领这个生境。这是临界最大冲击效应的体现。这个 g_1 演替作用点是 Cg_1 线段上的自我修复能力最低阈值点，它说明需要外界施加演替作用的最大冲击，方能突破，扭转逆行演替，使 *CD* 曲线向上回升。回升趋势逾越 g_1 点越远，需要的外力冲击就越小，直至突破 f_1 和 e_1，沿着演替序列，跨过几个过渡生境类型，回升到森林生境类型，最终形成森林植被顶级 *C*。由此可见，如果我们要把一个生态系统的逆行演替，改造成为前进演替，由下而上地需要外力冲击或做功，这个力或功是从大到小的最初的演替作用点，是最大冲击点。这是农业生态经济学的又一条基本原理，我们称之为"临界最大冲击效应"原理。

胡耀邦同志于 1983 年 7 月间到甘肃和青海做基层调查考察时，提出掀起全民种树种草的群众运动，以草促林，以草养畜，发展畜牧业，号召北方六省发动青少年采集树种草种支援甘肃、青海两省"种树种草"运动。这是改造西北黄土高原农业生态环境面貌，发展林、草、牧业，治穷致富的根本大计，是一项重大的战略措施。这将是对西北黄土高原干旱地区一次最大的冲击，一定会起到巨大的生境演替的积极作用。这是前人不敢想也不可能做到的，而在社会主义的今天，是一切从实际出发，敢想敢干，由站得高、看得远的最高决策层做出的一项很有科学预见性的战略决策。1983 年 8 月 20 日至 9 月 2 日，中国共产党甘肃省委工作会议接着做出决定，要迅速地、坚定不移地把甘肃农业发展方向转到"种草种树，发展畜牧，改造山河，治穷致富"的战略目标上来，力争在二三十年内，把甘肃建立为全国第一流的林业基地和牧业基地。又如，1984 年 2 月 25 日共青团中央、林业部、水电部联合发出通知：决定组织宁夏、内蒙古、陕西、山西、河南、山东六省（区）青少年，在黄河两岸西起宁夏中卫，东至山东滨州市，长为 3000 公里、宽 10 公里的范围内，7 年建成防护林绿化工程。这对治理黄河，减少黄河中游的水土流失，加速绿化祖国的进程，具有十分重大的意义。江苏省淮北地区改造大生境盐碱地生态系统，采取以配套水利建设工程为主，引水洗碱、排碱的综合治理建设，变低产和荒芜的盐碱地生境类型为高产稳产的粮棉农田生态系统，使大面积粮食、棉花产量翻番，粮食增产达 3980 多万公斤。江苏省无锡市太湖水域生态系统的改造规划，也将根治湖水泛滥，改善湖周农田生态系统、苹果园林生态系统以及太湖水域生态系统等平衡状态。以上种种都是运用临界最大冲击效应原理的最好例证。

（三）环境单位间演替交错区形成规律

在大的生境内，相邻的两个不同植被群落类型的环境单位，除非地貌截然不同，或环境梯度不同，环境单位之间很难有清晰明显的分界线，而会形成群落交错区，并形成一定的规律性。交错区一般有以下三种类型。

1. 互补演替交错区

两个毗邻的不同生境单位之间相互联系、相互补充、相互促进，保持着互不侵犯、互助互利、长期稳定的生态关系，这种现象叫互补演替。四川省长寿县长寿湖水面面积为97500亩，总库容为10.27亿立方米，有效库容为7.49亿立方米。在这个大水域生态系统发育过程中，与湖周沿岸山地、丘陵、谷地、平坝等生境的森林、果树、农田、草山草坡等植被群落之间，建立了彼此互利互助的生态关系。由于庞大水体的存在，在湖岸周围形成了一个宽约3公里的“湿温带”，是特别适宜夏橙生长发育的特殊生境。由于水体保温作用，湖周地区年平均气温略高于非湖周地区，夏季升温和秋季降温均较缓慢，气温变化平缓。夏季由于庞大水体的吸热作用，极端最高气温可降低2～3℃。冬季当受冷空气影响时，湖周地区及下风方极端最低气温可较非湖周地区提高0.5～1.0℃。由于湖盆半封闭地形的谷地效应，使湖周地区平均日温差偏大0.5～1.0℃。同时，在湖周地区形成一个高湿度地带。由于庞大水面对日光照射的反射作用，使日照增强，促进了湖周地区果树和农作物叶面光合作用，提高了光能利用率。这些生态因素对提高农作物的产量和质量，特别是对喜温、怕冷、喜高湿的柑橘类果树尤为有利。

湖岸周围因湖水季节性的涨落，在湖边与水面接壤之处，存在一个滨岸带。而且随着地势高低变化，形成了明显不同的草木植被梯度，分布着陆生与水生之间的过渡带的禾本科、莎草科、蓼科等植丛并向湖内扩张。某些植物种群的红蓼、过江藤（满江红）等的根系可从岸边着生到湖底或漂浮于水面。滨岸带的最外缘是沉水着生的各种藻类，水体最上层为含有多种浮游动植物的表水层。这样就形成了一个滨岸带生态系统。湖水逐级上涨时，鱼类以丰富的旱生草本植物为饵料，补充水生植物和浮游动植物饵料的不足。退水时，滨岸带的有机物质和腐叶残屑流入湖中，导致浮游生物滋生、增殖。同时，山地、丘陵的植被群落涵养的水源和地面径流，常年注入湖中，形成若干个流水深水区，为渔业生产提供了理想的繁殖捕捞区。这样两个或两个以上生境单位之间互补演替的有利关系，为长寿湖渔业高产和沿岸夏橙基地的发展创造了良好的生态环境条件。

2. 自然演替交错区

在没有人为干扰的条件下，一个较高等级植被类型的植物优势种总是向外侵移到另一环境单位，通过自然演替的传播、定居、增殖、扩张等过程，发展成许多分散的群丛、群落，最后形成一个自然演替交错区。自然演替交错区一般是外向的，它凭借巨大的自然力，甚至能从一个生境内把优势植物的繁殖体传播到遥远的另一生境去，侵占适宜它生长发育的小环境单位，进而逐渐增殖扩张，最后占领这个生境。据1984年年初报纸报道，在我国边防前哨西沙群岛的一个不到1平方公里的小岛的银色海滩上，发现一株红树幼苗。这是岛上独一无二的高等植物，也是入侵该岛的一株先锋植物。红树科植物是盐生植物，其支柱根极为发达，枝叶具有旱生结构，因此能适应海滩涨潮与退潮的特殊环境条件。而且红树具有一种特殊的胎萌繁殖方式，便于它在热带海岸迅速发育生长，进而侵占、增殖形成群落。红树群落又是被它占领的海滩的良好防堤植被，并能使沉没在海水中的浅滩提高而扩大海滩面积。可见，这种外向的自然演替交错区的形成，具有改造一个生态系统的极端环境条件的能力，这是符合人们和社会的需要而可以有目的地加以利用和保护的。

3. 人为蚕食演替交错区

该区指人们在生产和经济活动中，只顾贪婪地消耗自然资源，而不是珍惜地、节约地利用它。这种行为是侵犯而不是保护和改造这个生态环境或植被类型，是一种纯粹的挥霍浪费的消费者行为，而不是创造性、建设性的生产者行为。在这种情况下，人们往往为了满足自己无止境的需要，而不断地向内蚕食、扩展，最终破坏这个生境单位内错综复杂的生态关系，使原来的生态平衡状态失调，质量水平下降。这种现象不论在历史上还是在今天，不论大生境范围还是小生境方面，都是普遍存在的，特别是在今天，由于社会生产力的不断发展，人们对飞速进步的科学技术的误用或滥用，以及由于人口迅速增长的压力，这种侵犯自然资源和平衡生态环境的趋势还在不断增强。例如，小生境单位，如城市绿化区，公路两旁的行道树、绿带，学校、工厂、机关的绿化区以及农场、林场、果园、渔场等，都普遍存在不同程度上的被外界侵犯和破坏的现象。大生境单位，如国有林区、风景区、旅游点，以及国家自然保护区等生态系统，常见被周围农田生态系统（通过人们的生产活动和经济活动）入侵、蚕食、破坏，或局部被占领等。尤其令人不能容忍的是，连国家重点自然保护区，如四川省卧龙熊猫资源保护区和峨眉旅游胜地与植物资源保护区也被任意入侵、蚕食和破坏，造成的严重恶果是无法弥补的。卧龙自然保护区冷箭竹群落大片开花枯死，造成了国宝熊猫面临饥饿、相继死亡甚至灭绝的危机，引起了国内外的关注。箭竹喜生长在温湿的山区或平原，不耐干旱，长期干旱会加速其衰老、开花枯死。箭竹大面积开花枯死是其生境条件突然改变和恶化的生理生态反应。卧龙地区森林生态系统被破坏，已经到了进入保护区边缘竟举目不见树木的程度，其严重性是触目惊心的，应该认真对待。由于森林植被的消失，引起系统内部的气候、水文条件、土壤环境条件及其他生态因子等一系列的变化，致使冷箭竹与其生境间的能量转化和物质循环受阻或中断，冷箭竹种群的长势急剧减弱，失去更新能力，代谢减弱，遂加速其衰老死亡的进程。而这种演替过程在短时期内是不可逆转的，问题的严重性就在这里。峨眉山国家重点保护区，是历史上世纪演替过程的产物，它之所以举世闻名，不仅在于秀丽雄伟的景观，而且还在于它拥有丰富多彩的珍稀动植物资源。在“文化大革命”中，受毁林种粮等的人为干扰、入侵、蚕食，形成了现在这样的原生林、次生林、草地草坡和农田犬牙交错的镶嵌体景观，比起原来的雄姿已是大有逊色了。至于大片参天古木、珍贵树种以及珍禽奇兽、名贵药材等的种群和个体数目大大减少等方面的巨大损失，更是无法估量，如果对人为干扰不加以制止，将来会受到历史谴责的。

（四）定向演替原则

人类在农业生态系统中利用自然资源又改造自然资源，在改造客观世界的同时又改造了主观世界，取得了对必然的认识，取得了自由，从而就可发挥自己的主观能动作用，进一步运用被认识的生态经济规律，按照自身生活和经济发展的需要，进行合目的的控制、调节和管理，使农业生态系统中错综复杂的生态关系朝着预期的有利方向不断演变和发展。这是生态农业的一项基本原则，被称为“定向演替原则”。

定向演替原则在改造农业生态环境中的运用，有广阔的前途。如果树生态系统中，栽培果树的目的是为了生产果实，争取多产果、早产果。但果树的营养生长期较长，结果晚，这不符合人们的要求。为了快投产、早结果、多产出，除了选种育种外，还主要采用调节果树两个生长期的办法，即抑制营养生长来缩短营养生长期，为其生殖生长创造有利条件。近年来，在生产实践中，按照果树生理生态规律，实现了由稀植大冠改为密植矮冠的栽培方法。矮化是为了缩短果树营养生长时间，使其早结果，为早产丰产创造条件。密植是充分利用地力，发挥果树群体作用，达到高产的目的。过去稀植大冠栽培虽单株结果多，但占地面积大，结果晚，用工多，投资大，单位面积产量低。而且不利于机械作业，管理不便。密植矮化栽培的结果早、投产快，用工少、投资少，单位面积产量高，收益多，便于机械作业和管理。这是人们在果园生态系统中，利用果树营养生长与生殖生长对立统一的规律，调节其内部两个生长期之间和外部环境条件与内部生长特性之间的生理生态关系，按照有利的方向，采集密植矮冠栽培来满足自己和社会需要的定向演替过程。

综上所述，可以总结为一点，即农业与生态环境类似毛与皮之间的关系，“皮之不存，毛将焉附！”相反，如果皮肤健康，毛也就光泽喜人。农业与环境之间的依存关系，也说明了同样的道理。上述一系列规律、原理、原则进一步反映和深化了这个道理。因此，这些规律、原理和原则在生态建设以及保护和改造农业生态环境中的应用，对改造祖国河山面貌，实现两个“转化”和发展农业，一定可以起到积极而深远的“生态杠杆作用”，进而促使农业生态经济系统的经济、生态和社会三者效益协同增长。

四　森林和植被是保护和改造生态环境的核心

生态农业是以农业生态环境的保护和改造为中心的，它立足当前，放眼长远，当前服从长远，使当前利益与长远利益有机结合、协同发展。但更重要的是，首先要保护好现有的生态环境，维护其目前生态平衡状态和水平，避免继续遭到人为的干扰和破坏。同时，应进一步对其加以改造，提高其生态平衡状态和水平，使其按照有利的、合目的的方向不断向上演替。1984 年 5 月，国务院做出了关于环境保护工作的决定，把“保护和改善生活环境和生态环境、防治环境污染和自然环境被破坏”作为我国社会主义现代化建设的一项基本国策来抓。这个决定很重要、很及时，符合“当前利益必须付出成员利益、经济效益必须适应生态效益”这条客观规律的要求，同时在时间上也是可行的。希望全国上下协力同心，持之以恒，认真贯彻执行。

生态环境保护和改造的关键性一环，是扩大和改善绿色植被。它是调节气候、涵养水源、防治耕地表土流失、改善和提高生态平衡状态与水平的一个非常重要的因素。绿色植被指森林、草原、农田、草山草坡的绿色覆盖状况，其中森林覆盖状况是关键，因此，森林是保护和改造生态环境的核心。

我国是一个少林的国家，远远少于圭亚那、日本、瑞典、苏联、美国、联邦德国等，森林覆盖率在全世界160个国家和地区中，居第120位。但我国林地和宜林地面积居世界第3位，仅次于苏联和美国。森林覆盖面积与林地宜林地面积相比极不相称的状况，已经到了非从根本上逐步加以改变不可的地步了。怎么办？解决当务之急有四个办法。

（一）认真保护好现有森林资源

如在典型的森林生态地区、珍贵动植物生长繁衍的林区、天然热带雨林、植物资源丰富而具有特殊科学研究价值的林区等，应由国家划定自然保护区，连同原已划定的保护区一起，切实有效地加强管理。对管理不力以及任意破坏上述资源者必须绳之以法，严肃处理。

（二）大张旗鼓地开展植树种草、封山育林、退耕还林等活动，扩大林草覆盖面积

特别要加强国防林、防风防沙林、水土保持林、环境保护林、科学实验林、母树林以及风景林、名胜古迹和革命纪念地的森林古木等特殊用途林的建设和经营管理。此外，还应切实保护和营造黄河、长江等大小河流源头的森林、草原植被，以及在江河溪流两岸植树造林。采取上、中、下游结合的综合治理和综合发展的生态建设措施。

（三）合理利用森林资源

林区林木采伐量要根据“用材林的消耗量大大低于生长量”的原则，以生长量定消耗量，以更新量定采伐量，严格加以控制。同时，应杜绝林区在采伐、加工、运材等过程中严重浪费损耗的现象。

（四）大力提倡“生态农业户”联产承包责任制

“生态农业户”（以下简称“生态户”）可以说是专业户、重点户的补充和发展，是较“两户”进一步完善和合理化的一种生产责任制形式。所谓的“生态户”就是在稳定专业户、重点户的基础上，遵循生态规律，有计划、有步骤地改造小生境农业生态环境系统的重点户。应大抓四旁植树造林，建成“院坝森林系统”或称“林盘系统”，改善微环境农业生态平衡状态。要求科学务农，实行多层次物质循环利用，提高第一性产品利用率，以最小投入获取最大产出，并力求经济、生态、社会三者效益都达到最佳水平。“生态户”还可承包荒山荒坡、溪流两岸的综合治理。“生态户”就是以此为目标，进行综合规划，因地制宜，分期实施，逐步建成一业为主、多种经营，亦工亦农，商品生产高度发展的高效生态农业经济系统的基本实体。

总之，我们这一代人要大抓生态建设，绿化祖国的河山，使农业的面貌展现“青山永在、绿水长流，林茂粮丰、经济繁荣”的美好图景。届时，较大规模商品生产的现代化生态农业系统就能建成，人们期待的社会主义明天，就有可能成为现实。

从传统农业向生态农业转化*

——二论生态农业发展阶段

一 农业发展的演替过程及其有序化

（一）演替过程

一般认为农业的发展已经经历了原始农业、传统农业、现代农业 3 个阶段。下面我们以此为线索考察农业发展与农业生态演化相伴随的情况。

1. 原始农业阶段

在原始农业生产中，社会生产以农业为主，农业则以自然循环方式为主，采集、狩猎、初级的耕作和游牧是农业生产的主要形式。在此阶段，人类还没有掌握多少农业技术手段，农业生产力对自然界的改变很小，农业生产与自然生态的差别也很小，人类本身不过是自然生态环境中的一个组成部分。冲击人类的自然力量同人的有限能力比较，显示了其真正的无限性。农业生态系统的物质循环基本上是一个封闭系统，即取之于农业的生物能量，经过消费后又返还于农业生态环境本身。与原始农业相对应，整个农业生态是平衡的，然而是处于一种低层次的自然平衡状态。

---

* 本文发表于《西农科技》1985 年第 3 期。

2. 传统农业阶段

可以将这一阶段看成继原始农业之后的农业初级发展阶段。

随着人口的增长、社会分工的发达、农业技术水平的提高和农业经济的发展，农业生态的面貌日益改观，人类农业活动逐步具有改变自然面貌而适应农业生产需要的能力，农业生态的景观与自然生态的景观差别逐步扩大。所以，当人类把自身从自然环境中分离出来后，才产生了它与自然的相互作用，而这种相互作用只有当人类自身的能力提高后，才能扩大其作用范围。植物栽培和畜禽饲养的发展，加快了生物间物质转化和能量流动的速度，农业生态过程与自然生态过程的差别日益明显。农业的发展，城市和非农业人口的出现，使农业不再是一个全封闭的系统。它的一部分物质和能量，随着农产品输出脱离了农业生态系统。这个阶段中，人类基本没有掌握向农业输出矿物能源的手段，因而使农业生态的循环产生失衡现象。农业生态的结构与功能由此变得不稳定，但在此阶段中，农业经济系统的资金靠自身积累，能量靠自身提供，人口数量尚少，农业活动的涉及范围也有限。因此，农业生态的失衡是一个缓慢的过程，其范围也限于局部地区。

可见，传统农业总体而言是处于农业生态的不稳定平衡状态。

3. 现代农业（所谓能源农业）阶段

这一阶段是农业的急剧发展阶段。农业的急剧发展首先受需求增长额刺激，人口消费需求的增加和工业对农业原材料的需求增加，促使农业生产的规模向深度和广度迅速膨胀。农业机械化及其他农业技术尤其是能源工业的发展，提供了农业迅速发展的可能性。在这个阶段，农业变成了一个完全开放的系统。一方面，它的产品很大一部分在某种因素上则是绝大部分必须输出农业系统；另一方面，农业生态的维持在很大程度上要依靠农业外部环境，主要是工业系统的物质和能量的输入。农业自身的循环被打破了，转变为一种开放系统的循环。此时，农业成为整个国民经济投入—产出中的一个环节，国民经济的产业分支图日益复杂而丰富，但由于整个社会的经济力量在一定时期是既定的，需要在农业、工业和社会各个产业中分配，于是农业产出较快地增加和农业投入较慢地增加的矛盾运动，便转化为农业生态恶化的结果，由此造成了农业经济发展速度的下降和农业生态的一系列危机，以致威胁到农业的生存。

由此，可以认为现代农业目前正处于农业生态的不平衡状态。

4. 生态农业阶段

我们认为，继现代“石油农业”后，生态农业的兴起将形成农业生态的人工动态平衡状态，形成农业的稳定发展阶段。这还只能是我们的一种战略设想。在此阶段，突出的一点将表现在农业生态的稳定和农业经济乃至整个经济系统的持续发展，显现出较高的经济效益、生态效益和社会效益。

从农业的演替发展过程来看，农业自产生以后，便在人和自然作用下有规律地进行。在前进的过程中，表现出明显的阶段性，发展的总趋势是由封闭、半封闭到开放，由自给、半自给到商品化，由低生产力到高生产力，由低效率到高效率，由较弱的人工调控到较强的人工调控的梯度发展。

（二）农业发展的有序化

农业系统总是通过一定的作用机制而发生运转的，其系统发展也正是利用人与自然力的作用及其机理而逐步有序化的。农业发展的有序化表现在以下几个方面。

从时间序列而言，历次农业形式和内容的更替，都是因为市场与消费矛盾激化并由此形成推动力而产生的。每一次更替在缓和了供需矛盾的同时，也带来了自然与生产的矛盾，尤其在“石油农业”之后，农业形式的更替第一次改变了农业的历史行程，生产与消费的矛盾让位于生产与自然的矛盾而使后者居于主导地位。所以，在农业发展的历史长河中，生产与消费的矛盾是在一次又一次激化过后逐步走向缓和，生产与自然的矛盾则是由不明显逐步走向明朗化。进入生态农业阶段后，可望这两对矛盾得到统一而保持生产、消费与自然资源的有效增长和合理利用。

从生产广度而言，农业的发展是沿着一个发展的“剪刀状”路子而拓展的。最初的农业开始于采集、渔猎，逐步过渡到窄小的农业耕作领域，然后过渡到以粮食为主的比较广义的农业生产。随着商品经济的发展，农业的规模日益庞大，尤其是与其他经济系统相交织并成为国民经济发展的基础后，农业的广度才开始了其辐射于人类全部生活的新纪元。

从生产深度来讲，初级农业是依附于自然力而摄取第一性生产的自然成果，农产品基本是自然成果的人工采集。随后发展到利用生物加工效能获取第二性生产品，从单纯利用谷物转变为以谷物为主兼用动物产品的广泛农产品生产。在生产力进一步发展后，人们又进行了更高层次的经济加工，包括人类可直接利用和非直接利用农产品，生产形式由浅变深，产品日益丰富。农业由满足温饱的“粮食型”生产逐步向满足更高需求的“营养型”生产深化。

从平衡水平看，农业一直是由低有序水平的平衡状态向高有序水平的动态平衡状态演替的，即由自然型平衡状态向不稳定的平衡状态—不平衡状态—稳定的动态平衡状态而有序向前演替的。生态农业的战略思想，就是要达到在人口控制下的稳定的动态平衡，达到生态经济活动的高度有序。

从开放程度看，农业是由自然农业的封闭系统向农业的半封闭系统，再向生态农业的高度开放系统而渐进转化的。系统的不同发展层次，有与之相适应的开放形式。但有一点是基本成立的，即高层次的农业水平都具有较高的开放性。

二 传统农业向生态农业转化的现实条件

从农业的有序发展过程中，我们看出，要实现传统农业向生态农业的转化，必须遵循农业发展的“两轨制”，即从自给半自给经济向着较大规模的商品生产转化，从传统农业向现代化农业转化。为了有效地进入生态农业这样的发展阶段，有必要认识我们起步的基础，即从传统农业向生态农业转化的现实条件。

（一）后天不良与先天不足

1. 后天不良

我国的传统农业是举世推崇的，尤其是其中有机农业部分具有深刻的合理性，然后，它的后天发育却不良。后天发育不良的关键，在于农业系统发展的封闭性和对自然高度依附性、经济发展的延缓性以及运转目标的狭隘性。我国农业的自给自足的自然经济生产，排斥系统外部冲击，极力维持系统内部的自然平衡，使农业长期处于低平面的垦殖生产水平，农业完全依附土地等自然恩赐，加之农业生产主要是为了解决人们的温饱问题，农业技术建立在经济基础之上，导致农业生产在低层次水平上停滞不前或缓步爬行。

2. 先天不足

受西方农业影响，我国曾一度误入了追求能源农业模式的歧途。正如前面所述，现代农业的先天不足，在于其出发点就是忽视了自然生态问题，片面追求高的劳动生产率，着眼于人本身，着力于对大自然的掠夺，忽视了人与自然的整体特征和自然力作为农业存在的基础特征，片面强调和夸大了人对自然的制约作用。我们过去一个时期就是这样，往往过分强调了人对自然的改造能力，忽视了自然对人工作用的选择和吸收能力，造成了人工控制与生态运转的不协调，产生了抵抗作用。其结果要么生产直线下降，要么生态遭到严重破坏，而最终总要以生态经济系统的破坏或崩溃而告终。这就是我国现代农业的先天不足。

无论是传统农业的后天不良还是现代农业的先天不足，都使我国农业难以健康发展。同样，农业现代化若是沿着上述任一道路前进是定会遇到障碍的。现实已经告诉我们，尽管农业经济系统尚未崩溃，但经济的低水平和生态环境遭受的严重破坏，都深刻地说明了问题。

（二）生态农业的优势与有效性

在生态农业理论指导下，近年来，我国一批农业现代化基地以及如雨后春笋般出现的生态农场、生态乡（村）、生态农户的实验成果，都已显示出生态农业的强大生命力。再观世界农业发达国家走过的道路和发展趋势，其先进部分和合理的内核，也完全与我国生态农业的理论和实践相吻合。

生态农业的优势与有效性主要表现在以下方面。

第一，实行多样种植养殖、多种经营结合、专业化与综合化结合的多样化生产，使生物物质得到多级利用，实现生物能量转化的高效率和经济价值转化的高效益。

第二，正确处理系统内部控制与外部人工调控的关系，重视自然调节作用，使两者有机结合。

第三，吸取传统农业和现代农业的精华，实行技术集约，将生物措施、工程措施及社会措施（如教育、技术培训、法令等）根据生态经济的客观要求有机结合。

第四，循环利用“废物”，变废为宝，减少污染，通过适当的外部投入实现物质循环平衡和增加产品循环利用的高效率。有机农业与无机农业相结合，有机肥与无机肥相结合。

第五，立足于可更新资源的研究、开发和利用。

第六，农、工、商结合，产、供、销结合，提高物质流、能量流、价值流、资金流、信息流的有效流转。

第七，生态效益、经济效益、社会效益兼顾，协同增长，既有高而稳的生产能力，又能保护和改善生态环境，实现农业系统的各种目标。

三　传统农业向生态农业转化的基本原则

（一）两个命题

1. “人口—耕地—粮食”的命题

传统农业生产的目标是为了满足基本的生存条件，生产者凭借落后的手段去获取低级别的生物产量和经济产量，庞大的农业人口队伍日夜奋斗仅仅是为了填饱肚皮。人口的增长是以其数量和体力增长为特征的。以人口的数量和体力为主要投入的传统农业活动方式，以及以淀粉食物为主的消费习惯都刺激着人口的大量产生，而农作物的单位面积产量却不会无限增加。概略地说，单一的经济结构只能允许人口同土地播种面积呈线性比例增加。于是，按照中国几千年来的小农经济传统，人们便将饥饿的目光注视到了能出粮食的耕地上，这样，农业的垦殖生产就按照“人口—耕地—粮食”的命题，螺旋式地运转开来。为了清楚地说明“人口—耕地—粮食”这三者互为因果的恶性循环过程，我们采用系统动力学的因果关系对其加以表述（见图1）。

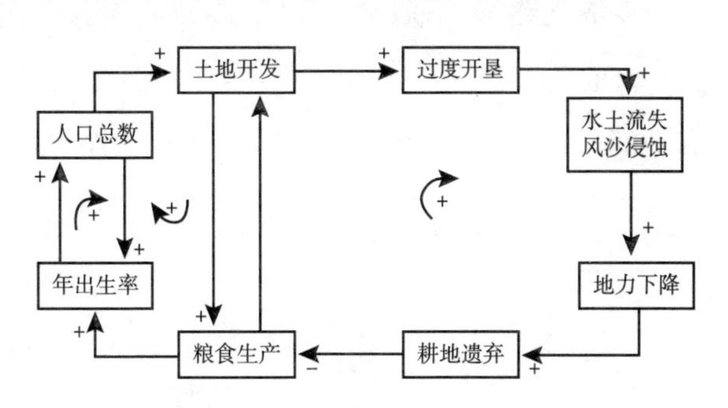

图1　“人口—耕地—粮食”的恶性循环

在这一循环中，耕地作为中介只有不断扩大，才能适合人口对粮食需求的增长。而一旦耕地短缺，人增、地减、粮紧的局面就不可避免地出现。

事实上，我国传统农业的基础正在崩溃，没有足够的可耕地用于休闲轮作，无机肥料以及归还给土壤的营养物质低于取出量的逆差不断累积，土壤肥力正在衰退，水土流失，结构和功能受到破坏了的农业系统正在退化。生态环境正在单一层次的利用中日复一日地受到损伤。

“人口—耕地—粮食”的循环，成了自然经济的发展轨道。这种循环由于强烈的正反馈，破坏了人与自然的和谐关系，生态系统已无法凭借自身调节机能来恢复本身的平衡。随着这种状况的持续重复，超过一定的临界值，“人口—耕地—粮食”的运转逻辑就促成了传统农业的恶性循环，系统的生物产量级别自然降低，人的食物链被迫缩短，生态经济效益呈现递减趋势。造成这一恶果的根本原因，就在于封闭的自给自足的自然经济过程以及封建的人口观念和思想，这也许是中国农业一直停滞不前之“谜”的谜底。时至今日，这个沉重的历史包袱仍阻碍着我国农业现代化的进程。

2. “人口—土壤—商品”的命题

封闭的自然经济发展道路，使中国农村经济步入了一个“死胡同”。在面临绝境之时，终于产生了一股冲击封闭的冲击波。严酷的现实，迫使人们觉醒：小农经济之路行不通，“人口—耕地—粮食”的恶性循环要转化，要实行生态农业的“人口—土地—商品”的良性循环（见图 2）。

实现生态农业的“人口—土地—商品”的良性循环发展，必须来

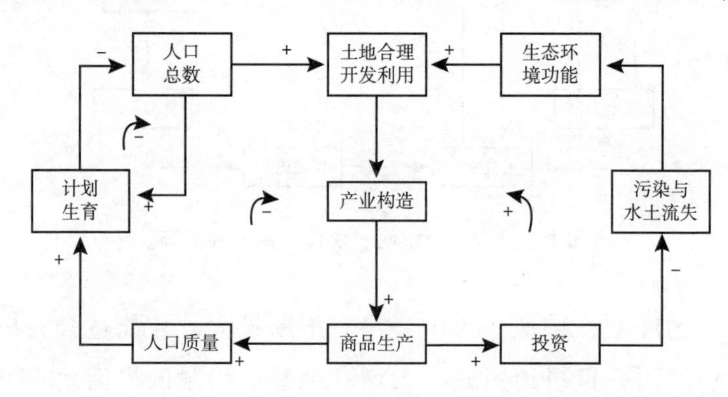

图 2 “人口—土壤—商品”的良性循环

一个观念上的根本转变。要认识到，人多不一定总是好事，“人多好办事”的哲学已经行不通了，要知道人多要吃饭，要衣穿，要水用，要房住等，所以要严格控制人口增长，这是实现生态农业起飞的前提条件。土地应该是广大的国土资源，耕地仅仅是其中的一部分，耕地可提供粮食，而草地、水域、山地、森林同样也可提供食物和宝贵的财富。更重要的是，要树立商品经济的思想，开拓一条生态农业致富的新途径，实现“人口—土地—商品”的良性循环。

当人口数量稳定和人口素质提高后，人类才有可能合理地开发利用自然资源，土地（广义土地）的利用才能日趋合理，于是才有可能构造合理的产业结构，这就为商品生产的持续发展打下基础。而发展商品生产，提高经济效益又为技术改造、挖掘技术潜力、改善生态环境、提高生态功能提供了经济基础，更利于土地资源等合理有效利用。这就是提高经济效益、生态效益、社会效益的“人口—土地—商品”的生态农业新循环逻辑。

可见，“人口—耕地—粮食”的命题，导致传统农业的生态经济恶性循环，损害了生态效益并最终损害生态经济的总体效益。而生态农业的“人口—土地—商品”的良性循环，为现代农业的进一步发展提供了新的道路，展现了无穷的生机。

（二）四项原则

实现传统农业向生态农业的转化，除定向演替等基本原则以外，还应遵循转化过程的几个基本原则，从而达到生态农业的生态经济良性循环的运转。

1. 广义生产原则

政治经济学给生产下的定义是：生产指以一定的生产关系联系起来的人们，通过改造自然，创造物质资料（物质财富）的过程。[①] 显然，

① 许涤新主编《政治经济学辞典》，人民出版社，1980。

这个定义把各种自然要素构成的生态系统机体，仅仅看成一般的生产对象，看成静态的自然资源。从这个意义出发，往往产生“生产的目的只是用最少的投资获得最大的利润”的概念，正是由于这样的观念的支配，人们在开发和利用自然资源进行物质资料生产时，就不是将自然资源看成生态系统的有生命的有机产物的利用，也忘记了表现自然力的自然资源有机组成，而片面追求技术上的直接经济效益，忽视了人与自然合作这个和谐整体中的自然界部分，放弃了直接经济效益以外的间接经济效益，以及与之密切相关的生态效益和社会效益。正是因为以获得物质财富和经济利润为目的，人们在改造自然时，不惜破坏自然力，滥耗资源，乃至破坏整个生态环境。

同样，因为抱着这种着眼于物质财富的生产观念，人们也就忘记了人类健康繁衍所依赖的生态环境和自然力的更广泛的生产，忽视了保证和促进物质生产的经济效益提高的生态生产，忘却了自然为人类所提供的必需的精神财富——休养生息的环境生产。

由于这种片面的生产原则，生产出了诸如片面的生产方针、不合理的政策和生产计划、违反生态规律的技术手段，以及单纯提高产量和利润的生产目标等。加之自给自足封闭经济思想的限制，造成了一系列的生态恶果。

因此，社会生产必须将人类自身生产、自然生态系统的生产，以及社会经济生产，作为一个整体联系起来。

生态农业就是要摒弃狭义的生产观，遵循广义的生产原则，即把生产看成人们为了提高物质生活和精神生活水平，保持人类社会的健康发展，以一定的生产关系联系起来，在保护生态环境和自然物质基础（资源）的前提下，通过合理地改造自然、利用自然，创造物质资料（物质财富）的过程。

广义的生产原则告诉我们，生产物质产品是生产，改造自然环境是生产，保护生态平衡也是生产。因此，技术的使用，劳动力的投放，政策和计划的下达，都必须在促进经济效益的同时，也促进生态效益的提高，既要注重经济系统的价值增值，也要注重生态系统物、能的有效流转。总之，一切生产都必须是具有经济意义、社会意义和生态意义的全面生产。

2. 广义的价值原则

马克思主义经济学认为，价值是凝结在商品中的一般的无差别的人类劳动或抽象的人类劳动，而商品的价值量是由生产商品所消耗的人类劳动量来决定的，也就是由生产商品所耗费的社会必要劳动时间的多少来决定的。

然而，在社会抽象劳动量中，并非所有部分都是对社会有益的，并非都能实现满足人民日益增长的物质和文化需求这一目的。如某生产是通过掠夺自然或者是剥夺生产继续发展的物质基础、损害长远的价值创造而获取一时的丰产，这类价值量就并非高的，因为生产的负效应，没有进行价值量的抵消计算，从某种意义上而言，这类劳动量的付出，是无效的甚至负效的，可见这类生产的无效劳动量应该从价值量中剔除。各生产环境污染和破坏生态平衡的生产，都存在一定的“有害”劳动。所以，价值量并非总是由全部抽象劳动来决定的。

与之相对应，有利于社会持续发展和人类健康生存的一切劳动量的付出，都是具有价值增值作用的。

从这一思想出发，我们认为，人工生态环境是具有价值的。人们经常接触的现实的生态环境（如农村生态环境、城市生态环境），都是经过人的劳动改造的生态环境，是经济或生态经济系统的生态环境，不再是自然生态系统的生态环境。这种生态经济系统的生态环境的质量，必然要受到人类各种经济活动所产生的生态效益（包括有效的正效益和反效的负效益）的影响。当人类经济活动所产生并不断积累的负值的生态效益（如环境污染、水土流失、资源衰减、草原沙漠化等）超过一定数量时，这个生态环境的质量就有害于人的生存，降低或失去了使用价值。为了求得继续发展，人们必须付出一定量的劳动来从事生态环境的保护和建设，以促使生态经济系统的生态环境质量起码达到人类正常生存和发展所必需的标准。于是，这种能满足人类生存需要的生存环境，就产生了使用价值。由于这种使用价值是产生了劳动耗费后才产生的，马克思也说过，价值只是无差别的人类劳动的单纯凝结，于是可以认为人工生态环境有价值。

人工生态环境越能满足人类生存和发展的需要，就越需要劳动投入，它所具有的价值量就越大。所以，在国外，生态农场的农产品价格就通常较一般农场的农产品价格高，这高出的一部分差值，实质上就是环境价值在产品上的转移和体现。

广义价值原则告诉我们，开发利用资源通过付出劳动，可以创造价值，保护资源和保护生态平衡要付出劳动也可创造价值，而治理环境污染要耗费物化劳动和活劳动，同样也创造价值。一切能满足人类物质文明和精神文明的有效劳动的付出，都是价值的创造过程。

3. 广义交换原则

通常所说的交换，是指在等价基础上的商品交换，其本质是一种物质实在意义上的交换。作为生态农业的广义交换原则，交换应该是人们相互交换劳动、劳动产品的过程。这就包括经济意义上的商品交换，社会意义上的智力交换，自然意义上的生态交换，乃至一种以物能为媒介的信息交换。商品交换是商品的相互让渡和转化，智力交换是知识和科技成果的传授和转让，信息交换是信息流的咨询传递，生态交换则是自然生态的特殊交换。

总体而言，进行交换的产品，是社会生产力作用的结果，同时也是自然力作用的结果。因此，社会的商品交换，既是经济价值交换，又是生态价值交换；既是经济的商品流转，又是生态的物能转移。广义的交换原则使得交换具有双重性质，即产品交换既是商品交换，又是生态交换。产品首先是作为自然物，然后才是经济物，因此，没有生态交换就没有物能运转，也就没有作为价值载体的商品转移，所以生态交换是经济交换的基础。

不同生态系统相互间的作用、冲击也包含复杂的生态交换。农业为工业提供原材料，工业为农业提供产品，农村为城市提供农副产品，城市向农村输入有机能等，在经济交换的同时，又具有生态交换意义。

4. 广义消费原则

通常消费包括生产消费和个人消费。生产消费指生产过程中，工具、原料和燃料等生产资料和活劳动的消耗。个人消费指人们为满足个人生活需要而消耗各种物质资料和精神产品。可见，这种消费观念着重于有形物质（如食物、原料、劳动力等）和精神产品（如文化、教育等）的消费，本质上，是一种生活和生产资料的生存消费观。

生态农业的广义消费原则，要求我们除了认识到生活和生产资料的生存消费外，还应注意有益于人类健康生存和发展的自然美享受消费即生态消费，包括满足物质资料生产的自然资源消费、自然景观的消费、维持生态和促进新陈代谢的消费。因此，生态农业的建立与发展，不仅要为人们提供质优量多的农副产品，而且还要为农业的持续发展和人类文明提供优美的生态环境，满足人们生理、心理和精神的全面需求。

四　良性循环是传统农业向生态农业转化的核心

所谓良性循环，是指在进行物能生产的农业系统中，物质流、能量流、价值流、信息流等流量大、流速快地系统运转，也就是农业系统的总体优化。

（一）良性循环的农业系统的特征

良性循环的农业系统具有以下特征。

1. 高效的系统功能

具有合理的结构，结构与环境因素相互促进、协调平衡，能够充分利用自然力，提高太阳能的转化率、生物能的利用率、农村废弃物的回收率以及经济产出率。

2. 稳定的运转效益

经济效益、生态效益和社会效益持续稳定提高，并达到优化的统一。

3. 合理的人工调控

人与自然有效合作，并通过人工控制使自然生态与社会经济有效结合，建立合理的生态经济调控技术体系。

4. 良性的生态环境

提高生态环境的抗逆力和对经济运转功能的促协力。

所以，实行良性循环而达到使传统农业向生态农业的全面转化，就是使物流、能流、价值流、信息流等从静态的角度看具有较高的流量和较快的流速，从动态的角度看是流量持续稳定提高，流速持续加快。

只有建立良性循环的农业系统，才能有效地进入生态农业的稳定发展阶段，为此我们提出良性循环是传统农业向生态农业转化的核心。

（二）实现良性循环的条件

建设良性循环的农业系统，实质上也就是要实现农业生态经济的良性循环，这就包括农业经济系统的良性循环和生态系统的良性循环。良性循环的经济系统，首先必须建立在良性循环的生态系统之上。

1. 实现生态系统良性循环的条件

①系统结构组成的多样性。多样性遭到破坏，就会削弱以至失去各种生物的相互作用，并导致退化。②生物分布的差异性和非均匀性。无差异的均匀化结构是一种退化的热力学平衡。③系统的输出不能大于输入，森林采伐量不能大于生产量，鱼类捕捞不能大于再生产能力。④系统要素按一定的量比关系和相互作用机理合理配置。⑤支配系统行为的支配参量必须达到一定的阈值。

只要具备上述条件，生态环境就会具有很强的新陈代谢能力，并不断与环境交换，使子系统各层次、各能级实现正向演替，使生态系统生产力不断增长。否则，就会逆向递减，循环衰退，走向恶性循环。

2. 实现经济系统良性循环的条件

①经济系统要建立在良性循环的生态系统基础上。②控制经济系统的智力系统（教育、科技、管理）必须是先进的、科学的，并通过各种人才，制定指导经济发展的具有科学性的整体规划。③信息系统、决策系统、指挥系统、反馈系统、调节系统都必须健全，并相互作用。④经济系统的结构合理，要根据市场需求和各地资源特点设计，并保证恰当的比例。⑤要控制经济的主要指标，使劳动生产率大于工资增长率，商品总量大于货币总量，市场供应量大于需求量，资金来源和物流大于基本建设投资需要，积累率要在保证人民生活水平逐年提高的基础上适当增加。⑥不断增加外贸出口，并进口必需的商品，以增加系统内部的再生能力。⑦不断更新生产要素，特别是提高人员素质，使系统新陈代谢能力增强，具有一种发展机制。

只有具备上述两个方面的条件，才能实现传统农业向生态农业的转化，才能建立良性循环的农业生态经济系统。

总之，遵循农业生态经济规律，把生态规律与经济规律结合起来，实现传统农业向生态农业的转化，达到农业生态经济的良性循环，以获取最大功能、最佳效果，这是当代农业的根本出路。

论经济、生态、社会三效益协同增长*

——三论生态农业发展阶段

一 生态农业系统发展水平与三效益

生态农业系统的不同发展水平会显示出不同强度的功能。同样，系统发展的不同阶段会表现出各具特征的经济效益、生态效益和社会效益。

（一）生态农业初级发展阶段的三效益特征

生态农业初级发展阶段的基础生态建设，目的在于为生态农业的迅速发展创造一个良好的自然基础。此阶段表现出来的经济效益、生态效益和社会效益具有下列特征。

1. 生态效益增长速度快于经济效益增长速度

由于此阶段的重点是生态建设，且以提高绿色植被覆盖和治水保土工程为突破口，因此，生态效益提高很快。

生态效益的增长从表面上反映在以下方面：一是绿色植物覆盖尤其是森林覆盖得到恢复和发展，乱砍滥伐现象基本被杜绝。二是水土流失通过生物措施和工程措施的实现得到基本控制。三是农业污染程度不再加深。而生态效益的快速增长从本质上反映为自然生态系统的结构和功

---

* 此文发表于《农业现代化研究》1988 年第 2 期。

能得以恢复，自然机制开始有效运行，生态系统的自我维持和自我控制机能正常发挥。

从图 1 可以看出第一阶段生态效益、经济效益与投资费用之间的关系，尽管 Y_1 和 Y_2 都呈上升趋势，但$\frac{dY_1}{dt} > \frac{dY_2}{dt}$，即生态效益的增长速度快于经济效益的增长速度。

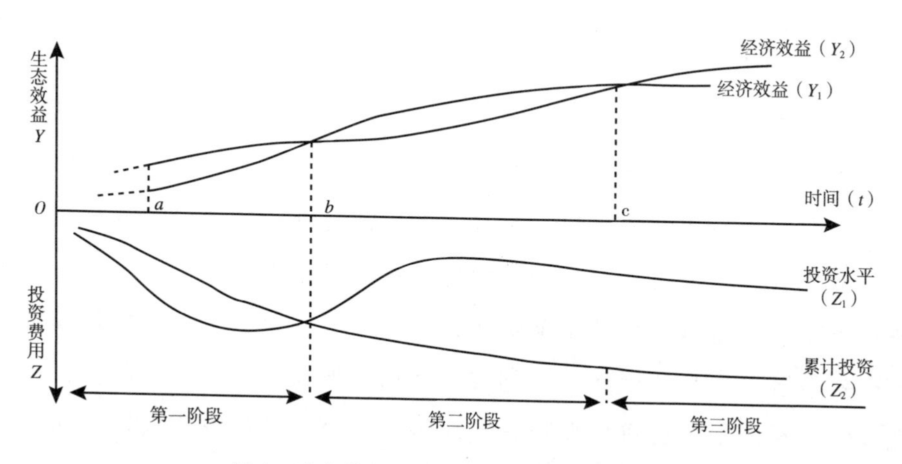

图 1　生态效益、经济效益、投资费用曲线

2. 效益发挥的滞后性

任何投资，都不是马上就见效的。无论从生态还是从经济角度而言，都是存在滞后现象的。如图 1 所示，在第一阶段的（O，a）期间，投资水平的提高速度呈指数型增长，即$\frac{dZ_1}{dt} > 1$，而此时，投资的效益表现为潜在的生态效益和经济效益。

3. 投资速度由快于生态效益增长速度转为慢于生态效益增长速度

经过一个时滞后，投资的效益开始发挥，潜在的生态效益和经济效益转变为实在的生态效益和经济效益。生态效益增长速度在（a，b）期间呈指数型增长，生态效益增长速度由（O，a）期间慢于投资速度转变为（a，b）期间快于投资速度，此时投资以递减的速度进行。

在（a，b）期间，$\frac{dY_1}{dt}>1$，而$\frac{dZ_1}{dt}<1$（指第一阶段后期），$0<\frac{dY_1}{dt}<1$，表明生态效益经过一个时滞后明显地快于经济效益和投资水平的增长速度。

可见，生态效益的提高也会带来经济效益的适当增长。这在生态农业的初级发展阶段表现为生态效益是经济效益的基础。

（二）生态农业迅速成长阶段的三效益特征

生态农业迅速成长预示着生态农业系统发展水平进入一个新的层次，生态上的恶性循环得到控制，开始了良性循环的运转。生态环境的改善，自然生态机能的恢复，为经济的迅速发展提供了可靠的基础。

在此阶段，需要大量投资的环境工程已经基本完成，所以生态上的重点，是进行生态系统的重新组建，通过一定的量比关系和相互作用机理配备系统，提高物能转化率和改善食物链加环减环的工艺流程，其重点是实现经济系统的良性循环，要使传统的小农经济发展成较大规模的商品经济。在此阶段，投资的方向主要在于经济效益的提高，根据市场需求和资源优势调整产业结构。

通过生态经济大回路循环达到经济增值，注重经济系统对生态系统的物能反馈成为此阶段的工作重心。此阶段的三效益具有以下特征。

一是经济效益的迅速提高。由图1可知，在（a，b）期间，$\frac{dY_2}{dt}<1$，而在第二阶段的（b，c）期间，$\frac{dY_2}{dt}>1$，高于生态效益和投资水平的增长速度。此时，$0<\frac{dY_1}{dt}<1$，而$\frac{dY_1}{dt}<\frac{dZ_1}{dt}<\frac{dY_2}{dt}$，表明生态效益稳步提高，这里投资水平的再一次快速增长主要作用于经济效益的提高。

二是经济效益的迅速增长是以生态效益的前一期（第一阶段）的快速增长和现期（第二阶段）的稳定提高为基础的。

三是社会效益作为经济效益和生态效益互补作用的综合表现已具备了初步的有效性。

（三）生态农业稳定发展阶段的三效益特征

通过第一、第二阶段的生态和经济转化工作，生态经济的良性循环已基本实现，生态农业第三阶段的最大特色是保持三效益持续、稳定地提高。

此时投资的功能表现为协调三效益的量比关系，而获得最佳总体效益，其主要特征如下。

一是经济效益由指数增长进入常规增长。此阶段经济效益由第二阶段的指数增长速度$\frac{\mathrm{d}Y_2}{\mathrm{d}t}>1$，转变为$0<\frac{\mathrm{d}Y_2}{\mathrm{d}t}<1$的常规速度增长。系统显现持续的福利。

二是生态效益仍以常规增长速度发挥出来。

三是生态效益和经济效益的有效协调，使社会效益达到最佳，系统的投资也根据系统效益发挥状况而进入了平稳状态。

二　三效益是生态农业发展辩证统一的三个方面

生态效益是指生态系统及其影响所及范围内对人类有益的全部价值，它包括生命系统提供的效益、环境系统提供的效益、生命系统与环境系统相统一的整体效益，也包括由上述客体提供的物质和精神方面的效益。经济效益是指生态系统的全部生态效益中被人们开发利用的、已表现为经济形式的那部分效益。社会效益则是指从根本上对人类社会有利的各种效益。

我们认为，三效益的综合和统一就是生态经济效益。经济效益是三效益中最积极、最活跃的因素，生态效益是三效益的基础，而社会效益是三效益的归宿。

（一）生态经济效益是三效益的综合和统一

人类为了生存要从自然界取走一些物质和能量，并以不同形式将物质和能量返还给自然界即生态系统。可见，在“取”与“还”的过程中，不管人类认识与否，经济效益与生态效益以及由此牵动社会全体的社会效益是同时产生，同时存在的。正因为三效益的共生性、相伴性，使人们在考察社会生产和再生产过程中避免只重视经济效益而忽视生态效益或反过来只重视生态效益而不顾经济效益，或只注重局部的生态效益与经济效益、社会效益而忽视全面的整体社会效益，于是生态经济学提出了生态经济效益。

所谓生态经济效益，就是指社会物质资料生产过程中同时产生的一定的经济效益和一定的生态效益以及由此而产生的一定的社会效益的综合和统一。因而，我们在总体上应该将经济效益、生态效益和社会效益放在同等重要的位置，不能在单方面的发展上片面追求某个效益目标。正确的做法是，在提高经济效益中求生态效益，在提高生态效益中争取尽可能高的经济效益，并达到社会效益的有效提高，从而实现生态经济效益的最优化。

在生态农业实践中，我们必须把单纯地追求提高经济效益或生态效益转化为追求提高生态经济效益，使经济效益和生态效益互相促进，同步提高，并由此提高社会效益。

（二）生态效益的基础作用

生态农业系统为了获得经济效益、生态效益和社会效益在最佳统一基础上的有序发展，一个关键的问题是，必须坚持生态效益的基础作用原理。

生态效益的基础作用表现在以下方面。

1. 生态效益是经济效益的物质承担者

由于生态系统是各种生物因素和非生物因素及两者之间的各种相互

关系所组成的有机体系，因此，其效益往往通过生态系统中生物种群能量和物质转化效率及维持生态环境稳定的功能而表现出来，可见生态效益之本质特征就在于生态系统物质循环和能量转化的有效流转。不难想象，如果没有生态系统的物能组成，没有体现生态效益的物能转化，而要获得人类物质生产和物质文明存在基础的经济物质是不可能的，没有经济系统的物能投入也就不可能产生经济效益。生态效益作为经济效益的物质承担者突出地反映在以下方面：其一，作为社会再生产的自然环境的生态系统，对人类社会的物质生产首先表现为一种资源。它的各种生物要素和非生物要素在不同的时间、不同的空间和不同的程度上被人类的劳动转化为使用价值和价值。所以，自然生态资源的多寡是社会经济发展有效与否的物质基础。其二，生态系统的物能转化是经济系统价值运转的基础。这是因为，第一，生态物流是经济物流产生的基础。离开了生态系统的物流，就没有经济系统的物流。第二，经济产品首先作为自然物，然后才是经济物，经济系统之价值运转是以生态系统物能转化为载体的。没有生态系统物能的实体转化，也就没有经济系统价值的形态转化。第三，生态农业系统的经济输入，只有首先转变为自然物能才能参加生态系统的流转，才能首先在生态系统中实现自然增值后再回到经济系统中实现价值增值。第四，生态系统的物能转化率高才能有高的经济价值转化率。在一般技术条件和管理水平下，生态效果好，经济效果也好，因为生态效果意味着农业生物的物质、能量的转化效率好。同等社会条件，同样劳动消耗，高效率的生态系统，可获得较高的经济产量。

2. 生态效益的滞后性是经济效益连续性与间断性的决定机制

生态效益的发挥都存在滞后性。但实践告诉我们，生态效益的滞后性强于经济效益的滞后性，也就是说，生态效益相对经济效益而言来得慢。

生态效益发挥的滞后性从两个方面表现出来：当生态效益促进经济效益的提高时，表现为“正效应”；而当其限制和阻挠经济效益的提高时，生态效益则表现为“负效应”。正是因为生态效益发挥的“正效应”与“负效应”，造成了经济效益发挥的连续性与间断性特征。

（三）社会效益是三效益提高的归宿

从社会主义生产目的出发，我们可以看出，生态农业就是人们为了提高物质生活和精神文化生活水平，保持人类社会的健康发展，以一定的生产关系联系起来，在保护生态环境和自然物质基础的前提下，合理地改造自然、利用自然、创造物质财富的过程。这就是我们曾经提出的生态农业广义生产原则。所以，我们认为，促进人类社会持续发展的社会效益是生态农业建设三效益的归宿。

生态效益的提高，一方面，表现为经济效益提高的物质基础；另一方面，为人类的休养生息和生产劳动等社会活动提供一个优良的环境。可见，生态效益的目的既体现为经济效益的提高，又体现为社会效益的提高，但最终还是在于为社会的物质文明和精神文明提供高质量的自然基础，从而提高社会效益。因此，各效益提高的归宿还是在于社会效益的提高。

三　农业持续稳定发展是三效益协同增长的核心

协同作用是系统自发地对其子系统进行组织和协调的固有能力，是系统由无序状态转为有序状态的动力，是系统与周围环境进行物质、能量、信息交换的方式，是一切不同系统普遍具有的自然机理。

协同保证系统的整体性，即保持系统具有整体大于局部之总和的放大功能。所以，生态农业要获得三效益的最佳统一，必须保持三效益协同增长，其最终目的就在于促使农业持续稳定地向前发展。

（一）农业持续稳定发展的基本特征

持续稳定发展的农业系统是生态农业发展的稳定形态，有极大的抗逆力（对不良影响的抵抗力）、伸缩力（对系统内外反馈的适应协调能力）以及自生力（扩大再生产的能力）。它具有下列特征。

1. 系统产出力最大

持续稳定发展的农业系统具有最大的物质产出力、能量产出力和价值产出力（包括使用价值和价值两个方面）。主要表现为：一是劳动生产率高；二是物能转化率高。三是价值输出率高。四是时间效率高。

2. 系统持续性最优

其表现为：一是资源优化度大；二是能量自给度大；三是结构自调度大；四是功能稳定度大。

3. 抗逆调节力最强

生态农业系统的有效成长，具有强大抵抗力、回归力（自我改造与自我恢复的能力）以及强大的协合力（内外一致的调节作用力）和冲击力（对相邻系统的促进力）。其主要表现为：一是功能替代力强；二是要素转化力强；三是系统适应性强；四是系统感染力强；五是系统同化力强。

（二）强化三效益协同，促进农业持续稳定发展的基本原则

为了不断促进三效益的协同增长，使生态农业实现农业高效而持续稳定发展的总目标，我们必须坚持下列基本原则。

1. 优先增长与协调同步相结合的原则

为了提高生态农业系统运转的总体效益，必须坚持优先增长，扶持重点的原则。因为在不同区域、不同时期，三效益并不是以同等效应体现的，这就是说，在生态农业的“效益集”中，存在相对的关键效益。如在一个经济比较发达却正面临生态危机的或者是经济效益进一步提高正受到生态效益不够的限制的农业系统中，显然现实的重点是优先增长生态效益，加强生态建设，提高环境功能。同样对一个生态环境较好、资源条件丰富但经济发展速度欠佳的农业系统，当务之急理应是加强经济投资，加强技术投资，以提高系统经济实力，此时经济效益成了优先

增长的重点。因此，在发展速度上通过某些制约子效益的优先增长，可促进总体生态经济效益的提高。

在发展比例上则必须做到协调同步。这里的协调，是指三效益提高的过程中，既要彼此促进，又要在这个协同作用的过程中有效地调整比例关系，以达到各效益的协调统一。

2. 渐变的原则

生态农业的有效成长，三效益协调统一并持续稳定的提高，要尽量避免各子效益过大的波动，要因势利导，循序渐进，有机进化，达到农业系统的稳定发展。

3. 总体平衡的原则

不仅讲求生态平衡、经济平衡，从根本上要讲求生态经济的总体动态平衡。不仅要强调物质流和能量流的运转，还要强调人力流、资金流、信息流的有效流转。

4. 适度规模原则

为充分利用时空资源，必须讲究生态农业的适度规模，过多的物力、财力的投入显然是一种浪费，而过少的人力、技术投入定会造成资源的不合理利用以及自然力和时间的浪费，影响农业的持续发展。

5. 战略性原则

为了保证生态农业永久的生命力，不仅要取得眼前利益，更要注重长远利益的获取。

生态农业的持续稳定发展，必须从长远战略意义出发，既注重近期三效益的提高，也要致力于三效益的长期协调发展。

四　结束语

我们认为，生态农业发展的三个阶段只是从生态农业建设与发展的总体上勾画出一个基本的演替规律。在生态农业具体的发展过程中，这三个阶段并不是绝对分割的，而是呈犬牙交错的态势，甚至也可能是同步或跳跃地发展的。

这里，我们不是研究某个具体的生态农业系统。我们研究的目的主要在于揭示生态农业系统由简至繁的演替过程，由低层次向高层次有序发展的规律，并由此提出在生态农业实践中我们认为必须遵循的基本原则。

（与罗必良合作）

生态农业发展的战略问题*

一　生态农业的兴起及意义

近半个世纪以来，以西方国家为代表的现代农业（或称“能源农业”）一直着眼于生产率，并取得了长足的进步，但也带来了累累恶果：能源短缺、耕地锐减、土地沙化、草原退化、森林破坏、物种灭绝、环境污染、气候恶化等。不少学者指出，生物资源的贫乏最终将导致经济上的贫乏。发展中国家也不例外。如我国曾为了追求粮食产量而片面进行高能量投入和掠夺式经营，忽视生产与环境的关系，违背生态规律，造成生态平衡失调，使农业生产陷入了恶性循环中，人们不得不对近年来追求的所谓以机械化、化肥化、水利化、化学化等为内容的“农业现代化”进行反思。因此，探索一条农业的新的出路，就成为农业发展的战略问题。

农业是一个巨大而复杂的系统，它既是一个经济再生产体系，更是一个自然再生产的生态体系。生产量的高低，产品质量的好坏，生产稳定与否，能量耗费的多寡，经济效益的高低，在很大程度上取决于农业生态环境的优劣和农业系统功能的强弱。优良的生态环境、合理的农业结构，是长期稳定地实现高产、优质、低耗、高效的坚实基础。由于对上述种种困境的新认识，“生态农业”作为现代农业发展的战略模式应运而生。

---

* 本文发表于《西南农业大学学报》1987 年第 9 卷第 1 期。

所谓生态农业，就是从系统思想出发，按照生态学、经济学和生态经济原理，遵循自然生态规律和社会经济规律，运用现代科学技术和管理手段，吸取传统农业和现代农业的精华，通过生态系统和经济系统复合循环机理，建立起多目标、多功能、多成分、多层次的组合合理、结构有序、开放循环、内外交流、关系协调、协同发展的农业系统的一种现代化农业生产模式。它有别于并大大优于第一次“绿色革命”，可能成为第二次“绿色革命”。

二　生态农业的战略转移

为了迅速扭转现代农业造成的恶性循环局面，首先必须实现生态农业的战略转移。

（一）战略转移的基本方针与目标

1. 基本方针

立足现有的自然条件和经济条件，改善生态环境，调整农业结构，强化农业系统运转，通过系统的层次开发、资源的多次利用与增值、生态经济的良性循环，从而促进农业系统的整体升华。

2. 战略目标

良好的环境、有序的结构、强大的功能、持续的效益，即：①充分利用自然机制、市场机制、生态的自我控制和自我维持机能以及经济系统的反馈机能。②以生态结构为基础，以经济结构为主导的同构。③开放循环，减低系统的自我耗费，正负反馈，少投入多产出。④利用系统之间和系统内部的协同作用，将农、工、商等结合，将农、林、牧、副、渔联为一体，综合物质流、能量流、价值流、资金流、信息流，通过生态系统和经济系统的正向冲击和有序协合，进而形成农业系统的自组织。

（二）由生态上的恶性循环向良性循环转化

1. 转化的几个标志

（1）由掠夺自然资源向合理、有效利用资源转化。转变的注意力应集中在可更新资源上。它的根本在于有效地利用自然力，发挥大自然的无穷威力。生态系统并不是各自然要素的堆积，而是各要素的有机组合体。因此，利用自然资源不仅在于自然要素自身，更重要在于自然资源的合理组合及其间组合力。生态农业要求人们将眼光从耕地、化肥等小圈子放开，去认识自然资源的多样性和多功能性，因地制宜，综合利用，掌握优势，实现资源的多次利用、循环增值、永续利用。保护生态环境，促进生态平衡，就是这一转变的宗旨。

（2）由自然的主宰者转变为自然的伙伴。生态农业强调人的主观能动作用。人在自然秩序中起精心管理者的作用，农民应当是自然的伙伴，农业必须是一个创造性的过程，绝不是一个机械的过程。因为农业是一个生物的活系统，而不是一个技术的或工业的无机系统。农业活动的影响和后果始于自然，经过食物链和金字塔而最终达于人和自然。在生态农业中，人应与自然同甘共苦，必须谨慎和精心地对待农业，使农业与自然秩序相和谐，结成忠实的伙伴。

2. 转化的原则

（1）最大（最小）功能限制定律。生态功能是相对生物生长的适宜度而言的，生态系统的功能是由各生态子系统的子功能有机综合而成的，显然总体功能的提高密切依赖各子功能。生物利用各种生态子功能生长，当某一子功能过强（过弱）时就会影响总体功能的发挥，进而影响生物的正常生长，成为生物生长的限制功能。

设生态功能可分为几个子功能，各子功能在生物生长周期中的功能满足度分别为$f_1(t)$，$f_2(t)$，…，$f_n(t)$。显然，它既具有统计的随机性，又具有功能结构的模糊性。

满足度与适宜度的含义不同，过分满足，就是不适应。适宜度越高，则功能越佳。这样，“最大（最小）功能限制定律”可表示为：

$$f_i=\left(\bigvee_{i=1}^{n}\underset{\sim}{f_i}(t)\right)\cup\left(\bigwedge_{i=1}^{n}\underset{\sim}{f_i}(t)\right)$$

相关的指标如下：①生态农业环境建设项目投资满足度，满足度最低的项目为最小功能限制者；反之，则相反。②作物生长营养物质投入满足度，满足度最低为最小功能限制者，而满足度过高也会成为限制因子。因此，要寻找生物生长的最佳营养投入。

（2）最小土壤流失原则。要杜绝水土流失不仅是不可能的，而且在经济上也是行不通的。可行的办法是贯彻最小土壤流失原则，即水土流失不带来生态功能或经济功能下降的流失量。若流失量超过临界点，则引起生态功能下降。此临界点就是最小流失，分别有最小生态流失量和最小经济流失量。

设系统功能与流失量之间有下列关系：

$$y=ax^2+bx+c\quad(a<0),\text{则}\quad y'=2ax+b$$

当$x=-\frac{b}{-2a}$时，其功能才开始下降。

其中，y 可表示总产值，代表经济功能，也可表示生物生产，代表生态功能；x 表示流失量。

这样，$x=\frac{b}{2a}$即最小流失临界点。

或在单位面积上，因某种程度的流失量而引起的经济损失，必须小于或等于治理流失程度所需的经济投资，这种流失量也被称为最小流失临界点。

（3）最大抗灾能力原则。最大抗灾能力是为了抵制自然灾害而进行各种生产设施和改造环境措施，提高系统功能，使系统具有最大抗逆力和回归力。抗灾能力越强越有利。这势必要求大量的建设投资，但应不大于为减少这部分损失而付出的投资。

设某一系统受灾面积为 S，经济损失为 E_0，经济投资为 E_1，于是有：

$$\frac{E_0}{S}<\frac{E_1}{S}，即 E_0 \leqslant E_1$$

满足此公式，表明该系统具有最大抗灾能力。其中，E_0 为受灾损失的经济临界点。边际损失小于边际投资，即 $dE_0 = dE_1$。

（4）最佳环境功能原则。设$\frac{dN}{at}$表示系统功能增长率（可用经济收入代替，表示经济功能；或用生物生产量代替，表示生态功能），$\frac{dN}{at}$越大，表明系统功能提高越快。$\frac{K-N}{K}$表示功能增长的可实现程度大小，K 表示环境功能，令 r 是功能的瞬时增长率，于是：

$$\frac{dN}{at}=rN\left(1-\frac{N}{K}\right)=rN\cdot\frac{K-N}{K}$$

任何开放系统，总是存在于一定的环境中，环境功能的好坏，直接关系到系统总体功能的好坏。K 值越大，$\frac{K-N}{K}$也越大，表明系统功能增长率可实现程度越大，可见 K 值是实现高效稳定的生态环境功能的根本。这就是改善生态环境作为建设生态农业的出发点的基础原因。

提高 K 值，关键在于改土治水，植树造林，因地制宜，合理种植、养殖。这是获得良好环境功能的有效途径。

生态环境的改善要着眼于全局，以提高系统总体功能。所以，我们认为绿色覆盖均衡度是一个重要衡量指标，可用表述如下：

$$D=1-\frac{\sum_{i=1}^{n}\left|\overline{P}-P_i\right|}{n\overline{P}_i}$$

其中，D 为均衡度；$\overline{P}$ 为总体平均覆盖率；P_i 为各统计小区的覆盖率（设该地区可分为 n 个可统计小区，$i=1，2，\cdots，n$）。

当 $D=1$ 时，表明绿色覆盖分布最均衡，最利于环境功能提高。

当 $D=0$ 时，表明绿色覆盖分布最不均衡，最不利于环境功能提高。

（三）由自给自足的自然经济向大规模商品经济转化

1. 人口—耕地—粮食的恶性循环

由于人口总数高，因而出生率增大，为了生存，必须有大量的粮食，于是不得不进行土地开发以扩大耕地面积。加上封闭的粮食思想和不良政策，势必造成土地的过度开垦，实行“苍山沧海变桑田”，一切以耕地为中心。由此造成了极度的水土流失，导致生态失调，土壤贫瘠，进而遗弃耕地。耕地丧失越多，粮食的供需矛盾越激烈，由此又不得不再度对大自然进行掠夺。如此循环不已，造成了“人口—耕地—粮食”的恶性循环（见图1）。这一恶果的根本原因就在于封闭的自给自足的自然经济过程和人口思想，这也许是中国农村一直停滞不前的“谜底”。

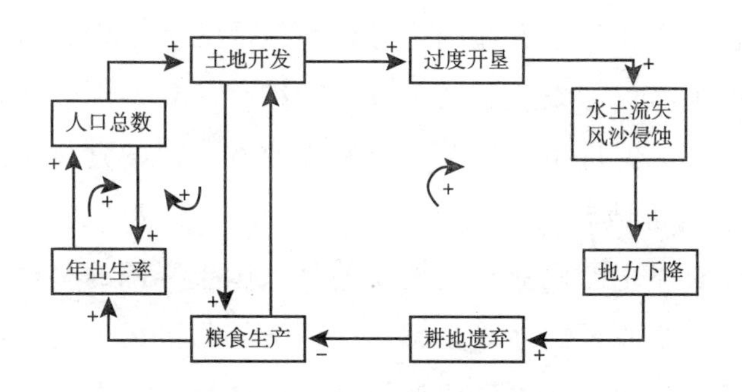

图1　人口—耕地—粮食恶性循环

2. “人口—土壤—商品”的良性循环

当人口素质提高、人口数量稳定化，人类才有可能合理地开发利用自然资源，土地的利用才能日趋合理，于是才有可能构造合理的产业结构，这就为商品生产的持续发展打下了基础。而发展商品生产，提高经济效益，为技术改造、挖掘技术潜力、改善生产环境、提高生态功能提供了经济基础，更有利于土地资源合理有效的利用。这就是提高生态效益、经济效益、社会效益的“人口—土地—商品”的生态农业新循环逻辑（见图2）。

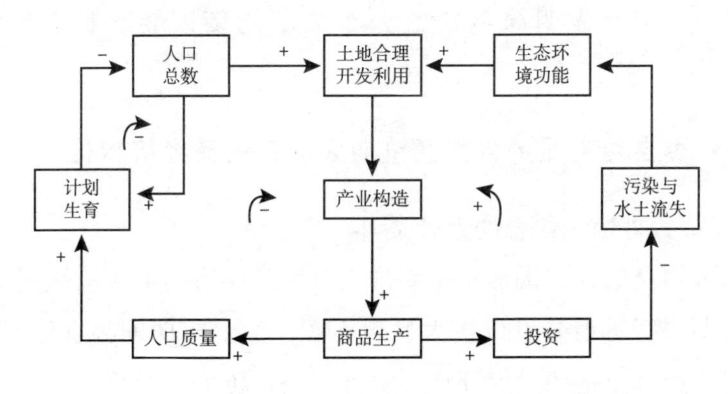

图 2　人口—土壤—商品的良性循环

3. 转化的途径

（1）由小粮食农业向大粮食农业转变。农业系统的产出多样性，是生态农业的基本要求。进行生态农业经营，其目标不能仅仅是粮食，还要因地制宜，遵循生态农业的生态位和最适区域原则，宜农则农，宜牧则牧，宜渔则渔，即农业系统不仅要产粮，还要产肉、产鱼等。这既发挥资源优势，又促进市场繁荣，有利于改善人民的食物构成。

（2）由经营耕地转变为着眼于广大国土。发展生态农业不仅只从耕地出发建设农田生态农业，更重要的是从国土资源的多样性出发，发展森林、水域、草原、山地等生态农业，它们都可成为直接或间接进行食物生产的场所。通过人类的协调组合，选择最适生态区，从最佳生态组合原则出发，建立高效的利用广大自然力的良性循环人工生态系统。

（3）由粗放经营向集约经营转变。这一转变的根本在于通过“食物链”的生物加工达到生物增值，以及通过“经济链”的经济加工达到产品的经济增值，使生物的自然增值和经济价值增值相互协调，互促放大。这就要求进行生态农业的集约化生产，包括以下方面：①劳动密集：精耕细作，精心饲养，精心加工，办新行业，出新产品，提高劳动生产率。②资金密集：集中使用资金，提高资金周转率，以投资少见效快的项目为突破口。③能量密集：提高自然资源利用率，综合开发利用，提高能量转化率。④技术密集：采用适用技术，进行科学管理，促进生态农业系统的整体升华。

（4）由小回路循环向大回路循环转化。要打破“生产—消费”的自然经济小回路循环。由于农业系统是以体现劳动凝结的农产品为主体的经济运动系统，通过生产、交换、分配、消费完成循环，是一个以经济信息为契机的社会过程，包括一系列的经济运动，因此，我们必须将其纳入市场机制，进行商品交换。

实行“绿色植物—动物蛋白质—高级消费食品”的大回路循环，提高产品的价值，达到生物增值的目的。

实行生态农业系统的大回路循环，不仅要关注物质流和能量流，还要关注价值流、资金流、信息流等，以提高其流量和流速。

（5）从封闭系统走向开放系统。生态农业系统从本质上要求打破小回路的封闭循环，建立一个高度开放的大回路循环系统。因此，系统开放是生态农业有效发展的前提。生态农业的最终目的是要形成非平衡状态下农业生态经济系统的高度有序。非平衡是有序之源，可见系统开放之重要性。自然经济排斥系统外部的冲击，极力维护系统平衡，限制了农业系统各子系统之间以及农业系统与国民经济其他系统之间的物质、能量、信息和价值的交流，形成了封闭条件下极度无序的自然经济近乎死的平衡。随着商品经济的迅速转化，商品交换日益发展，农业系统为了补充生态系统的物能输入，势必会促进农业系统的大大开放。因此，系统开放是实现生态农业转化的首要条件。

三　生态农业发展的战略步骤

（一）保护和改造农业生态环境

生态环境条件是人类赖以生存和繁衍的基本条件，是农业发展的物质基础和财富的源泉，也是社会主义两个文明的重要标志之一，改造和保护农业生态环境是对生态农业系统实施有效调控的重要手段。这一战略步骤要突出以下重点。

1. 认真保护和合理利用现有森林资源

对典型的森林生态地区、珍贵动植物生长繁衍的林区、天然热带雨林、植物资源丰富而具有特殊科学研究价值的林区等，都应划为自然保护区，加强管理。林区林木的采伐量要严格加以控制，根据用材林的消耗量低于生长量的原则，以生长量定消耗量，以更新量定采伐量。

2. 植树种草，封山育林，退耕还渔、还牧、还林等

特别要加强国防林、防风防沙林、环境保护林以及改善农田小气候的农田林网等特殊用途林的建设和经济管理。

3. 综合治理、综合规划

①采取山、水、田、林、路相结合的综合治理办法。②采取上游、中游、下游结合的流域综合治理办法。③工业布局和乡镇企业发展要考虑到对农业生态环境的影响，要综合规划、合理布局，使其与农业相互促进、健康发展。

4. 广泛开展生态知识和环境知识的普及教育

通过开展生态知识和环境知识的普及教育，使全社会迅速形成保护生态平衡的良好风气。

（二）调整、改善农业系统结构

依据系统的整体共性，组成部分越多，有序性越强；规模越大，结构越复杂，它所具有的综合整体性越强。反之，若将系统拆散或孤立某一或某些部分形成单一结构，则系统性质就要发生变化，系统功能就会受到影响。因此，建设生态农业的重要一环必须是打破现有的单一型农业结构。

1. 扩展生物生产领域的广度

要依赖生物有机体的转化功能和食物网络规律，发展农、林、牧、草、渔、虫、微等，以便生产出各种农业初级产品，突破低平面种植结构。

2. 控制资源功能开发的深度

利用生物功能转化的生物加工和劳动功能转化的经济加工，不断挖掘资源和初级产品的功能潜力，实行“初级生产—生物加工—经济初加工—经济精加工”的功能深化开发，突破低层次的生物生产结构。

3. 升华经济价值增值的高度

由于生态农业实质上是生态经济，侧重于经济，着眼于益，致力于生态平衡为基础的商品生产，所以必须发展生产和商品经济，产、供、销，农、工、商有机结合，通过生产—加工—贮藏—运输的增值以及生产—分配—交换—消费的运转而达到经济价值的升华。突破自然经济封闭系统的低功能增值结构。

（三）生态效益、经济效益、社会效益的最佳统一

生态效益是经济效益的物质基础，如果生态效益受到损害，经济效益也很难得到保障。良好的经济效益能为生态效益的提高提供经济基础，社会经济功能也冲击着生态功能，因此，三效益的最佳统一，才是生态农业的最终目的，这也是建设生态农业的根本出发点，实现三效益的最佳结合，必须遵循以下原则。

1. 要素配置原则

生态农业系统是各要素有机组合的运转体，各要素对整体功能并不总是同等重要的，除掉、减少或增加某些要素不仅不影响系统功能发挥，而且有利于整体效益和有序性的提高。因此，应根据“量比原则”和能量转化关系，实施要素配量，以发挥系统功能效应。

2. 总体平衡原则

不仅讲求生态平衡、经济平衡，更要讲求生态经济的总体平衡。不仅强调物质流和能量流的运转，还要调强人力流、资金流、价值流、信息流的有效流转。

3. 适度规模原则

为充分利用时空格局起见，必须讲究生态农业的适度规模。过多的人力、物力、财力投入，显然是一种浪费；而过少的人力、技术投入，定会造成资源的不合理利用以及自然力和时间的浪费。

4. 战略性原则

生态农业的持续发展，必须从长远战略意义出发，既注重近期三效益的有效提高，也要致力于长期协调发展。

四　生态农业发展战略的有关问题

（一）规模经济

规模经济包括内在规模（生产的深度、技术水平、经营水平、生产结构以及系统功能）和外在规模（地域的大小、资金的多少、人力物力的数量等）。人们总希望有最大的内在规模，但内在规模是受外在规模制约的。所以，必须找出适度的外在规模。当技术水平一定时，随着外在规模的由小变大，生产系统规模经济将呈现规模收益的“递增—递减”规律，即效益随着规模的增加而增加。当规模达到一定程度后，收益增长的幅度逐渐变小。到临界点后减少至最低，乃至变为负增长，故达到临界点时的规模水平为适度规模。

设生产效益函数为：$q=f(K, I, A, G, N, \cdots)$

其中，q 为总收益；f 是各生产要素的函数关系；K 表示资金投入量；I 为劳动力投入量；A 为土地占有量；G 为生产资料占有量；N 为其他自然资源占有量等。

并设收益函数是 r 次齐次函数，则对任意非零常数λ都有：

$$q=f(\lambda K, \lambda I, \lambda A, \lambda G, \lambda N, \cdots)=\lambda f(K, I, A, G, N, \cdots)$$

$r>1$ 时，规模收益递增。$r=1$ 时，规模收益不变。$r<1$ 时，规模收益递减。

可见，一个适度规模只是在技术水平一定时的一个特殊规模。随着技术水平和经营能力的提高与改善、结构的合理调整、生态环境功能的提高等，又会产生新条件下的适度规模。

（二）区域经济

区域经济包括区域内的生态经济活动以及各区域之间的生态经济活动。根据耗散结构理论中熵的概念，我们认为，熵小表明生态农业系统有序度高；熵大表明生态农业系统中生态经济活动无序，混乱度大。

一个开放系统的熵变 ds 可分为两步，即系统由于不可逆过程引起的熵增加产生 dis，以及系统与外界物质和能量交换引起的熵流 des，且 $ds = des + dis$。

根据热力学第二定律，dis 永远大于零，des 可大于或小于零。

任一系统的功能大小是有限的，随着某个区域经济活动的进行，其熵是一定会产生的。但是，由于区域之间互相作用产生了功能放大效益，就是以生产抵消单个系统内的熵产生。为此，引入 des 具有重要意义。区域之间的不协调干扰运转，定会使 des 为正并增大，系统无序度增加。若进行区域之间物质、能量、信息等的有效交流，des 就可为负并抵消系统内的熵产生。同时，系统的合理运转，也可适当减少系统的熵产生 dis，于是可达到最小的熵变，提高系统有序度。因此，协调各局部的关系，发展区域之间的商品流通、信息交流，以及搞好宏观协调尤为重要。所以，实行生态农业必须综合规划、因地制宜，改善结构、减少系统内耗，从而达到区域经济的合理化、有序化。

（与罗必良合作）

生态需要与生态文明建设*

根据生态农业的思想，社会生产不仅要实现经济效益，还要实现生态效益和社会效益，就是说，社会既要满足人类物质文明的物质需要和满足精神文明（如文化、教育、政治思想）等方面的精神需要，还要满足人类生存发展、休养生息、享受自然美、安全健康、舒适愉快的生态需求，即社会需要除物质需要和精神需要外，还应包括生态需要。相应的，社会建设也包括物质文明建设、精神文明建设及生态文明建设。

一 生态需要提出的背景

之所以提出生态需要是因为，生态环境是人类赖以生存和繁衍的基本条件。生态环境是社会发展的物质基础。生态环境是社会财富的源泉之一，因为劳动和自然界是财富的真正源泉。为保持人的心理平衡，需要优美舒适和健康的生态环境。

人类的需要是多种多样的，除了人类生活和生产资料的生存消费外，还应包含有益于人类健康生存和发展的自然美享受消费即生态消费。确切地说，生态消费包括满足物质资料生产的自然资源消费和生态环境消费，以及自然景观的消费，因此社会不仅要为人们提供质优量多的各种物质产品，还要为社会健康发展和人类文明提供优美的生态环

* 本文被收录于农业部主编的《中国生态农业》一书（1987 年）。作者曾以《论生态文明》为题在 1986 年下半年召开的三峡库区水土保持会议上作大会报告。

境，以满足人们生理的、心理的、精神的全面需求。

生态需要的提出，丰富了社会需求的内容，是物质需要和精神需要更高形式的综合，实质上是一种社会—自然的需要，它标志着传统需求观向广义需求观的转变。为了满足人类的生态需求，我们必须大力开展生态文明建设。

通常认为，人类文明包括物质文明和精神文明。改造自然界的物质成果是物质文明。在改造客观世界的同时，人们的主观世界也得到改造，社会的精神生产和精神生活得到发展，这方面的成果就是精神文明。可见，传统的文明观实质上把人类摆在外在于自然界的征服者的地位，把自然当成一种异己的力量，发展物质文明的活动成为一种人类向大自然索取的单向运动。而精神文明又主要在于人的社会素质及人与人的关系上，忽视了作为自然的伙伴的人的自然素质的发展。显然，只有作为社会化的人的发展，而没有作为自然化的人的发展是不够的。

二　生态文明的概念及建设

所谓生态文明，就是人类既获利于自然，又还利于自然，在改造自然的同时又保护自然，人与自然之间保持着和谐统一的关系。

生态文明的提出，使建设物质文明的活动成为既改造自然又保护自然的双向活动。建设精神文明既要建立人与人的同志式的关系，又要建立人与自然的伙伴式的关系。因此，提出生态文明，有利于我们摒弃传统文明观，形成现代的科学文明观。

人类社会发展可分为蒙昧时代、野蛮时代和文明时代。从生态文明的角度看，文明时代是指人与自然之间不是建立在一种征服者与被征服者的关系上，人类把自身当作自然界的主人，看成自然界的征服者的时代，而是建立在一种和谐统一的协调关系上，人利用自然又保护自然，是自然界的精心管理者的时代。在这个意义上，真正的文明时代不过才刚刚起步。

长期以来，人与自然的关系被视为征服者与被征服者的关系，人被视为凌驾于大自然之上的无所不能的主宰者。一方面，把自然界当成取之不尽的“供奉者”，掠夺性地开发甚至挥霍浪费自然资源；另一方面，又把大自然当成“垃圾桶”，让生产和生活的废弃物毫无顾忌地倾泻于生态环境中。人类如此对待自然，对待人类生存与发展的自然基础，无疑是不文明和极其错误的。

建设生态文明已是当务之急，刻不容缓，首先要求我们同人与自然关系上的旧观念彻底决裂，建立与自然和谐相处的“伙伴关系”，运用现代科学技术，积极作用于自然界，努力开发自然资源，不断提高生态系统的生产力，保护其自组织能力，为满足社会发展的全面需求服务。我们应该顺应自然规律，保护自然，珍惜自然，保持生物圈的基本稳定，建立人与自然的和谐统一体，实现人与自然的和谐相处、协调发展。

为满足人类的生态需要，迅速开展生态文明建设，当务之急一是在摒弃传统的旧思想、旧观念的同时，建立科学的、符合人类理性的需求观和文明观，并用以指导我们的行动：是要从人与自然相分离的观念转变为人类是自然界的一部分以及人、社会、自然相统一的观念。二是要从人类对自然界进行掠夺、统治的观念转变到人类对自然界进行精心保护的观念。三是从开发和利用自然、局限于区域性的急功近利的狭隘价值观念转变为认识到我们这一代为了子孙后代幸福昌盛所负的责任感的价值观念。四是从物质财富和精神财富的狭小的财富观念转变为物质财富、精神财富和生态财富的广义的财富观。五是从单纯把自然界作为人类生存物质条件的观念转变为在人的社会生活和自然环境相和谐中获得美、舒适、安全的享受的观念。

人类历史上，一切物质文明、精神文明和生态文明总是既密切地相互联系，又密切地相互制约，三者互为条件，兴衰与共，不可偏废。这是一条不以人们意志为转移的客观规律，过去人们没有认识它，近年来开始有些认识了，但是还有许多人并不正视它，并不尊重它。尽管如此，现在越来越多的事实证明：这条规律正在起明显的作用。现在越来越多的科学家认为，21 世纪在全球范围内将出现“生态爆炸”，即气温增高、海面上升、海岸带和某些岛屿将被淹没，同时全球范围内水资源枯竭、耕地锐减、干旱化和沙漠化继续扩大、气候异常、洪涝灾害频繁等。“生态爆炸”到头来将导致所有文明的毁灭，如古埃及文明、波斯文明、玛雅文明的消亡，以及我国古代文明的消亡，历史学家认为其主要原因在于连绵的战争，事实上战争既不能征服一个民族，又不能消灭一个民族的所有文明。日本广岛是被第一颗原子弹夷为废墟的，不到 20 年它又重建起来了，而且建设得更好。但象征我们中华民族灿烂古代文明的“丝绸之路”“唐蕃古道”，若要从广漠无垠的沙漠中重建起来，恐怕再过几千年也是难以实现的。因为战争，不管古代战争还是现代战争，其破坏性只是地区性的、局部的，而且是暂时性的，从这个意义上看，战争并不可怕。可怕的倒是人们破坏自然、破坏生态环境，并由此而遭到自然界的报复和惩罚。我们现在正在经受这种报复和惩罚，这种惩罚的破坏力所影响的地域辽阔，往往是全国范围甚至全球性的，在时间上又是永久性的，因此是毁灭性的。历史上人类所犯最大的错误在于急功近利，过分陶醉于眼前利益，贪婪地、粗暴地、野蛮地掠夺自然，破坏生态平衡，破坏人类生存环境，最终导致毁灭所有文明。这种因小利而坏大局，因近利而遭万劫不复之祸的历史教训是十分惨痛的。前车之鉴，应该引起我们认真反思。国外有识之士认为，21 世纪将是生态学的世纪，这是科学的预见。但我们认为，更确切地说，21 世纪应该是生态文明建设的世纪。事在人为，生态文明建设的发展，能够从根本上控制生态危机的发展，世界就不会有末日。

生态经济理论研究

“人定胜天”还是“天人合一”*

——“人类纪”新地质时期理论研析之一

一 “人类纪”新概念的诞生与发展

保尔·克鲁岑教授基于其独具的敏锐洞察力，认识到人类活动施加影响于地球，将导致严重后果，出于科学家的使命感与良知，他提出了具有划时代意义的新观念——“人类纪，新的地质时期”。这一新观念，已得到各学科专家的接受和支持，他们从不同领域对其加以引申和论证，这一学术新动向，引起了一系列学术论坛的讨论。

（一）“人类纪”新观念的发展变化及其特点

德国著名大气化学家、诺贝尔奖（1995年）得主保尔·克鲁岑（Paul J. Crutzen）教授于2000年首先提出了驰名东西方学术界的“人类纪”新观点和理论，其内涵要点如下。

第一，地球已经进入它的另一个发展时期“人类纪”。在这个时期人类对环境的影响并不亚于大自然本身的活动。

第二，“人类纪”新的地质时期的提出，其主旨是为了提醒人们关注这样一个事实：人类活动正成为影响和改变地球的主导力量。

---

* 此文发表于《西南农业大学学报》（社会科学版）2006年第4卷第2期。

第三，今天的地球因为人类文明的影响，已经不再是自然的了，这个改变过程可追溯到工业革命，因此“人类纪”新的地质年代应从工业革命起始。

（二）地球进入“人类纪”环境面临动荡

学术界传统地认为，我们生活的这个地质时期应被称为“全新世”（Holocene），这个地质时期大约是在一万年前最近一个冰川期结束后来临的，今天越来越多的科学家已开始逐渐接受保尔·克鲁芩提出的观点和理论，地球已经进入它的另一个发展时期——“人类纪”。它之所以被这样命名是因为人类已经开始向自然发起挑战，对全球环境施加影响，使环境面临剧烈动荡。

2004年8月30日在斯德哥尔摩召开的“欧洲科学国际科学论坛”上，保尔·克鲁芩指出：“一系列复杂的人为因素正在快速改变作所居住星球的物理、化学、生物特征，气候变化只是其中人为因素的最明显的后果。”

国际生物圈计划的首席科学家威尔·斯特芬说：“‘人类纪’与人类和社会发展初期的平静环境相比有很大不同，我们以后面临的环境会更加不稳定，未来我们面临的将会是剧烈的环境动荡。”

科学家们通过电脑模拟程序，可以演示“人类纪新地质时期”整个“地球系统”的概貌，他们向人类揭示了保护我们的星球免受灾难变动的重要意义。电脑预测，全球变暖的趋势进一步加强，将使亚马孙盆地的热带雨林消失，而撒哈拉沙漠则会变得郁郁葱葱，产生的沙尘大量减少，从而加大亚马孙盆地的气候压力，并将加剧亚马孙的灾难，也就是说，在可以预见的未来，亚马孙和撒哈拉沙漠可能会发生角色互换。

另外，科学家还密切关注北大西洋环流、南极西部的冰川、亚洲季风等因地球环境变化可能给人们带来的恶果。

丹麦“海洋学研究”的教授凯瑟林·理查森指出，海洋中目前所含的碳酸气要比空气中高出50%，海洋酸化将导致海洋植物和动物群系的匮乏，乃至灭绝，这也会加速全球变暖态势。

欧洲环境组织最近公布的报告指出：目前全球持续变暖，其中欧洲变暖的速度快于全球的平均速度。欧洲生态代表处人员指出：到2100年，欧洲的年平均温度将比现在升高6℃。从2050年起夏天的酷热已是常事，冬天下雪只有几天。到2100年，阿尔卑斯山的冰川将消失殆尽。欧洲南部地区因为降水情况发生变化，由于经常性的严热和干旱，就只能种骆驼草了，北部和东部地区却相反，那里将洪水泛滥成灾。

2003～2005年，由60多个国家和地区的500多名科学家历时3年，对全球已知的5743种两栖动物进行了彻底普查，并对两栖动物的种类、数量和安全进行了全球范围内的评估，发布了关于“全球两栖动物物种安全评估”的报告。报告表明，全球两栖动物的种类和数量正急剧下降，尤其是自1980年以来，已有122种两栖动物灭绝，更有近1/3的两栖动物面临灭绝的危险。

造成两栖动物处境堪忧的主要原因有：①栖息地减少，由于人类肆意砍伐森林、污染水源、破坏湿地，两栖动物渐渐地失去了生存空间。②两栖动物数量减少，实际上预示着环境不断恶化，这最终将对人类及其他生物构成威胁。③两栖动物对外部环境变化最为敏感，它们的皮肤既有渗透性，因而在溶有有害物质的水中就会很脆弱，又由于它们同时生活在水中和陆地上，这意味着，其中任何一种遭到破坏，它们都将难以生存。

大量研究表明：①人类赖以生存的地球三大生态系统即湿地、海洋、森林都在走向不利于人类及其他生物的方向。②气候变化对人类的威胁日益明显，科学家们认为，全球气候异常变化才是全世界面临的最大威胁。据联合国的一份报告称，全球气候变化将严重威胁21世纪的人类。

（三）“人类纪”新观点与理论在中国激起学术讨论波澜

2005年4月9日，北京大学深圳研究生院举办了“环境与发展——‘人类纪’时期的核心挑战”系列学术报告会，保尔·克鲁芩作首场报告，详细阐释了“人类纪”的发展变化及特点。他指出，“在过去的3个世纪，人类数量已经增长了10倍，工业排放量在过去的一个世纪增长了40倍，消耗的能量增长了16倍，用水量增长了9倍，物种消失速率是在人类出现以前物种消亡速率的1000倍。”像任何严谨的学者一样，他报告中的数据丰富，极具说服力。保尔·克鲁芩教授还以童年时期的照片及情景回忆，表明了前后对比的强烈反差，显示当代人类对环境的巨大影响，甚至是破坏。

2005年4月13日，保尔·克鲁芩被北京大学授予荣誉教授称号，在授予仪式结束后，他作了题为《“人类纪”——它的化学与气候》（*The Anthropocene: Its Chemistry and Climate*）的报告，用真实的数据展示了在20世纪中，人口、工业、地质的变化和发展，以及由此带来的全球环境状况的巨大变化，历经漫长的地质时期，目前的地球已经进入一个全新的发展时期——“人类纪”。

会上，江加驷教授作了题为《中国城市的气候状况》的报告。他指出，城市群环境中的复合污染—环境通过界面物质交换密切相连，所以，中国要解决污染问题，就要大气、水和土壤共同治理。其中，他将大气污染放在很重要的位置。他说：“空气污染对健康、能见度、气候和大气（气象）都会造成影响，甚至对人类基因和进化都会有影响。”他希望中国转变对环境的认识，“主动”解决环境问题，将环境纳入整个经济发展战略中，提出切实可行的解决方案。

会上，陶澎教授的《天津地区多环芳烃的排放归趋与暴露》、胡建英教授的《有害化学物质的环境毒理的生态风险评价》、Sjaak Slanina教授（北京大学环境学院客座教授）的《经济与环境和谐发展——欧洲之经验》等报告，围绕“人类纪”以及人类的对策展开。不同视角的碰撞，大量最新数据的引用，国际研究动态的展现，加上学者们独特的诠释，使无论演讲还是之后的讨论都异彩纷呈。

《北京周报》总编江海波著文[①]提出：其一，科学家们针对“人类纪”新概念的精湛内涵，提出建议，请各国（地区）政府和全球各媒体及时广为宣传“人类纪”新的地质时期的观念与有关知识，从而进一步开展“节约资源，珍视环境，保持物种多样性，保护地球家园”的实际行动。其二，今天人们对宇宙·地球·人类的新概念：可以从“人类纪”观念接受警示，人类未来的命运，紧密联系在宇宙间存在生命的天体，人们必须深刻领会，自然是人类之源，万物之本，人与自然是“我中有你，你中有我”的关系，人类不能没有自然，自然没有人类依然存在，当人类于200万年前出现之先，自然已经存在5亿多年了。

正确认识人类与自然的关系，有利于我们经济社会发展，重新规划蓝图，建立全面高素质的新文化。人们必须清醒地认识到，我们不应该，也不可能驯服自然；相反的，我们应吸取往昔教训，以昔鉴今，明智地醒悟，尊重自然规律，与自然和谐相处，善待自然就是善待自己，这就是我们未来的选择。

人们必须改正过去时代流传的错误观念和行为，诸如“人定胜天”“人祸天责”，以及“除虫必尽”、滥施农药等。

人类必须认识自己也是动物，与其他所有动植物种形成同一个群落；同时，也必须树立生态系统和“天人合一”观念。

人类已是一种地质力量，其作用力既可产生积极效应，也可导致负面效应。人类在“人类纪”的永久使命，是发挥前者的积极效应，而尽量避免导致负面效应。

二　人与自然关系的扭曲与再认识

当今人类赖以生息繁衍、发展的地球家园正面临多重生态风险的威

① 江海波：《“人类纪”的综述》，2005年1月6日《北京周报》（英文版）。

胁与挑战，人类的生存环境，危机四伏，生存空间日趋恶化，最令人不安的是人为因素造成环境破坏的严峻局势，宏观上可以概括为六个方面。

第一，全球变暖，水土资源短缺，沙尘暴肆虐，沙漠扩张，海平面上升，洪水频繁等生态灾害导致地球环境被破坏，造成人类生命和财产的惊人损失。

第二，地球资源高速消耗，导致地球生态系统出现严重“生态赤字”。据世界自然保护基金会报道，目前人类对自然资源的利用超出其更新能力的20%，到2030年后，人类的整体生活水平可能会明显下降，这是地球超负荷将超越“红色警戒线”的预警。

第三，物种频灭，多样性受到严重破坏。据报道，过去30年地球上的生物种类减少了35%。其中，淡水生物减少了54%，海洋生物种类减少了35%，树木种类减少了15%。鸟类和陆地动物也大量减少。

第四，人口膨胀、老龄化严重、性别比例失衡等人口问题凸显。据联合国人口基金2005年4月12日公布的《世界人口白皮书》透露，世界人口2005年已经达到64.647亿人，预计到21世纪中叶（2050年）世界人口将突破90亿人。其中，发展中国家人口将由现在的51亿增加到21世纪末的77亿，经济大国的人口约占23亿，工业发达国家人口数量将保持在12亿。发展中国家的庞大人口，目前正承受着严重的贫困、疾病、失业、文盲等问题的冲击，而到21世纪末的人口将是现在的4倍，那时承受的压力之大，将不堪重负，在这些国家中出现了人口快速增长与水土资源日益减少之间尖锐供需矛盾的困境。更加难以解决的是出现了一个“人口膨胀越快和稀缺水土资源越浪费与破坏”的两难问题（dilemma），这一现象被称为“生态经济悖论”（Ecologic－economical Paradox），从而使生态风险更加尖锐、复杂化。

第五，美国耶鲁大学和哥伦比亚大学的环境专家合作完成的评估世界各国（地区）环境质量的“环境可持续指数”（Environment Sustainability Index，ESI）显示，在全球144个国家和地区中环境质量排列前5位的是芬兰、挪威、乌拉圭、瑞典和冰岛，主要缘于它们自然资源丰富、人口密度较低，以及成功的环境管理。一些国家和地区ESI排名靠后的主要原因在于：人口密度大，自然资源贫乏和环境管理不当。因此，不难看出，其中出现了另一个两难问题——“人均资源越低，资源利用越差，效率越低”，作者称其为“环境质量管理悖论”（Environment Quality Management Paradox）。

第六，从现代生态经济学视角观察，当前地球环境系统出现的环境破坏与动荡，主要是“生态灾变现象”，其重点标志如下：其一，地球环境系统已经从自然生态系列转变成基本上都是人为生态系统（有少数个别地区的微观自然生态系统存在，对全球环境生态安全不起作用）。其二，人类行为与活动影响自然生态系列层次的变化等级衡量标志，不是模糊的“波动”“动荡”“威胁”等词语可以表述清楚的，而可比较清晰地采用“量变”“质变”“衰变”“灾变”“溃变”等指标。其三，人类破坏地球环境的主要人为生态系列是一个逆向的演替过程，即“自然森林（包括热带雨林、山地自然林、各级自然保护林等）—次生林—迹地—农垦地—弃耕地—荒漠—沙漠或石漠—无人区”，终极“无人区”也被称为“死亡区”或“死亡之海”。其四，生态学是生存的科学，人为生态系列还应该考察生命在生存空间的生存状态，其标志可以是这样一些系列等级——“绿色优级生存态—灰色次级生存态—白色下级生存态—黄色极端困难生存态—红色生存边缘态（警戒边界）—黑色无生态绝境”。其五，从历史发展中的文化层次考虑，人类自古以来，经历了“采食文化—渔猎文化—游牧文化—刀耕火种文化—粗放农业文化—精耕细作文化—手工业文化—初始工业文化—现代工业文化—电子技术（数字化）文化”等发展历程。当今新科技文化和经济社会发展迅速，日新月异，与时俱进，已经进入了一个历史发展新时期，但今日“人类纪”新时期的迫切追求目标，应该是更新生态系统结构和强化生态功能。面向21世纪在建设和平、稳定、有序和谐、创新社会前提下，以“生态·经济·社会·环境·文化·景观”六效应和谐、协同增长的整体观念创建现代生态文明，将其作为时代使命。

综上分析，可以归结为一点，即人与自然之间具有相互依存、相互制约、相互影响、相互协调、相互补偿、共生共荣、演替进化的特征。至于出现两难问题，这是制约和影响全局的核心问题。今天人们更有必要深入地对人与自然的关系进行再思考，再认识。本文根据以上关于人与自然关系认识的思想基础和理论工具进行了探讨，为进一步对"'人类纪'新的地质时期"这一新观念和理论的全面确切的诠释和判读做准备，这是本文要探讨研究的出发点和主旨。

三　人类应是自然、经济、社会的建设者和精心管理者

第一，人与自然存在相互关系，人作用于自然，自然影响人类。人类挑战自然，自然环境变化威逼人类。人类破坏自然，自然索取昂贵代价。人类违反自然规律，自然规律报复人类。

第二，自然孕育人类，人类依赖自然而生息繁衍和发展进化，没有自然，当然就不会有人类，没有人类，自然依然存在，只不过是缺少有智慧的高级灵长类动物的自然，是不完全的自然，是缺失的自然。

第三，人类是自然的主体，但绝不是自然的主宰，自然对人类而言是客体，却不是人类"漫不经心，至高无上"权力的载体。进一步深层思考，当人类在地球上诞生之时，自然还是蛮荒遍野的原生态。早期人类只得"茹草饮水，采树木之实，食蠃蛖之肉"（《淮南子·修务训》）。而今天的地球环境系统已经在亿万斯年历史进程中，被创建成科学高度发达的现代社会经济文化的载体，人类功不可没，自然不能没有人类，这就是"人与自然关系整体论"。

第四，人类行为活动必须牢固树立"人类起源于自然，生息繁衍于自然，理应与自然和谐亲密相处，共生共荣，同舟共济"的观念，保持自然生态系统正常的物质与能量良性循环，避免生态系统的结构与功能失去平衡，如果人类行为与活动的不合理干扰超越自然生态系统的

自我调节与恢复能力的阈限，就会引起生态灾变现象，导致人类社会经济的衰退，甚至崩溃，最终形成严重的恶果。

第五，人类远祖进化成为可直立行走的人，在200万年前进化形成人类特有的大脑，产生了智慧，成为智人，从此与黑猩猩分道扬镳。考古发现69万年前北京猿人（北京直立人）能制造工具，并已掌握使用天然火的技能。人类20万年前开始说话，2.5万年前，山顶洞人（晚期智人，又称新人）已经使用骨针做装饰品等。在中国河南舞阳县贾湖文化遗址发现了世界上最早酿造的酒类饮料，在距今大约9000年前的新石器时代。在中国宁波河姆渡新石器遗址，考古发现在距今7000年前原始水稻种植已经发展到较高水平，发现“饮食化”生活用陶器（如釜、罐、盆、碗等）。在河姆渡文化遗址，考古发现，距今5500~7000年前新石器时代，谷物人工栽培和谷物加工农田生产工具，以稻作农业起源地为中心，曾向东北越海传到朝鲜、日本，向南越海传到菲律宾、越南等东南亚国家。中国浙江余姚河姆渡文化遗址，考古发现，距今7000年前的木桨和舟楫，当时已能入海捕大鱼，河姆渡人（又称越人）善于造舟航海，“以舟为车，以楫为马，行若飘风，去则难从”（《越绝书》）。中国浙江吴兴钱山漾（良渚文化）新石器遗址考古发现有：①世界最早的丝织品文化起源地。②人工养畜起源地，当时能驯养水牛替代人力劳动。③遗址第四文化层中出土古典建筑遗址，古建筑有一特点，即房屋底架下面用来围养家畜，上面供人居住。当时的古典结构技术为世界建筑的发展做出了重大贡献。

中国自100多年前从安阳殷墟首次发现商代甲骨文，举世震惊。2003年山东大辛庄商代遗址再次发现甲骨文，测定年代为距今3200年前。

现代智人进化发展到产生了文字，经过农业革命，第一次工业革命、第二次工业革命，以至现代科学技术创新发明，层出不穷，日新月异。现代人在祖先文化遗迹积淀基础上代代传承再创新光辉业绩，直到今天已能走出地球，遨游太空，成为太空人。

回首再看黑猩猩，在与人类分离之后的200万年进化历程中，没有向前走几步，现今称为“现代黑猩猩”的头部，仍然与最近考古发现的撒海尔人乍得种“托迈”相像。它们仍在非洲南方原始森林中栖息，没有走出森林，它们与现代人或者太空人的时间反差，还是200万年。由此可见，人类创造的辉煌功绩不可低估。

以上事实证明：人类对地球的负面影响，甚至破坏，与人类创造的辉煌功绩相比，只是较小的过错，而且今天人类确实已经有能力和智慧消除负面影响和破坏，重建废墟为城镇，改变沙漠为绿洲。不过，就全局整体角度而言，当前的焦点问题还在于强化生态经济管理，建设人与自然关系和谐协同的现代生态文明社会。

地球环境生态系统灾变现象与生态突变论*

——“人类纪”新地质时期理论研析之二

人类非理性行为与活动影响和改变了地球环境生态系统，地球环境生态系统变化反作用于人类，改变了人类的生存空间与生存状态，甚至影响了人类和动植物的基因组及基因蛋白质，其结果是整体生命进化链环的演替，分化成“正途演替进化”与“歧途演替退化”，是喜是忧？需要从历史演进的规律来评说。

地球环境生态灾变悲剧催生了“生态灾变论”。地球环境是人类与大自然不断进行物质、能量和信息的交流，是人类和周围各种生物共同栖息、生存、繁衍、发展的生存空间。人类的行为与活动直接影响地表上由动植物构成的生物圈，并与自然生命支持不可替代的各种要素整体综合构成了自然生态系统，因此，自然生态系统的协同和谐、稳定有序，决定了人类与一切生命的生存与发展、健康与安全。

因此，生态灾变问题和应对策略，已经成为世人关注的共同问题，而且，对这一问题的理论探讨也已经成为世界范围的共同问题。

一　人类活动的行为边界与生态灾变理论

随着科学技术的迅猛发展，人类不仅创造了丰富的物质财富，而且也积累了丰富的开发利用自然资源的实践经验和实用技术，提高了认识

* 本文发表于《西南农业大学学报》（社会科学版）2006 年第 4 卷第 3 期。

和改造自然的能动性和影响力，同时也助长了人类向自然贪得无厌地索取的欲望。尤其是第二次世界大战以来，由于科学技术和医学的迅速发展，人类以前所未有的速率和数量猛增，为了满足人口剧增对粮食及其他生活必需品的消费要求，人类不得不加剧对自然资源的掠夺，并错误地认为自然资源是取之不尽、永不枯竭的。直到 20 世纪中叶，当人类以胜利者自居并自我陶醉之时，工业文明造成的大气污染、酸雨、洪涝灾害、温室效应、臭氧层破坏、水体污染、土壤侵蚀、泥石流、土地沙漠化、荒漠化、石漠化、海洋污染、物种灭绝等各种各样的生态环境问题，以及社会经济问题构成了当前亟待解决的难题，而且也使人类的生存与发展面临前所未有的严重危机和巨大挑战。

在难题与挑战面前，人们终于逐渐明白，工农业生产和城市化对环境造成的污染，已经超过了自然环境的自净能力，人类对自然界的破坏作用已经超出了自然界的恢复阈限，人并非自然界的主宰者，而只是这个绿色星球家园的一部分，人不仅来源于自然界，而且人的生存与自然界这个整体是息息相关的，具有共同命运，因此，自古以来，地球环境演替轨迹史实昭示，作为地表层生物圈有机体成员的人类，有责任和义务维护自然生物圈的协调与和谐，维持这个巨系统的秩序与平衡。否则，人类就有可能因为自身非理性的破坏与掠夺而面临灭顶之灾。

那么，人类活动的行为边界与自然界的演替关系，究竟是怎样的呢？对此，我们从生态系统受人类活动的影响而出现的量变、质变、衰变、灾变、溃变生态演化过程，提出了人类行为自然消长关系的“生态灾变理论”（Theory of Ecological Catastrophism），如图 1 所示。我们认为，人类活动有边界范围的极限，超越自然和生态系统所允许的范围越远，其造成破坏的程度就越大，其治理的难度也就越大。假如人类活动刚刚在图 1 中人为演替系列某个点（如 Y_1）使生态系统失衡（$Y_1 \to a$），我们此时就采取措施进行治理，使其恢复良性循环的功能，大约只要几年的时间，此为上策；当失衡的生态系统从量变到质变，使生态系统退化到（$a\to b$）时，再去治理，相对于量变前治理其难度要大，时间要长，但如此时去治理较之以后的情况来说也不失为中策；只有当人类的行为已经使生态系统从质变到衰变（$b\to c$）、从衰变到灾变（$c\to d$）、从灾变到溃变（$d\to e$）时再去治理，已是下策或失策或下下策。那样不仅造成破坏程度和治理难度很大，而且良好生态系统的恢复需要经历几十年、几百年，甚至上千年都难以恢复。至于超过溃变 e 阈限乃是不可逆状态，生态系统濒临崩溃，重建无日。更严重的后果往往是“沙进人退”“人口大迁移”“无人区”等结局，这就退化成“无人生态系统”（No－man's Ecosystem）。类似中国敦煌、楼兰、罗布泊、丝绸之路、唐蕃古道等消亡就是例证。最佳的治理时机或策略，我们认为，应该是在生态系统刚刚处于量变阈限之前，这一时期进行治理不仅所费时间较短，其难度相对较小，而且对社会、经济、自然和人类的负面影响作用也较小。因此，我们把在这一范围的人类采取的积极措施称为上策。

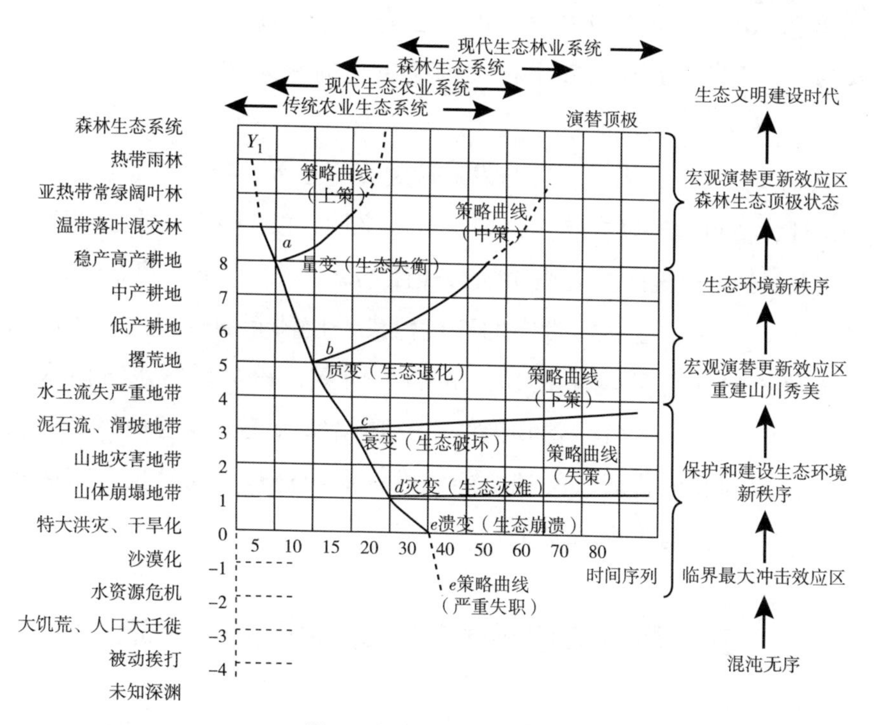

图 1　生态灾变理论框架

二　生态灾变现象全球性出现

历史上，中国黄河2000年来曾改道15次，决堤1500次。1117年决堤死亡100余万人，1642年决堤死亡34万人，1876～1879年大旱死亡1300万人，1929年黄泛区灾民达3400万人。1931年长江中下游七省205个县发生特大水灾，受灾人口达2800多万人。1942～1943年河南发生大旱饥荒死亡300万人。

生态灾变现象在全球出现，如美国1929年中西部地区发生黑风暴毁地300万公顷，当年小麦减产51亿公斤；苏联赫鲁晓夫开展西伯利亚大开垦，一次毁地2000万公顷；印巴塔尔平原毁林造成了65万平方公里的大沙漠。

生态灾变现象愈演愈烈，2005年印度尼西亚出现海啸灾难，死亡人数多达16万，财产损失为130多亿美元。2005年美国新奥尔良遭受飓风袭击，同年11月东海岸再次惨遭更大的飓风破坏性袭击，人民生命和财产损失惨重。

纵观人类历史，人类生存与发展超越行为边界，招致生态灾变现象的残酷例证，值得我们以古鉴今，如古埃及文明、波斯文明、玛雅文明的覆灭，以及我国部分地区古文明的消亡，值得深思。史为明镜，可鉴今日！

今天，由于工业文明带来的环境污染，使清新的空气、洁净的饮水和恬静优雅的绿色环境正在远离人们。烟雾、粉尘、废水、污水、酸雨、酸雾、噪声、尾气、毒物射线、交通堵塞等正充斥着城镇，波及农村，不仅制约和困扰着人类社会经济的发展与进步，而且也严重影响和威胁着人类自身的生存与安全。

三　重建有序平衡的地球环境生态系统

面对现代工业文明引起的生态灾难，人类终于醒悟并开始了对自身行为的重新评价和定位。20 世纪 40 年代，英国环境学家 A. 莱奥波在《大地伦理学》一书中指出，必须重新确定人在自然中的位置，人类应自觉把自己当作大自然中平等的成员，地球大厦的同住者！20 世纪 70 年代，环境问题终于引起了全球的关注，人与自然的关系也被重新提出和定位。1972 年 6 月，联合国第一次人类环境会议上发表的《人类环境宣言》，确定了 6 月 5 日为“世界环境日”，强调了保护和改善人类环境的重要性。1980 年推出了《世界自然保护大纲》，第一次明确地提出了人与自然共同发展的概念。1987 年世界环境与发展委员会发布的《我们共同的未来》的报告则进一步对人与自然的关系做出了阐述。这些呼吁活动无疑为推进人与自然关系的协调发展起到了重要的作用。

地表之上的植物、动物与人究竟是什么关系呢？对此，我们认为，“没有植物，就没有动物，更没有今天我们人类”，生活在地球上的植物、动物和人构成了“金字塔”结构。位居塔顶上的人类，虽然不失为这个复杂巨系统中最为能动的“精灵”，但他是这个绿色星球上最大的消费者，而只有微生物、草、木、庄稼等绿色植物才是这个星球上最大的生产者。因为它们不仅靠自身的独特机能汲取自然的能量养活自己，而且还为地球上的全部生命源源不断地提供氧气和食源。大自然为人类提供了丰富的物质资源，但这并不等于说人类对自然的索取是没有限制的，不等于我们可以无所顾忌地主宰地球。恰恰相反，我们不仅不能过度地开发和消耗资源，而且必须尊重自然并在自然界所允许的阈限内活动。如果人类的活动超越了自然生态系统的负载能力，不仅会使系统的功能减弱或出现系统紊乱，而且还有可能引起整个生态系统的崩溃，因此，研究人类赖以生存的生态系统的有序平衡状况，对人类的生存与发展来说就显得格外重要了。

所谓生态系统有序平衡就是指生态系统的能量流动和物质循环没有受到破坏，关键生态成分被保留下来（如野生动植物、土壤和微生物区系），系统对自然干扰的长期效应具有抵抗力和恢复力，系统能够维持自身的组织结构长期稳定，并且有自我运作能力。

由此看来，有序平衡的生态系统不仅在生态学上具有重要理论意义，而且它对人类生存与发展、健康与安全也有重要的现实意义。因为任何一个系统只有具备了良好的有序平衡状况，才能够保持旺盛功能去吐故纳新，也才可能拥有强大的系统免疫力。同时，自然界这个复杂的生态巨系统健康与否，还直接影响这个大系统中各子系统的健康状态，影响这个系统中人类的健康状况与生活水平。因为一个健康的生态系统不仅可以使一个国家和地区经济发展的消耗达到最小，而且它还能为人类提供优质、稳定和丰富的自然资源，可以在环境退化时，将对人类安全的威胁减小到最低程度，为人类维持高质量的生活水平创造重要的条件。因此，维护与保持生态系统健康，促进生态系统的良性循环和有序运转，才是人类最大的和最为重要的保障，这一点已经逐渐成为世界上许多有识之士的共识。

四　现代生态经济学视角

（一）“生态灾变现象”的标志

从现代生态经济学视角观察，当前地球环境系统出现的环境破坏与动荡，属于“生态灾变现象”，其主要标志有四个。

一是地球环境系统已经从自然生态系统大量转变成人为生态系统，虽然个别地区的微观自然生态系统存在，但是对全球环境生态安全不起作用。二是人类行为与活动影响自然生态系列层次的变化等级，其衡量标志不是模糊的“波动”“动荡”“威胁”等词语可以表述清楚的，而可比较清晰地采用“量变、质变、衰变、灾变、溃变”等指标。三是人类将地球环境改变成人为生态系列是一个逆向的演替过程，即“自然森林（包括热带雨林、山地自然林、各级自然保护林等）—次生林—迹地—农耕地—弃耕地—荒漠—沙漠或石漠—无人区”，终极“无人区”也被称为“死亡区”或“死亡之海”。四是生态学是生存的科学，人为生态系列还应该考察生命在生存空间中的生存状态，其状态标志可以是这样一系列等级："绿色优级生存态·灰色次级的生存态·白色低级生存态·黄色极端困难生存态·红色生存边缘态（警戒边界）·黑色无生态绝境"。

（二）人类行为与活动的理性取向

进一步从生存斗争进化论视角来说，"内向同化演替进化"走向是"和平崛起、同舟共济、求同存异、合作共赢"途径，而"外向扩张演替分化"走向则是"弱肉强食，优势生物崛起、称霸、衰落、灭亡"途径，这一切都是受自然规律制约的，这是人类行为与活动理性取向的选择参考系。

（三）"人类纪"的时代使命

从历史发展的文化层次考虑，自古以来，人类经历了"采食文化—渔猎文化—游牧文化—刀耕火种文化—粗放农业文化—精耕细作文化—手工业文化—初始工业文化—现代工业文化—电子技术（数字化）文化"等发展历程。当今新科技文化和经济社会发展迅速，日新月异，与时俱进。但今日"人类纪"新时期迫切追求的目标，应该把更新生态系统结构和强化生态功能，面向21世纪以和平、稳定、有序、和谐社会前提下的"生态·经济·社会·环境·文化·景观六效应和谐协同增长的整体观念"来建设生态文明，作为时代使命。

“自然选择进化论”还是“生存斗争进化论”*

——“人类纪”新地质时期理论研析之三

一　生命的历史是“演替·分化·灭绝·进化”的历史

生物生命在久远地质时期的长期演替过程中，曾经周期循环地实现“演替·分化·灭绝·进化”的演进过程，这一过程错综复杂，变化多端。生命起源，生命演变，物种产生，适应成长，进化繁衍，绵延积累，传递继承，创造了我们今天的世界。

（一）远古生命起源——生命先驱

在地球历史初始条件下，地表温度灼热，没有水、氧和生命，像现在太空探索发现的火星以及宇宙外太空的星体一样，不可能有生命存在，追溯地球生命起源是加深如下认识：①在人与自然关系中，人类生存环境的重要性。②任何生命体对生存要素的依赖不可替代。③如何解决当前人类生存环境恶化问题。

地球生命起源中有3个重要角色，它们最初都是单细胞生命形式。当初，它们从险恶的地球环境中诞生，为了生存，先从改变支持自然生命的生存要素（氧、水、营养物质、适合生命的地表温度等）开始，

---

* 本文曾发表在《西南农业大学学报》（社会科学版）2007年第5卷第2期。

进一步营造“绿色生命体王国”并为随后的需氧生物的进化开拓道路，它们是“生命先驱”，是地球生命的拓荒者。

地球生命先驱最先出现在距今38亿年前，第一个单细胞生命诞生，这是生命体的始祖，第二个先驱生命出现在距今26亿～27亿年前，第一个真核细胞的生命形成，它们是生物遗传基因库组织的始祖。第三个先驱生命是在距今25亿年前诞生的藻青素，它是一种通过光合作用产生氧的微生物，是现今地球绿色植被（能调节气温、参天调水、调节物质流和能量流、供给氧）的始祖。地球生命先驱是生存斗争与进化的综合，其创意如此巧妙，绝非人力所及，令人叹为观止（见表1）。

表1　远古生命起源

物种起源	历史时期		考古发现			生命形式特征、性状、功能的说明
	地质年代	距今年数	考古发现地点	发现时间	考古发现人姓名	
1. 第一个单细胞生命出现	寒武纪原生代	38亿年前			美国伯克利大学、加利福尼亚大学生物学教授布伦特·卡什勒等	原始形式，单细胞生命结构非常简单，个体很小，明显特征是无成形的细胞核，细胞中央有一个核区，是遗传物质集中的部位，核区内遗传物质只有一个DNA分子，没有染色体
2. 真核细胞的生命形式出现	原生代	26亿～27亿年前	澳大利亚约威尔巴拉沙漠的沉积岩里海底岩石中发现	2004年	澳大利亚生物学家布拉克及同事们	真核细胞从现代生物学角度来讲有核膜，成分为DNA和蛋白质，有核糖体、叶绿素（存在于叶绿体中），成分为纤维素
3. 藻青素是通过光合作用产生氧的微生物	原生代	25亿年前	澳大利亚西部麦克雷山的沉积岩	1999年8月4日	澳大利亚地质局的罗杰·萨蒙斯及同事们	藻青素通过光学作用产生氧的时刻是确定地球历史的根据之一，藻青素为需氧生物的进化铺平了道路

资料来源：新华通讯社《参考消息》1987～2005年发表的文章、报道、短讯等资料摘录；2002年《人民日报》、2001～2005年《重庆晚报》、2002年《光明日报》、1999～2000年《北京青年报》等报纸和作者多年来剪报收集的分类档案，以及历次化石考古发现的资料。

（二）先驱生物营造地球原始生命生存环境

原生生物在原始海洋于30亿～25亿年前通过光合作用逐渐改变了第一代地球大气层组成，为后继生物创造了试探登上陆地的有利条件。

最早从海洋中设法登陆成功的是植物，这类先驱植物是最早的多细胞植物，属裸蕨类（psilopsids）。但是，它们要在陆地上站稳脚跟，除了它们继续利用光合作用增加大气层含氧量外，还必须依靠古细菌（archaeobacteria）类生物的作用，分解合成游离态氧。否则，登陆成功的植物没有游离态氧就不可能生活和生存。

裸蕨从藻类发展而来，它在陆地上最早出现于4.4亿年前。随后由它进化成具有根茎叶的一些新的蕨类植物亚门，但它的受精作用仍离不开水的环境。蕨类植物产生了根茎叶的分化是生物进化历程上的一大跨越，在进化史上占据关键性的地位。产生了根茎叶演替分化的裸蕨类植物，地球环境才进入了第二代地球大气。这为最原始的动物的出现，继而再通过单细胞动物群体进一步演替分化为多细胞动物，创造了有利的环境条件。

二　生命的演替进化

（一）先驱生物的生存斗争与生命支撑

地球原生命先驱在经历不断分化、优胜劣汰、适应存活后，形成生命体族群；再演替分化，各生命个体分别走上各自的进化历程，形成种群，演化成“绿色生命共生体”（green symbiont）。原生命先驱在地球初始环境险恶的条件下，最初的“生存斗争，适应存活”过程是非常缓慢的、长期的，直到产氧微生物［属真核生物（eucaryote）］出现后，才演替进化形成新的物种和种群，演化过程才可能有较快发展，这表明产氧微生物是帮助生命演替进化的关键因素，它们为绿色需氧植物鸣锣开道和铺平道路，而原生单细胞生命体的生存斗争，又为后期演替进化过程披荆斩棘创造了先决条件。

此外，还有一种单细胞生命体，被称为细胞原属原核生物（procaryote），它们不具有细胞核或其他胞器，细菌中还有两种重要菌种：其中一种叫腐败细菌（decaying bacteria），它能分解死亡生命残体，被称为分解者（decomposer），能作为真核细菌的食物。另一种叫固氮细菌（nitrogen－fixing bacteria），能将大气中的氮转为氨，再经过硝化细菌（nitrifying bacteria）转化为硝酸，这样就可为那些无法利用空气中的气态氮的动植物提供能吸收的营养元素。如果没有以上两种细菌（及蓝绿藻类）的分解、转化、硝化的作用，随后进化过程中的陆上生命就不可能存在。

（二）生物的进化链环

先锋生物生理功能——分解、转化、硝化作用改变地球原始大气（绝大部分是氢和气态氮），具有两种作用：①光合作用，产生氧。②为复杂植物提供必要的生长要素（氮和二氧化碳）。地球大气构成变化是促进“生物进化链环”发展阶段演进的关键因素，这里需要阐明以下 3 个重要概念。

1. 地球大气构成分为 3 个历史阶段

（1）第一代地球大气是从 46 亿年前地球形成至 25 亿年前，主要构成为氢和氮。②第二代地球大气（25 亿～7 亿年前），空气含氧量已增加 10%，适宜爬虫类和恐龙的生存。（3）第三代地球大气是从 6500 万年前至今，这一时期空气含氧量增加速度较快，距今 5000 万年前增至 17%，距今 4000 万年前增加至 23%，这一含氧量有利于哺乳动物（包括人类）和鸟类的繁衍与发展。因为它们的生存需要飞速奔跑或飞行，所以，其对氧气的需求是爬行动物（含恐龙）的 3～6 倍，奔跑或飞行都必须有肺和肺活量，就在距今 2000 万年前脊椎动物进化为哺乳动物时，已经开始形成了肺。

2. 生物进化链环

所有生物的生理功能都是随着生存环境变化而演替进化的，早期的细菌、藻类都是水生生物，当时生存环境是覆盖地球大部地区的原始海洋，空气含氧量的快速增加促进了哺乳动物的兴旺繁衍，以上就是“进化链环”的典型案例。

3. 后继共生

先锋生物与后继生物共同生活在一个生存环境中后继共生(metabiosis)，它们相互依存、相互影响、相互作用、相互适应，保持生态平衡良性循环，进而达到共生共荣、繁衍昌盛，并使进化链环不断发展前进（见表2）。

表2　人类远祖

物种起源	历史时期		考古发现			生命形成特征、性状、功能说明
	地质年代	距今时间	发现地点	发现时间	考古发现人	
(一)最早的复杂动物(蠕虫、软体动物、虾等)	古生代奥陶纪	5.45亿~4亿年前		1971年 1800年	①〔英〕史密斯(William Smith) ②〔法〕乔治·柳泊(Gergas Leopold)	①脊椎动物的演化经历了漫长的5亿年,其祖先是一种蠕虫状的无头类动物 ②另一部分进化为有头类,原始有头类在进化过程中,有一支成为无颌类(甲胄虫类),有一支为有颌类(鱼纲)
(二)鱼化石——中国最原始、最古老的总鳍鱼(包括人类在内的陆地脊椎动物的祖先)	古生代志留纪	4亿年前的鱼化石	中国陕西横山县魏家楼	2003年	英、美、中专家组(英国自然历史博物馆、中国科学院脊椎动物研究所、美国基恩大学)	①早期的总鳍鱼在许多方面只有假设性的陆生脊椎动物所具有的特征 ②通常认为属于扇鳍鱼类的骨鳞鱼类可能是两栖类的祖先 ③这一发现可能说明:中国可能是包括人类在内的高等灵长类动物的发祥地
(三)高等灵长类动物的最早祖先——人、鼠、鸡拥有一个共同的进化祖先	古生代	3亿年前	中国云南省南部	2003年8月		①人与鼠的DNA分子结构的多核苷酸的排列上更多相似性②人与鸡在基因组结构上更接近③在演化过程中,近1000万年来经历了快速的变化

续表

物种起源	历史时期		考古发现			生命形成特征、性状、功能说明
	地质年代	距今时间	发现地点	发现时间	考古发现人	
(四)第一个热血动物(哺乳动物)——水龙兽	二叠纪	2.5亿年前	南非沙漠中一种外形与现代猪类相似的动物——水龙兽	1997年	英国古生物学家	①水龙兽是外形似猪的哺乳动物,是人类的祖先 ②它是生物进化链中那种最早从海洋爬到陆地上的脊椎动物,它最终进化的结果就是人 ③脊椎动物中的爬行动物是一支向哺乳动物进化过程中的失败者

三　生物进化链环的变态

进化过程中生物常由于外部因素或是内部解剖学上的变异引起变态反应。突变催生新物种，其中大部分属优势种，逐渐占据了统治地位，少数的劣势种往往会短命夭折，这些变态反应都是地球环境剧烈变化引发生物种群的演替分化过程。

此外，生物进化过程令一种变态反应由环境剧变引致对生物个体发育形态方面的变态反应，动植物个体的生长发育以及组织形态特征，都是由一种基因组，即“同源异形基因”决定的。“同源异形基因”制造的一种蛋白质附着在DNA链上，能发挥总开关作用，启动或停止其他制造组织的基因，不管是简单动物还是复杂动物，都是“同源异形基因”的作用决定了个体的组织形态和生长发育，对控制基因的最简单的调整改变就将形成“畸形生物”。今日世界各国经常出现“畸形儿”“弱智儿童”等悲剧，这是“人口爆炸危机”之外的另一种畸形危机的警示。科学界和各国政府环境保护部门应该深切关注，并寻求长期应对战略。

不过，一切事物都有辩证的正反两个对立面，畸形悲剧必然会有畸形喜剧这一个有利对立面。如果环境剧变影响碰巧触动了人类个体基因库的控制基因，以及与音乐、语言、左右脑发育等有关的基因，那么，必然会出现“音乐奇才”，甚至“弱智儿音乐大师”。

地球气候变化以及环境污染恶化等因素，导致人类控制基因突变以及由此触动产生畸形人的基因，如连体双胞胎婴儿、连体三胞胎、连体双胞胎同一心脏婴儿、连体三只脚婴儿等，畸形儿多发预示着人类退化现象正在恶化，人类的发展前景令人担忧。

四　探索规律，以史鉴今

前文对“人类纪”新理论的评析中，我们提出了“人与自然关系的扭曲与再认识”，以及人类远祖在原始地球环境演变中艰难地为生存而斗争，经历了“演替·分化·灭绝·突变·进化”的漫长历史征程，人类远祖生存斗争中的幸存者是为后继人类孕育诞生和寻径导航奠基。

我们应以史鉴今，沿着远古历史轨迹所昭示的路径，获取种种启迪，从而进一步破解“人类纪”新时期面临的各种危机及如何应对的迷津。

远古生命进化过程的历史轨迹，显示了种种规律性的内涵，可供我们探寻和总结出以下诸项自然规律。

（一）远古生命的灭绝、更生规律

自古以来，关于地球生命演化过程，根据考古化石记录的史实，如表3所示。

表 3　生物演化史年代表

年代	化石记录史实说明	关键进化链环
冥古宙 60 亿年前至 38 亿年前	地球形成至 38 亿年前	第一代地球大气
太古宙 30 亿年前至 25 亿年前	化石记录发现有生命足迹 发现一些与细菌类似的极微生物化石 (1)细菌和蓝绿藻已出现 (2)原生生物成为当时生物之王	地球生命起源 光合作用逐渐改变了大气层组成
元古宙 25 亿年前至 7 亿年前	单细胞生物开始出现 首先登上陆地的是植物,这些先锋植物,即最早的多细胞植物,属裸蕨类	藻类植物时代 (19 亿 ~4.4 亿年前) 第二代地球大气
显生宙 (7 亿年前至现代) 7 亿 ~6 亿年前	发现小型贝状生物的遗骸 当时的介壳类最先进化的是三叶虫 原始节肢动物的全盛时代(马蹄蟹在随后 2 亿年内没有进化上的改变,直到今日,因此被称为“活化石”)	
5 亿年前 5 亿 ~4.5 亿前	不同形态的复杂生物出现 发现脊椎动物的一种小型群居的笔石,现已灭绝	原始海洋覆盖地球大部地区 (10 亿 ~4.4 亿年前)
4.5 亿 ~3.5 亿年前	(1)鱼类在海中取得优势,直至今日 (2)水中生物开始登陆	4 亿 ~3.6 亿年,生命局限于水中,陆地一片死寂
3.6 亿年前	有些总鳍鱼(包括人类在内的陆地脊髓动物的祖先已经可以用粗壮的四肢开始在陆地上站立)	动物开始登陆 蕨类植物时代(4.4 亿 ~2.5 亿年前)
3.5 亿年前	(1)陆地上遍布森林 (2)植物在陆地繁衍生长后,动物随即登陆 (3)在几百年间陆地即充斥很多节肢动物、软体动物及昆虫等	沼泽森林茂密时代
3 亿年前	陆地上沼泽浩瀚	爬虫类时代的开始
2.5 亿年前	(1)爬虫类出现 (2)恐龙出现最初时期	恐龙时代的开始
2.3 亿年前	(1)恐龙崛起 (2)人类原始祖先只是不起眼的小动物与恐龙共同生活了 1.5 亿年的漫长时间	裸子植物时代(2.25 亿 ~1 亿年以来) 恐龙称霸时代
1.35 亿年前	(3)恐龙是地球上最大的脊椎动物 (4)“哥斯拉”(Dakosaccrasandiniensis)——鳄形动物,与鳄鱼有亲缘关系的考古海洋生物,有欧洲种与阿根廷种两类型	被子植物时期(1 亿年前以来) 地球生命大灭绝(巨大行星撞击地球大浩劫)
6500 万年前	(1)恐龙、爬虫类灭绝 (2)其他生物包括人类远祖陆地脊髓动物在内,同时大量死亡	全球光合作用终止

续表

年代	化石记录史实说明	关键进化链环
6000 万 ~ 5500 万年前	(3)中国总鳍鱼类(人类远祖)灭绝	
	(4)"大爆炸"形成大量尘埃笼罩大地,导致温长"寒冷黑夜",植物光合作用终止	第三代地球大气逐渐缓慢形成 全球光合作用恢复常态
	6000 万年前,古代地球气候突然变暖,大地环境从"寒夜"中苏醒	(1)没有恐龙的时代为哺乳动物的崛起创造了机会
4000 万年前	(1)海洋环境发生变化,海底沉积物中的甲烷被释放出,与海水中的物质产生作用	(2)哺乳动物繁衍化
	(2)大量二氧化碳进入大气层引起温室效应	
	(1)各种植物萌生繁衍生长,光合作用恢复常态,4000 万年前空气含氧量增加到 23%	第四代地球大气时代中世纪黄金气候时代
	一次超新星爆炸,催生了最早的人类直立行走	改变了地球环境
300 万年前	(2)哺乳动物得以迅速繁衍进化	地球气温系统异常
260 万年前	地球气温升高 31.5 度	
	人类远祖历史上气候最佳的时期	
	中国西北地区风尘沉积,印度洋、北太平洋沉积等地质生物证据证明:喜马拉雅山、青藏高原的隆升与亚洲季风气候有关	
1.5 万年前	(1)亚洲内陆干旱化、沙漠化	地球气候异常时期开始
	(2)粉尘东输,形成中国黄土高原	
	(3)亚洲季风形成与演化,影响全球气候系统变化	
1700 ~ 1350 年前	(1)亚洲处于历史上的寒冷期	地球大气寒冷期
	(2)寒冷气候,干燥荒漠	
	(3)北方游牧民族大规模迁徙南下	
1300 年前	人类活动影响,温室气体增加	地球大气变暖最快时期
	(1)地球变得越来越热	
	(2)地球气温变暖速度最快的时期	
	(3)最后一个冰川纪的最后阶段	
1100 ~ 400 年前	亚洲处于历史上的寒冷期	地球大气寒冷期
200 ~ 75 年前	(一)地球气温升高 1.5 度	
	(1)人类历史上气候最佳时期	地球大气高温期
	(2)农作物生长期延长,产量增加	
	(3)人类食物品种,产量增加	
	(4)雨量增多,水旱灾害减少	
1989 ~ 2000 年前	(二)工业社会迅速发展时期	
	(1)二氧化碳及其他温室气体大量排放	
	(2)地球进入一个高温期	
	工业发达国家的自然资源消耗量超出了地球再生能力	

续表

年代	化石记录史实说明	关键进化链环
21 世纪至新中世纪	(1)自 1999 年起人为资源需求量超出地球再生能力 20% (2)人类每年消耗的再生资源,地球生物圈需要花 15 个月才能再生,不可再生资源的消耗速度更是惊人 (3)农业国家污染大气和水域严重,水土流失、耕地减少、人口增长超出地球负荷能力全球自然灾害频繁,洪涝、干旱、暴雨、海啸、飓风、地震、火山爆发、热浪等袭击人类,因温室气体排放造成 (1)未来 1.5 万年地球将越来越热 (2)地球不会很快进入新的冰川期	地球环境恶化 地球气候灾变期

从 60 亿年前，地球形成直至今日，地球环境经历了 4 个“大气时代”。①38 亿年前的“第一代地球大气时代”。地球生命由此起源，光合作用改变大气组成，为藻类植物时代。②25 亿年前至 7 亿年前为“第二代地球大气时代”。包括原始海洋覆盖地球大部，陆地一片死寂时代；蕨类植物时代；沼泽森林茂密时代；恐龙、裸子植物时代；恐龙称霸时代；地球生命大浩劫，恐龙灭绝，全球光合作用终止时代。③6000 万～4000 万年前为“第三代地球大气时代”，标志着全球光合作用恢复常态，哺乳动物崛起。④4000 万年前至现在（新中世纪）为“第四代地球大气中世纪黄金气候时代”，各种植物繁衍生长，哺乳动物得以迅速繁衍进化。300 万年前，人类得以从最早的直立人开始，经历了蒙昧时代、野蛮时代、狩猎时代、游牧时代、农业时代、手工业时代、工业时代，演替进化至今日的信息时代。

上述地球大气时代及其先后更替，说明每次地球环境出现“死寂”状态，随后必定由先锋植物利用光合作用改变大气组成（氧、二氧化碳、氮等），从而催生较高等级植物，甚至使沼泽、森林、雨林、季雨林覆盖大地。之后，经历大浩劫，又一片“死寂”，进入一个新地球大气时代，这样形成演变规律，被称为“生命的灭绝、更生规律”。这一规律昭示我们在化解“人类纪”新理论时，将面临科学家们提出的人类行为与活动导致的全球变暖困境，必须严格实施大规模植树造林，保护湿地、草原，重建及管理好热带雨林、季雨林、重点自然林保护区等，并将其作为长远战略措施。

（二）优势生物崛起、称霸、衰亡规律

生物演化史中恐龙2.5亿年前至6500万年前的“出现、崛起、称霸、灭绝”历史过程跨越近2亿年的地质时期，这是地球上包括人类在内的任何脊椎动物的统治时代望尘莫及的，当6500万年前地球遭遇小行星撞击时，恐龙、爬虫类灭绝了，其他生物包括人类远祖（中国总鳍鱼类）在内同时大量死亡。这次“大爆炸”形成大量尘埃笼罩大地，导致漫长的“寒冷黑夜”，植物光合作用终止，这是所谓的第三代地球大气形成之初。

“大爆炸”导致恐龙称霸时代的终结，这是有考古化石记录证明的事实。不过，这只是恐龙灭绝“外部因素”的一面。笔者认为，与此同时还有“内部因素”的另一面。植食恐龙被归为草食类脊椎动物，其实它并不食草，而是伸长脖子专吃森林里树上的枝叶。这个庞然大物每天要吃掉4~6吨枝叶，按种群计算，几天之内就可使它们栖息地的森林植被消耗殆尽，它们便被迫迁徙他方。久而久之，种群逐渐繁衍、增大，地球上就再也没有它们的栖息之处。它们在地球的少数峡谷和河流的岩边，潮湿而滋长森林的地方聚居。因此，历年来考古发现的恐龙化石遗址，只有集中出现在少数几处，而且还有密集地死亡在一处的恐龙化石遗址，这可推断出食物链的中断是导致恐龙集中灭绝的主要原因，就是“没有植物就没有动物”“没有植物，更不会有庞然大物恐龙”。

（三）生命共生体形成规律

地球生命演替进化史是，人类远祖先锋植物（细菌、蓝绿藻等原

生生物）先是在海洋，继而又在陆地上，先后营造“生物共生体”作为生存斗争行为方式，经历了拼搏的“胜者生存与败则淘汰”的演替分化进程。“生物共生体”实质上是一种“综合自然生命支撑系统”。这一系统是地球生物（包括人类）长期与自然灾害、气候异常、生活资源短缺等困境，以及物种种群快速繁衍增长与食物链生成缓慢之间的矛盾相抗争而营造的生存保障。因此，迄今为止，生命共生体形成规律仍然制约着人类必须以保护和精心管理好“综合自然生命支持系统”作为长期保护与生态建议的可持续生存战略。

（四）生存斗争链环进化规律

生物进化过程是，先锋生物与后继生物通过生存斗争，占据生存空间，在共同生活中相互依存、相辅相成、互补共生，形成了“生命共生体”（symbiont），利用链环综合进化方式，相互作用，相互制约，演替进化，发展前进。由此产生了“生存斗争导致进化的途径与理论”，我们称之为“生态斗争进化论”。

长期以来，理论界流传甚广的“自然选择进化论”主张“自然选择，优胜劣汰，物竞天择，看不见的手主宰一切”。这一理论的内涵是形而上学的，唯心论的，看不见、摸不着，而缺乏事实根据的，与客观自然规律相悖，难以令人信服与认同。

根据地球生命生态系统的长期历史演进，笔者提出“生存斗争进化论”。生命从第一个单细胞原生生物到复杂生物滋生孕育，相互依存、相辅相成，冲破逆境，拼搏斗争，突变进化，产生新物种，拥有优势，占领生存空间，不断扩展。先锋生物与后继生物在生存斗争与生活需求中，集中族群，逐渐集成“生命共生体”，相互依存、互补共生。由小到大，由简单到复杂，向不利环境抗衡拼搏争取生存空间，适应演化、繁衍发展，传承更新，链环进化，争取沿着客观规律约束和制衡的轨迹前进。“生存斗争进化论”是地球生命演替进化史实的反映，是历史唯物论的产物，有轨迹可寻。

五 结语

地球生命起源，自原生生物出现开始，在漫长历史演进中，经历了原生物时代、藻类植物时代、原始海洋鱼类时代、蕨类植物时代、沼泽森林茂密时代、爬虫类动物时代、裸子植物时代、恐龙称霸时代、被子植物时代、哺乳动物时代、人类远祖时代、现代人时代等。长期生存斗争改变了生存环境，通过“演替、分化、灭绝、更生、适应、进化”的历史演进过程，进化繁衍，传承积累，适应进化，创造了我们今天的大千世界。

纵观地球环境60多亿年的进化史，管窥蠡测地可以获得以下几点结论：第一，如果没有上述前4个时代的单细植物和蕨类植物成功登上陆地，通过光合作用改变原始地球大气环境，就不会有茂密的沼泽森林。第二，没有沼泽森林进一步改变海洋环境和地球大气环境，就必然不会有哺乳动物繁衍进化。第三，没有各种植物萌生、繁衍生长，构成完备的森林生态系统改变第四代地球大气环境，使其达到“黄金气候时代”，那么人类远祖就不可能演化进入历史上气候最佳时期，促使其迅速进化繁衍。第四，没有300万年前的一次超新星爆炸，催生了最早的人类直立行走和200万年前人类大脑的发展增大，从此与黑猩猩分道扬镳，就不会有现代人的出现。总之一句话，在生存斗争导致进化的历史进程中，没有初等植物就不会有森林。没有森林就不会有人类。这是一连串的地球生态系统中起支撑作用的“进化链环”。地球环境生态系统的破坏在一定程度上是可以人为补救的，严重的破坏只会给人类带来沉重灾难，甚至导致人类大批死亡。但进化链环的断裂则不同，它可以导致某些物种的灭绝，如奥陶纪恐龙的灭绝，地球上此后再也没有恐龙了。

环顾今天地球环境遭受严重破坏的趋势，如大气环流变化、臭氧层减薄、北极冰山融化、工业有毒废弃物排放，以及人口爆炸、人类大脑控制基因突变等，已经达到了危及人类物种的程度。西方学者研究指出：“到2060年地球上的人类将灭绝。”美国和加拿大科学家于2006年1月3日在《科学》杂志上发表研究报告指出：“在过去1000年的时间里，29%的海洋物种已濒临灭绝，在2048年之前，包括鱼类、贝类在内的各种海洋生物都将处于崩溃边缘。”①以上两个例证是“进化链环”断裂导致物种灭绝的生存斗争行为方式决定的恶果。生存斗争进化论是宇宙间客观规律的反映，是科学的，是可以通过实验来证明的。

① 参见2006年11月14日《重庆晚报》。

关于拓展生态学概念的思考*

一　生态学概念的提出及发展

“生态学”（ecology）一词最早由索瑞（Henry Thoreau）于1858年提出，但他未给出确定的定义。首先给生态学以确切定义的是德国的赫克尔（E. Haeckel，1866），他认为，生态学是研究动物对有机和无机环境的全部关系的科学。“ecology”一词源于希腊文，由词根“Oikos”“Logos”结合而成，“Oikos”表示住所，“Logos”表示科学。因此，从希腊文原意上讲，生态学是研究生物“住所的科学”。

自赫克尔对生态学的概念进行界定以后，随着生态学的发展，人们对生态学概念的理解由简单、笼统到比较精细，由模糊到清晰，逐步发展到目前生态学概念所规定的内涵和外延。生态学概念的发展可以说是生态学发展进程的具体反映。人们对生态学概念的不同理解代表了生态学的不同发展阶段。英国生态学家埃尔顿（Charles Elton）在1927年对生态学概念的定义是“科学的自然历史”，他把生态学看成以科学的方法研究自然历史的科学。澳大利亚生态学家安德烈奥斯（Andrewarth）在1954年认为“生态学是研究有机体的分布与多度的科学”，这个定义强调了对种群动态的研究。美国生态学家奥德姆（E. P. Odum）把生态学定义为：研究生态系统的结构与功能的科学（1953；1959；1971；1983）。我国生态学家马世骏认

* 此文发表于《生态经济》1997年第4期。

为，生态学是研究生命系统和环境系统相互关系的科学。当今，生态学者普遍认为，生态学是研究生物与环境之间的相互关系及其作用机理的科学。

这个定义指明了生态学既不是单独研究生物的科学，也不仅是简单研究生物和环境的科学，而是研究生态与其环境之间的相互关系，研究它们相互作用的机理的科学，是研究生物与其环境的整体性的科学。该定义拓展了生态学的研究范围，使原来生态学比较注重对生物本体，而较忽视生物环境以及生物与环境之间的关系及其作用机理的研究，扩大到整个生态系统的组成、结构和功能的研究。从生态系统的维度来研究生态学，比较真实地反映了生物与环境的不可分离性和共存性，因而该定义具有客观性、整体性和系统性的特点。

二　目前生态学定义的局限性

尽管目前生态学的定义从整体上比较客观地反映了生态科学的合理边界，但时至今日生态学已不能完全适应社会发展的需要，内容有其局限性，需要改进的方面如下。

（一）该定义没有突出以人为中心的价值评价维度

当今人类社会的生态危机是由人类失范的生态行为导致的，究其思想根源，显然在于对“人与自然”关系的错误认识上，在于人类错位的自我定位上。就生物学角度而言，人属哺乳动物纲灵长目人科、人种。但长期以来，在人类的意识中往往自觉不自觉地把自己排斥在生物圈之外，认为自己是不同于且远远高于所有生命形态的，是万物之灵，是“智慧的动物”，而把自己纳入智慧圈的范畴，即使从理性而言，人类应该是认同自己的生物属性的，但从情感上或自尊上常常不能接受自己的动物属性。因而常常在涉及有关生物的事情时，好像那只是动物、植物、微生物的事情。在谈及生物科学时，似乎那只是研究生物的科学，与人本身无关。对破坏生物及环境的事情不甚关心，对生物科学缺乏应有的重视。似乎生态只是生物的生态，生态危机是生物的危机，生态学也仅仅是研究生物（动物、植物、微生物）及其环境的学科。即使人们对生态环境、生态学研究真正地重视，也仅仅局限于那些生态环境遭到严重破坏，正遭受严酷生态灾难的地区；即使许多国家政府，甚至全球的首脑人物们已经认识到生态问题的重要性，而且很多国家都已制定了持续发展纲要，决定走持续发展之路，但从全球而言，人类对生态问题的重视程度也显然不够，或者可以说人们还没有从根本上对生态问题给予高度重视，口号喊得响，实事干得少。在经济发展与生态保持方面，天平明显倾向于经济发展，而忽视或者忽略了生态建设，更很难做到经济效益、生态效益与社会效益的协同增长。

显然，要防止人类的生态灾难，使人类有一个光明的未来，需强化人类的生态意识，规范人类的生态行为，加强生态学知识的普及宣传。要让人们知道，人是生物圈中的一员，人的行为同样是要遵从生态规律的。我们人类不是自然界的主宰者和统治者，应是自然界精心的协调者和管理者。我们人类与自然是不可分割的整体，动物、植物由于其在生态系统中各自的功能和作用，它们的存在是合理的、必需的，它们是我们人类唇齿相依的朋友，我们人类及其环境，包括各种生物共同构成生物圈，地球是我们人类赖以生存的家园。

为了强化这种观念，澄清人们模糊的甚至是错误的认识，真正认识到生态问题的重要性，对此需要做的首要工作是使人们牢固树立生态价值观念。要使生态价值观念牢固树立在人类的意识结构中，生态概念必须紧密与人类生存相连。因为只有与人类生存紧密相连的事情才会被人类评判为很有价值，才会被做出正性价值评价。要做到这一点，我们必须在理论上对生态的范畴做出符合人性的界定，为此，我们应对目前生态学的概念进行更新，即：应当突出以人为中心的价值评价维度，使人们真正认识到生态学研究的价值，认识到生态是人的生态，生态学就是生存的科学。只有这样才能使生态学及生态研究具有深厚的根基和强大的生命力。

（二）该定义没有反映出当今生态学正日益从以生物为研究主体发展到以人类为研究主体的趋势和动态

21 世纪 50 年代以来，随着世界人口的急剧增长，能源大量耗费，粮食短缺，自然资源储量减少，工业“三废”、农药化肥污染、交通车辆尾气、城市垃圾等带来的生态危机困扰着整个人类。自然生态系统有序性的维持，人口的控制，环境质量的评价和改善，已成为全球极为关注的重大科学问题，生态学的触角由此进入人类社会领域。迄今为止，关于人类生态问题的研究已越来越受到有识之士的关注。在人与自然关系的问题上，当今人类已取得了一定的共识：人类既是生物圈的成分之一，也是社会的成员。现代人类应是生态系人（ecosystem people），应具有生态道德（ecological conscience）和生态责任（ecological responsibility）。人类不应奢望用自己创造的技术圈来代替生物圈，绝不能因重视技术而对自然采取“生态简化”（ecological simplification）的态度；否则，就有可能出现生态危机，甚至生态灭绝（ecocide）。

在这一系列生态思想的影响下，当今生态学除了研究自然生态系统外，也研究人工生态系统或半自然生态系统（受人类干扰或受破坏后的自然生态系统），还研究社会生态系统，即从研究社会生态系统的结构和功能入手，系统地探索人口发展动态及其规律，人口的结构、素质和分布，人口增长与资源、能源、交通和经济发展的关系，人口数量与地球承载力等人类生态问题；研究城市生态系统的结构和功能、能量和物质代谢、发展演化及其科学管理；研究社会 - 经济 - 自然复合生态系统中的能流、物流、信息流和价值流的特征及规律。此外，在社会生态系统中，各种组成成分（人与人、个体与团体、人与社会，以及人与社会的各种关系、社会制度、政策法令等）之间的相互制约关系及其作用机制的研究，也引入了生态学的基本原理和现代研究方法。当今，生态学正日益从以生物为研究主体发展到以人类研究为主体。显然，目前生态学定义中没有反映出这种趋势和动态。

三　关于新的生态学定义的思考

为克服目前生态学定义的不足，突出以人为中心的价值评价维度，反映当今生态学的发展动向与趋势，我们认为应对目前的生态学定义进行修正，对其重新界定。

对生态学进行新的定义的指导思想是充分贯彻以人为核心的基本思路。我们知道传统的生态学主要是讲自然关系，研究的是自然生态系统的结构、功能及其演化规律，从学科体系上属于生物科学的范畴，具有纯生物学的特点。而新的生态学要强调的是人与自然、人与人的关系，研究的是人与自然、人与人的协调发展问题。新的生态学应是自然的管理学，它不仅包括对自然生态系统的管理，也包括对人类生态系统的管理。尤其注重探讨人类经济活动与自然环境的关系问题，因而，新的生态学也具有经济学的性质。它要求人类的经济活动也要符合和遵循生态学规律，严格按照客观规律来管理资源，合理配置和使用资源，使生物圈得以稳定、持续、协调地发展。因此，我们可以把新的生态学定义为“研究人与环境（包括生物）之间的相互关系及其作用机理的科学”。

由于一门学科的基本范畴、理论建构以及整体框架结构是建立在特定的研究对象基础之上的，因此，按照新的生态学的界定，其研究对象是“人和环境”，即新生态学的中心在于人类生态系统。显然，与自然生态系统的5个层次（个体、种群、群落、生态系统和生物圈）相比，人类生态系统相应地也可划分为5个层次，即新生态学研究对象的组织水平为：个体的人、家庭、社区、国家、人类社会。由此，新生态学可以分为五大板块，即个体生态学、家庭生态学、社区生态学、国家（民族）生态学、人类社会生态学。

在人类社会中，由于个体与个体之间必然要发生各种联系、相互制约，纯粹独立个体的人是不存在的。最能反映这种联系与制约的最小单位就是家庭。家庭是社会的细胞，它是社区的组成成分，同时还是国家（民族）研究的基础。因此，家庭生态学是新生态学各个层次之间的枢纽。

新生态学五大板块，在5个层次的生态学分支中，人类社会生态学是最高层次、最宏观的生态学。它的外延最广、边界最大，涉及整个人类生态系统，即全球的生态问题，其研究已跨越国家（或民族）的边界，具有全人类共同的价值。人类社会生态学的理论对我们整个“地球村——地球家园”的管理与建设具有不可估量的理论价值和实践意义。

（与李树合作）

生态经济脆弱带及其判定标准*

一 生态经济脆弱带的概念

所谓生态经济脆弱带是指由于生态经济系统内生态要素和经济要素的不适结合而引起的生态经济系统功能脆弱性在空间或地域上的分布。单个功能脆弱的生态经济系统为“生态经济脆弱点”，而多个功能脆弱的生态经济系统的并联则形成“生态经济脆弱带”。必须明确的是，生态经济脆弱带并不等同于生态环境质量最差的地区，也不是指自然生产力最低的地区，而是指那些在生态要素和经济要素的有效结合上、在系统抵抗外部干扰的能力上、在系统的稳定性和持续性上表现出明确脆弱性的系统及系统的组合。

对生态经济脆弱带的研究，不仅能为生态经济系统的功能判定提供一条客观的标准，而且能为生态经济区划以及国土资源整理提供可资比较的分级指标。生态经济脆弱带的形状、面积、结构等，属于空间范畴的内容。生态经济脆弱带的变化速度及过程演替，属于时间范畴的内容。生态经济脆弱带的脆弱程度及发生频度则属于功能评价的内容。

---

* 此文发表于《生态经济》1992 年第 1 期。

二　生态经济系统脆弱性的表现

生态经济系统的功能脆弱性一般表现在以下方面。

第一，生态系统和经济系统之间物质、能量和信息的转化速度慢、转化效率低、经济效益差。

第二，系统的自组织能力弱。系统的结构一经破坏，就不容易恢复原状，容易丧失生态系统对经济系统的基础结构关系、经济系统对生态系统的主体结构关系以及经济系统和生态系统的耦合结构关系。

第三，系统结构不稳定。主要表现为系统中重要元素或组分的缺损或功能的丧失，系统的生物产量和经济产量在水平方向上的大幅度波动。

第四，系统运动不持续，系统不能向着生态效益、经济效益和社会效益相统一的最佳状况持续发展，系统的边际生物产量和经济产量越来越少。

第五，系统抵抗干扰的能力弱，难以对系统运动施加有效控制。

凡由具备上述特性的生态经济系统所形成的生态经济类型区域都可划归为生态经济脆弱带。如我国长江、黄河两大水系的发源地上游区，耕地少而瘠薄，降水少而集中，容易造成枯水期干旱，暴雨成洪，影响流域农村生态经济系统的稳定和航运业的发展。因过度采伐、垦殖，森林、草原面积不断减少，生态系统涵养水源的能力不断减弱，致使水土流失、泥沙淤塞河道。

三　生态经济系统脆弱性的判断

为了对生态经济系统的脆弱性做出明确的数学指示，分别设立生态经济系统的生态经济效益系数（EE）、稳定性系数（ES）、持续性系数

(EL)、边际生产力(EP)以及系统发展速率(ER)等指标。

$$EE=\sum_{i=1}^{n} Q_i / \sum_{i=1}^{n} P_i$$

$$ES=\sqrt[n]{\sum_{i=1}^{n} (Q_i-\bar{Q}_i)/n}$$

$$EL=\sqrt[n]{EE_n/EE_o}=\sqrt[n]{Q_n P_o / P_n Q_o}$$

$$EP=\sum_{i=1}^{n} \triangle Q_i / \sum_{i=1}^{n} \triangle Q_{i-1}=\frac{Q_n-Q_1}{Q_{n-1}-Q_1}$$

$$EK=1-\sqrt[n]{Q_n/Q_o}$$

其中,Q_i 为第 i 年生物产出和经济产出等有用能量的产出量,P_i 为第 i 年投入能量,$\bar{Q}$ 为历年有用能量产出的平均值,EE_n 为第 n 年的生态经济效益系数,EE_0 为基期的生态经济效益系数。

上述指标中生态经济效益系数、持续性系数、边际生产力以及系统发展速率与系统的脆弱性呈正相关。稳定性系数(其实是均方差系数)与系统的脆弱性呈负相关。依据这些指标的性质和它们的相互关系,构造出综合反映系统脆弱性的指标——脆弱度指数(EF):

$$EF = EE \times EL \times EP \times ER/ES$$

显然,EF 数值越小,系统的脆弱性就越大。

EF 指标计算简单、操作方便,具有较强的实用性。对不同地区、不同类型的生态经济系统进行 EF 计算,就能确定生态经济脆弱带的地域。对同一生态经济系统进行时间序列的 EF 计算,就能揭示生态经济脆弱带的形成及演变规律。

如给定各生态经济脆弱性特征指标的判定标准临界值,则可得出 EF 指标的判定标准(见表1)。

当然,随着生产力的发展和科学技术的进步,以及生态经济系统类型的变化,这种判定标准应因时、因地进行适当的调整。

表 1　各指标的判定标准临界值

	好	较好	一般	较脆弱	脆弱
EE	2	1.5	1	0.6	0.5
ES	0.05	0.10	0.15	0.25	0.30
EL	0.15	0.10	0.05	0.025	0.002
EP	0.15	0.10	0.05	0.025	0.002
EK	0.15	0.10	0.05	0.025	0.002
EF	0.135	0.015	8.33×10^{-4}	3.75×10^{-5}	1.33×1^{-8}

（与彭璧玉合作）

人·自然·社会

——生态悖论之思考*

一　生态悖论概念与特点

（一）生态悖论概念

生态悖论是指一切有悖于人类、自然及社会这个有机统一整体协调发展的错误理念。人类要生存和发展，就必然要依靠自然，并通过劳动与周围环境进行各种物质、能量、信息和价值交换。在人与自然这一有机系统中，人们所处的历史时期不同，拥有的生存与发展条件不同，对人、自然和社会关系的认识亦不同。因此，人们改造和利用自然资源的手段以及对待自身生存和发展空间的态度表现出了较大差异。

（二）生态悖论现象与特点

人类在改造和利用自然资源的过程中，过分强调人的主观能动性而忽视自然规律，对自然资源采取盲目掠夺式开发和利用，致使森林锐减、物种灭绝，并带来了水土严重流失、土地沙化、环境污染、能源枯竭等一系列生态灾难，我们把这些现象界定为生态悖论现象。生态悖论是产生这些现象的思想认识根源，生态悖论现象则是生态悖论的外在行

---

* 此文发表于《生态农业研究》1998 年第 6 卷第 3 期。

为表现。生态悖论现象不仅严重地破坏了生态平衡，而且极大地阻碍了经济持续、快速发展，影响了人类社会的健康进步。因此，研究这些现象和问题，在理论和实践中均具有十分重要的意义。生态悖论现象的主要特点如下：一是不协调性，人与自然是矛盾的统一体。一方面，人类要求得自身的生存与发展，必须不断地向自然界索取所需的物质和能量。另一方面，自然界按其固有的规律给予人类种种索取行为以不同的回答。因此，改造利用自然与保护自然这对矛盾既对立又统一，共处于矛盾的统一体中。而生态悖论现象往往只强调了矛盾的一面，而忽视了矛盾的另一面，如只强调人的主观能动性，却忽视了自然规律固有的规定性，将人凌驾于自然之上，从而导致生态系统发展失衡。二是似是而非性，从表现上看似乎是正确的，但其实质是错误的。如“大寨运动”看似正确，大寨人那种改天换地的精神让人敬佩，但这种做法本身是错误的，因为它严重违背了自然规律。又如，目前我国一些地方和部门要么忽视当代人生存需求谈生态建设，要么只注重眼前的“发展”而谈发展，这些做法实质上也是生态悖论现象。三是矛盾性，人与自然互相依存、互相影响，又互相制约。这种既对立又统一的关系，为我们揭示了人类在改造和利用自然资源，在与自然界进行物质和能量交换的过程中，必然以遵循自然规律为前提。但是，由于种种原因的影响和制约，人类在对待人与自然的关系上，无论是先秦时期对黄土高原森林的大肆砍伐，还是“文化大革命”中的“大寨运动”，都忽视了自然规律，导致人与自然的矛盾尖锐化。四是急功近利性，现今人们不惜以破坏生态环境为代价，去换取局部的眼前利益，这种急功近利的行为不仅损害了当代人的利益，而且也给后代人的生存与发展留下了隐患。

二　生态系统构成要素分析

要明确哪些行为属于生存悖论现象，首先要了解生态系统的要素构成及该系统中人与自然、社会的关系。过去，由于人们从不同的目的和需要出发，把生态系统划分为若干要素，这种划分方法从局部研究来把握生态系统整体显然不适合。根据人、自然、社会三大基本要素的特点，可将生态系统概括为人口、资源、环境、经济和社会5个子系统。人口子系统是生态系统发展的主体，人是生产与消费的统一体，是整个生态系统的主体和核心要素，人口数量及质量直接关系和影响整个系统的发展方向与水平。若人口数量过多、素质太差，则对资源和环境造成压力，影响生态系统的良性循环。人是最积极、最活跃的因素，因此，控制人口数量、提高人口素质已成为推进这一系统健康发展的关键所在。资源子系统是生态系统发展的基础，资源是在一定条件下能够为人类所利用的一切物质、能量和信息的总称，人类生存与发展的重要物质基础是资源子系统。由于资源在一定时期内数量有限，且其开发与利用也有条件，不合理的开发与利用资源只会造成资源短缺和环境污染，并给人类自身的生存与发展带来负面影响。环境子系统是生态系统的重要组成部分以及生态系统健康发展的重要保证，环境恶化将降低当代人的生活质量，给后代人的生存和发展造成影响，并妨碍当前有限资源的开发利用，阻碍整个社会、经济的发展与进步。因此，创建一个良好的生存空间，既是人类日益增长的物质文化、生活水平的需要，也是整个生态系统健康发展的要求。经济子系统是生态系统发展的手段，就整个生态系统的发展而言，经济发展不是目的，而是手段。人类发展经济和生产的目的是为了满足自身生产与生活的需要。经济发展了，人们的物质文化、生活水平才能提高，才能更好地保护生态环境，以所拥有的资金和技术开发、利用有限的资源。因此，经济系统是影响生态系统健康发展的重要因素，是促进生态系统良性循环的手段。社会子系统是生态系统发展的目标，其发展程度既是衡量生态系统发展水平的重要尺度，又是实现人口、资源、环境和经济各子系统协调发展的目标所在。同时，合理的政治体制、良好的社会氛围和优秀的历史文化，不仅直接影响整个生态系统的历史定位，而且为整个生态系统的协调、健康发展提供了有力的组织保证。

三 生态悖论产生的原因

生态悖论的本质是人与自然之间矛盾作用的结果，人类认识的发展过程以及人类生存与发展的矛盾斗争的实践，表明了其产生的客观性和存在的合理性。从主观上讲，生态悖论属于人类认识论的范畴。马克思主义认识论原理指出，人类对客观世界的认识总是要经历一个由简单到复杂、由低级向高级的不断运动和变化发展过程。而每一个正确的认识和判断，都有一个去粗取精、去伪存真的过程。在这个揭示真理的渐进过程中，由于人类受历史条件的制约，受知识水平和认识能力的限制，常常被事物表面现象所蒙蔽，而得出与事物本质规律相悖的认识。人类产生了对悖谬之理原因的探索，才有了认识过程的发展和对真理问题的不断探索。因此，悖论的出现是人类认识发展的契机，客观上生态悖论及其现象的出现又是人类生存需要与发展要求作用的结果。马斯洛把人的需要划分为若干层次，其中生存需要是人类最基本的需要。人只有满足了最基本的需要之后，才可能言及其他需要。因此，无论是探讨生态系统的构筑，还是研究国家或地区的可持续发展，都必须把满足当代人的需要摆在突出位置，因为生存与发展这对矛盾在未转化之前，首先需要解决的是生存问题，这也是为什么一些国家和地区不惜以牺牲生态环境为代价换取暂时的经济利益的原因，这对我国可持续发展战略的实施及三峡库区生态经济区的构建均具有十分积极的现实意义。

四 防止与消除生态悖论现象的措施

生态悖论及其表现是人类认识自然、改造和利用自然的客观存在，是无法回避或从根本上杜绝的，而只能最大限度地加以防范并力求将其消除。因此，研究防止和消除生态悖论及其现象的方法尤为重要。个人是产生生态悖论现象的细胞，社会是滋生生态悖论问题的土壤。因此，防止并消除这一现象的出现有待个人与社会的共同努力。对个人而言，克服防止这些现象发生的主要办法，首先，要努力学习科学文化知识，树立科学的世界观。科学的世界观和方法论是我们认识世界、改造世界的重要思想武器，离开了它，我们就会走入认识的误区。其次，要严格遵循自然规律，克服主观主义思想作风。不管人们是否认识和承认，规律都将按其固有的法则运行。因此，无论是对待自然规律还是对待社会规律，我们都不能从主观感觉出发凭经验办事，而必须尊重并严格按照客观规律办事；否则，将遭到客观规律的惩罚。对社会而言，则更多的是要求我们从社会氛围、发展规划、领导决策和法规建设等方面防止或消除这一现象的发生。这是因为积极的社会氛围是解决生态悖论现象的重要方法，保护生存空间，建立人、自然与社会良性循环机制，仅靠人们的自发行动或少数人的努力是远远不够的。应运用广播、电视和报刊等各种新闻媒体，大力开展生态文明宣传，积极营造健康向上的社会氛围，以不断提高全民的生态意识，使更多的干部群众自觉和不自觉地投入保护生态环境中，这不仅是防止生态悖论现象发生的重要方法，也是生态文明建设可依靠的物质力量。统一规划是克服生态悖论现象的有效手段，历史证明，在对待人与自然关系的问题上，那些忽视规划甚至违背规划的做法带来的教训是惨痛的。任何全面而统一的发展规划都是明确针对某一客观事物而提出的，其制订过程也必然借助相关科学理论知识作为支撑。因此，建立在科学理论基础之上的发展规划具有可操作性和客观科学性。生态悖论现象的产生，不论是起源于主观，还是受制于客观因素的影响，其结果都表现为对客观事物本质的歪曲理解。科学规划正是克服因个人文化水平和认识能力的限制，从长官意志出发凭感觉和经验办事而导致生态悖论现象的有效手段，而现实中人们轻视生态规划的建立及存在是产生生态悖论现象的重要原因。科学的决策是消除生态悖论现象的最佳途径，决策是指在某一活动中领导者对行动方案的选择活动，如何选择方案及方案正确与否直接关系并影响行为的结果。科学的决策是领导者在实施领导活动中对行动方案的一种正确选择，而能否做到科学决策与领导者的世界观、方法论、文化水平和综合能力有关，并与其工作方法和思想作风有关。从一定意义上讲，领导者能否做到科学决策，这是检验领导干部工作水平高低的重要标准，也是有效消除生态悖论现象发生的最佳途径。完备的法律制度是防止生态悖论现象的根本保证，法律法规既是人们行动的准则，又是调整和规范人们行为的最有效法规。事实证明，建立健全完备的生态环境保护法律条文，并采取强有力的手段确保其贯彻实施，是规范和调整人与自然关系不可缺少的重要武器。许多人正是在受到法律法规的惩戒之后，才对人与自然、人与社会的关系引起足够的重视。因此，防止和消除生态悖论现象最有力的手段是法律法规，目前我国这方面的法律法规尚不健全，有法不依、执法不严等问题十分严重，运用法律这一有力武器规范和约束人与自然、人与社会的各种关系任重而道远。生态悖论在人类的认识活动中无法避免，生态悖论现象在客观现实中大量存在，但正视和承认它并不等于放任它，正确认识它正是为了更好地防止和消除它。

（与范大路、谢代银合作）

论灾害的生态经济性质*

灾害也是一种生态经济现象，具有强烈的生态经济性质。本文试图从灾害的产生与灾害概念的发展、灾害的原因与过程、灾害的后果这三个方面来论证和论述灾害的生态经济性质，以深化对灾害本质与属性的认识，为开展灾害的总体研究——灾害的生态经济研究、掌握灾害的发展变化规律并进行有效的灾害防治提供理论依据。

一　灾害——一种生态经济现象

长期以来，人们把“自然灾害”等同于“灾害”，两者的含义被认为是完全一致的，在概念的应用上也没有区别。随着社会和经济的发展，新的灾害不断出现。灾害种类越来越多，已突破了纯自然发生的范围，灾害发生次数越来越多，频度不断提高。灾害事件的后果越来越严重，危害性不断增强，严重地阻碍了社会的进步和文明的发展。这引起了全世界对灾害的广泛注意，许多国家纷纷开展对灾害的研究。在此情况下，对灾害产生了一些新的认识。

人们认识到，“灾害”并非就是“自然灾害”，将“灾害”等同于“自然灾害”的做法引起了多方面的问题。一是不能反映灾害的本质。将“自然灾害”等同于“灾害”强调了灾害的纯自然性，忽略了它的其他重要属性，如生态经济性，不利于对灾害的形成与发生机制及其过程、后果的研究。二是不能将各种灾害作为一个整体来认识、研究。现

---

* 此文发表于《灾害学》1992年第7卷第1期。

代社会的发展产生了许多新的灾害，如人为火灾、爆炸事故、环境污染、水土流失、核泄漏与放射性污染等，它们对自然界和人类的影响是长期的、广泛的，常常超过一般意义上的自然灾害，属于强危害性灾害，但它们不是自然灾害。虽然它们的形成也离不开自然界的物质运动，但其形成的主要的、直接的原因还是人类活动的不合理性，是人为造成的灾害。这就是说，灾害包括两大类型：自然灾害和人为灾害。

基于上述认识，在科学界逐步形成了灾害的新概念：灾害是指自然发生的或人为产生的对人类和人类社会产生危害性后果的事件。这个概念强调了灾害的后果。凡是对人类和人类社会产生危害作用的事件，不论它是自然发生的还是人为产生，也不论它是突然发生的还是缓慢形成的，都是灾害。这一概念能够反映灾害的本质特征。灾害形形色色、多种多样，其原因、过程、特性以及产生的方式、强度千差万别，但有一个最基本的共同点，就是它们都对人类和人类社会产生危害性后果。

从哲学上讲，灾害是自然生态因子和社会经济因子变异的一种价值判断与评价，是相对一定的主体而言的。在人类产生前的漫长年代里，地球系统完全按照自己固有的规律演化、发展。地史研究表明，大约46亿年前形成的原始地球，先后经历了从原始均质状态到现代非均质状态，从地球物质熔融作用、热力重力分异作用到物理化学分异作用，从内部圈层分化（核幔分化、幔壳分化、地壳分化）到外部圈层形成（大气圈、水圈、生物圈的形成与演化）的一系列过程。在此过程中，地壳运动和大气运动起到了至关重要的作用，地震、火山爆发、滑坡、泥石流、陆沉、干旱、台风、暴雨、洪水和冰雹频繁发生，但是，这些不是灾害事件，而是地球系统演化和发展的动力、机制与方式。地球系统正是通过漫长年代的各种变化，逐步形成了适宜生物生存的环境条件，产生了各种生物乃至人类本身。人类和人类社会的产生与发展并不能根本改变地球系统的自然进程，也不能在多大程度上改变地壳运动和大气运动。不过，人类社会的存在却改变了这些运动的纯自然性质，赋予它们以社会性和社会经济性。地震、火山爆发、滑坡、泥石流、陆沉、干旱、台风、暴雨、洪水和冰雹这些原本自然的正常的现象由于对人类和人类社会产生某些不利性后果而被称为灾害。

由此可见，灾害产生于自然生态系统和社会经济系统所组成的复合生态经济系统中。离开人类和人类社会，离开生态经济系统，灾害并不存在。因此，灾害在根本上就是一种生态经济现象，具有生态经济性质。

二　灾害的生态经济性质

灾害形成的原因多种多样，但最基本的原因还是自然生态系统的异常状态与运动。一般的，自然生态系统内部各要素之间保持着相对稳定的关系，系统总体处于平衡状态。但是，任何系统的稳态都是相对的。由于系统的复杂性，系统中任何一种要素的变化都会引起其他要素的一系列变化，从而引起系统总体的变化。换言之，任何一个要素的异常状态与运动都可能引起系统总体的异常状态与运动。当这种异常超过一定程度时，就可能改变系统的结构，使之不能正常地行使功能，即产生灾害现象。自然生态系统的异常状态与运动表现为多种形式。第一，能量及物质的异常积累与释放。任何一种运动都需要能量与物质的维持，灾害也不例外。例如，地震的发生就是大地构造力或热应力集中与释放的结果；台风的形成是高温洋面水汽蒸发、潜热释放并集中于大气柱中，引起强气流运动从而使能量得以转化与释放的结果；洪水的形成是大量雨水集中并沿一定的方向运动从而将势能转化为动能的结果。第二，分布不均。即物质、能量、应力、压力、温度等在空间上或时间上分布不均匀，从而产生沿梯度的运动，有可能产生灾害。例如，雷电这种灾害性天气的形成是由于在积雨云中正负两种电荷分别向两端（积雨云的上端与下端）集中、形成正电荷区和负电荷区这种不均匀分布，然后两个电荷中心之间发生击穿放电。第三，协调破坏。协调是自然界普遍存在的现象。例如，食物链和食物网维持着生态系统中不同物种在数量上的协调关系，任何一级成员都是不能缺少的。灾害还可以造成社会的不稳定，甚至促使战争爆发，陷广大的人民于水深火热中。但是，由于某种原因，如人类的不合理干预，食物链断裂或改变，生物种之间的协调破坏，则可能引起一系列物种种群的消失，即发生生物绝灭灾害。第四，过程和状态的突变。它能直接引起灾害，如光照、热量、水分和风等气候因子的突变能引起各种气象灾害。前述四种系统异常状态与运动有一个共同点：它们都标志着系统由平衡态走向远离平衡态。这就是灾害发生的自然生态原因。

自然生态系统之间的相互作用可以引起灾害的发生。各种自然生态系统之间的相互联系和相互作用产生多种结果：一系统的变化可以引起其他系统的良好变化，使之向平衡、稳定的方向发展；一系统的变化也可引起其他系统的不良变化，使之向不稳定、远离平衡的方向发展，甚至使系统的结构变异或解体，从而产生灾害。例如，火山喷发时产生各种气体和尘埃，不但增加大气对流层的凝结度，而且对大气辐射状况、地面及平流层的气温都产生影响，从而扰乱了大气的正常运动过程，形成大降温等各种气象灾害。这就是说，岩石圈系统的作用引起了大气系统灾害的发生。

灾害的形成还有其社会经济原因。人类社会的经济活动，包括日常生活活动、工农业生产、交通运输、军事和科学技术活动等都可能直接或间接地引起灾害的发生。例如，修建大型水库、开挖煤田、油田取油和注水都可引发地震。在丘陵山区修建铁路和公路会形成崩滑与泥石流灾害。工农业生产和日常生活向土体、水体和大气排放大量废水、废气和废渣，形成环境污染灾害，城市化造成人口和工厂的高度集中，对局部区域地下水过量抽取，引起地面沉降灾害。这样就直接或者间接地起作用，加剧了自然发生的灾害，使小灾变成大灾，单灾变成多灾。

从以上的分析我们可以知道，灾害的形成不但包含自然生态因素的作用，而且包含社会经济因素的作用。两类因素相互交织、协同作用，形成新的灾害或加剧原有的灾害。这就是灾害原因的生态经济性质。

与自然生态因素和社会经济因素协同作用相对应，灾害的自然生态过程和社会经济过程也相互交织、协同作用。这集中表现为灾害的放大过程。灾害在酝酿、形成、爆发和持续过程中的任何阶段都可以被自然生态因素和社会经济因素的作用所放大。可见，灾害发生的过程也是自然生态过程与社会经济过程相互交织的过程，是一种生态经济过程。这就是灾害过程的生态经济性质。

三　灾害对人类和自然生态系统的影响

灾害是指对人类和人类社会产生危害性后果的事件，这种危害是多方面的。首先，灾害严重地威胁着人类生命财产的安全。从人类产生的那一刻起，无数的生命已丧失于灾害中。仅21世纪以来，全世界因自然灾害死亡的人数已超过300万人。历史上，我国封建王朝的兴衰都和灾害有密切的关系。当灾害频发、灾荒严重、民不聊生时，人民揭竿而起，推翻旧的政权，建立新的政权。新生政权对灾害的抵御能力较强，社会因此比较安定，但随着时间的推移，政权中的腐败因素增加，社会对灾害的抵御能力逐渐减弱甚至丧失，政权逐步走向衰亡。就这样，政权的兴衰与灾害的发生呈现周期性的对应关系。灾害还可造成世界性的社会动乱。例如，1976年巴西严重的霜冻灾害不仅导致世界咖啡市场价格猛涨，后又猛跌，以致造成信贷、股票市场混乱的局面，而且还造成了部分咖啡出产国政局不稳、国际关系紧张并复杂化的局面。

虽然灾害专指对人类和人类社会产生危害性后果的事件，但灾害的后果不仅危害人类和人类社会，而且对自然生态系统产生了各种影响。例如，地震、滑坡和泥石流改变着地质地貌状况，使自然环境产生了深刻的变化，森林火灾改变着大范围的生物状况，暴雨、台风、洪涝和干旱对地表上的土体、水体系统与生物系统均产生影响，从而改变生态系统的结构与功能。

在对自然生态系统产生影响方面，人为灾害比自然灾害还要广泛和强烈得多。例如，人为污染物质一旦进入环境，即可对大气、土体和水体等各类生态环境进行一连串的污染，使各类生态系统中的各种生物受害，并通过生物富集作用而产生累积性的长期影响，破坏各类自然资源。

由于人类活动产生过量的二氧化碳（CO_2），其被排入大气层而产生的温室效应对大气状况和气候变异具有长期而广泛的影响。例如，它将使全球温度状况发生改变，海平面上升，进而影响海洋和陆地上各种生物的分布与生活习性，改变全球的自然生态环境。可见，灾害的后果具有自然生态和社会经济双重属性，是一种生态经济后果，具有生态经济的性质。

由前面的分析我们可以知道，无论从灾害的形成原因，还是发生、发展的过程，或它的多重后果来说，都具有生态经济的性质。灾害的主体是人类社会的生态经济系统，灾害的形成及其过程发生于生态经济系统中，灾害的后果作用于生态经济系统，因此，灾害具有生态经济的性质。从另一角度讲，自然生态系统和社会经济系统相互联系、相互作用，形成统一的生态经济系统，发生于自然生态系统和社会经济系统中的灾害也就必然成为由自然生态现象和社会经济现象复合而成的生态经济现象，具有生态经济的性质。

揭示灾害的生态经济性质，也就认识了对单个灾害种类的单个方面进行分门别类式研究的局限性。研究灾害的生态经济性质，可以为开展灾害的系统研究——灾害的生态经济研究提供理论依据，为从总体上把握灾害的宏观发展运动规律，进而为进行有效的灾害防治工作奠定基础。

（与申曙光合作）

增强生态系统功能再造人类生活平台*

目前，生态问题已经成为全人类所关心、关注的大问题，因为我们只有一个生我们、养我们的地球。在这个绿色星球上，人类与大自然不断进行着物质、能量和信息的交流，人类的行为与活动不仅直接影响地表之上由动、植物构成的生态系统，而且这个系统的健康状况如何也直接关系到人类的生存与发展、健康与安全。因此，生态问题不仅已经跨越国界成了人们关心的共同问题，而且对这一问题的理论探讨已经成为世界范围内的共同课题。

一　人类活动的行为边界与生态灾变理论

随着科学技术的迅猛发展，人类不仅创造了丰富的物质财富，而且也积累了丰富的实践经验，提高了认识和改造自然的能动性，同时也助长了人类向自然索取的欲望。尤其是第二次世界大战以来，由于传染病学和免疫学的迅速发展，人类死亡率下降而出生和成活率提高，使人类以前所未有的速度猛增，为了满足人口剧增对粮食及其他必需品的需求，人类不得不加剧了对自然资源的掠夺，并错误地认为自然是永不枯竭的“万物之源”。直到20世纪中叶，当人们还沉醉于以胜利者自居的自我陶醉中，正在为人类征服自然表现出的巨大威力所庆贺时，工业文明造成的大气污染、温室效应、臭氧层破坏、水体污染、土壤污染、土地沙漠化、海洋污染、物种灭绝等各种各样的环境问题不仅成了横亘在人类面前亟

* 此文发表于《四川草原》2003年第2期。

待解决的难题，而且也对人类的生存与发展提出了前所未有的巨大挑战。

在难题与挑战面前，人们终于逐渐明白，工农业生产和城市化对环境造成的污染已经超过了自然环境的自净力，人类对自然界的影响作用已经超出了自然界的恢复阈限。

人并非自然界的主宰者，而只是这个绿色星球的一部分或一员。人不仅来源于自然界，而且人类的生存与自然界这个整体是息息相关的。因此，作为一种地球表层生物圈有机体形式的人类，有责任和义务维护自然生物圈的宁静与和谐，维持这个巨系统的健康与平衡；否则，人类就有可能因为自身的贪婪与掠夺而面临灭顶之灾。

那么，人类活动的行为边界与自然界的关系究竟怎样呢？对此，我们从量变、质变、衰变、灾变、溃变生态演化过程，提出了人类行为与自然关系的“生态灾变理论”（见图 1）。我们认为，人类活动及行为不仅有其范围的限制，而且超出自然所允许的活动范围越远其治理的难度也就越大。假如人类的活动行为刚刚使生态环境失衡（*a* 点），我们此时就采取措施进行治理让其恢复良性循环的功能只需要几年的时间。当失衡的生态系统从量变到质变，生态已经退化（*b* 点）时再去治理，相对量变前去治理，其难度和时间要大，但此时去治理较之以后的情况来说，也不失为中策。当人类的行为已经使生态环境从质变到衰变（*c* 点）、从衰变到灾变（*d* 点）、从灾变到溃变（*e* 点）时再去治理，不仅治理难度很大，而且良好生态环境的恢复也需要经历 20 年、30 年、40 年，甚至更长的时间。因此，如果人类活动已经使生态环境从量变、质变、衰变达到灾变甚至溃变的时候，我们再去治理已经是下策或下下策的举动了。而最佳的治理时机或策略我们认为应该是在生态刚刚处于失衡的量变之前，这一时期治理不仅所花费的时间较短，而且其难度相对来讲较小，对社会、自然和人类的影响作用也较小。因此，我们把在这一范围的人类活动称为上策。

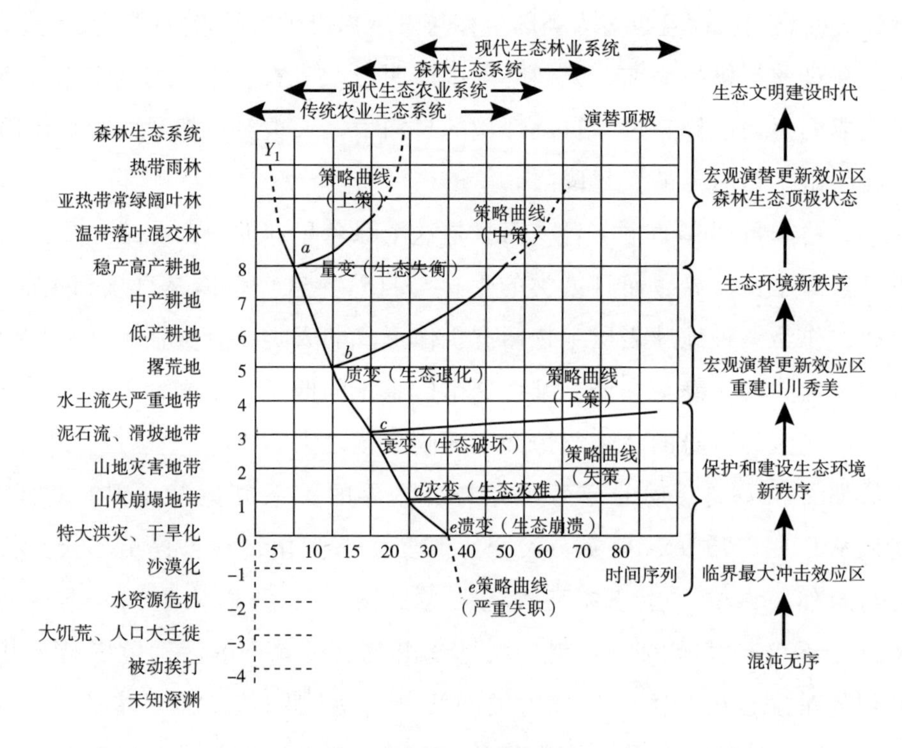

图1　生态灾变理论框架

二　生态系统健康状况对人类卫生的影响

地球表层系统是一个复杂的、巨大的开放系统，它是由岩石圈、大气圈、水圈和生物圈相互联系、互为渗透形成的自然复合生态系统。地球表层是生命有机体生存、活动和各类物质、能量交换的场所。地球表层构成了人类生存、发展的最基本的环境特征，并为人类提供旦夕不可缺少的物质和能量。纵观人类历史，巴比伦文明覆灭，美国一次黑风暴毁地 3×10^6 公顷，苏联大开垦风暴一次毁地 2×10^7 公顷，阿尔卑斯山下平原变成不毛之地，印巴塔尔平原毁林酿成 6.5×10^7 公顷的大沙漠。两千年来中国黄河改道 15 次、决堤 1500 次，仅 1117 年决堤就死了 100 余万人，1642 年决堤死了 34 万人。不仅如此，1876～1879 年大旱死亡

1300 万人，1929 年黄患区灾民达 3400 万。

今天，由于工业文明带来的环境污染，使清新的空气、洁净的饮水和恬静优雅的绿色环境正在远离人们，烟雾、粉尘、废水、污水、酸雨、酸雾、噪声、尾气、毒物射线、交通堵塞等正充斥着城镇，并波及乡村，不仅制约和困扰着人类社会、经济的发展与进步，而且也严重影响和威胁着人类自身的生存与安全。面对现代工业文明引起的生态灾难，人类终于醒悟并开始了对自身行为的重新评价和定位。20 世纪 40 年代，英国环境学家 A. 莱奥波在《大地伦理学》一书中指出，必须重新确定人在自然中的位置，人类应自觉地把自己当成大自然中平等的成员。20 世纪 70 年代，环境问题终于引起了全球的大力关注，人与自然的关系也被重新提出与定位。1972 年 6 月联合国第一次人类环境会议上发表的《人类环境宣言》，确定了 6 月 5 日为“世界环境日”，强调了保护和改善人类环境的重要性。1980 年推出的《世界自然保护大纲》第一次明确提出了人与自然共同发展的概念。1987 年世界环境与发展委员会关于《我们共同的未来》的报告则进一步对人与自然的关系做了进一步阐述。这些，无疑为推进人与自然关系的协调发展起到了重要的作用。

对于人、自然、社会构成的复杂关系，我们可以用图 2 来表示，其中显示了植物、动物与人类共生互动的关系。

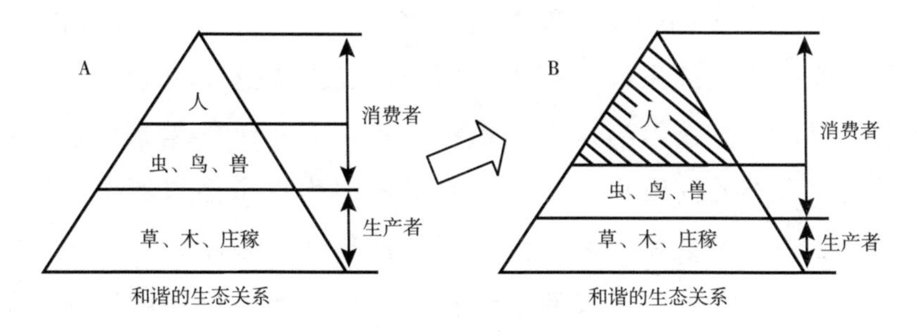

图 2　人、动物、植物食物关系

地表之上，植物、动物与人究竟是什么样的关系呢？对此，我们认为，没有植物，就没有动物，更没有我们今天的人类。生活在由植物、动物与人构成的“金字塔”塔顶之上的人类，虽然不失为这个复杂巨系统中最为能动的“精灵”，但人类是这个绿色星球上最大的消费者，而只有草、木、庄稼等绿色植物才是这个星球上最大的生产者，因为它不仅仅靠自身的独特机能汲取自然的能量养活自己，而且还为地球上的全部生命源源不断地提供氧气和食源。大自然为人类提供了丰富的物质资源，但这并不等于说人类对自然的索取都是没有限制的，我们就可以无所顾忌地主宰地球。恰恰相反，我们不仅不能过度地开发和利用资源，而且必须尊重自然并在自然界所允许的阈限内活动。如果人类的活动超越了自然生态系统的承载能力，不仅会使系统的功能减弱或出现系统紊乱，甚至还有可能引起整个生态系统的崩溃。因此，研究人类赖以生存的生态系统的健康状况，对人类的生存与发展来说就显得格外重要了。

那么，什么是生态系统健康呢？所谓生态系统健康就是生态系统的能量流动和物质循环没有受到损伤，关键生态成分被保留下来（如野生动物、土壤和微生物区系），系统对自然干扰的长期效应具有抵抗力和恢复力，系统能够维持自身的组织结构长期稳定，并具有自我运作能力。

由此看来，健康的生态系统不仅在生态学上具有重要意义，而且它对人类生存与发展、健康与安全也有重要的意义。因为任何一个系统只有具备了良好的健康状况，才能够保持旺盛的精力去吐故纳新，也才可能拥有强大的系统免疫力。同时，自然界这个复杂的生态巨系统健康与否，还直接影响这个大系统中各个子系统的健康状况，影响这个系统中人类的健康状况与卫生水平。因为一个健康的生态系统它不仅可以使一个国家和地区经济发展的消耗达到最小，而且它还能为人类提供优质、安全和丰富的自然资源，可以使来自环境退化对人类健康的威胁减小到最低限度，为人类维持高质量的生活水平创造重要的条件。因此，维护与保持生态系统健康，促进生态系统的良性循环，才是人类最大的和最为重要的健康问题，这一点已经逐渐成了世界上许多有识之士的共识。

三　构建人类良好生活平台的途径

地球是我们人类生存的家园，其中生态系统是我们生活的平台。那么，我们如何才能拥有一个优美、安全的家园呢？

（一）加强生态文明建设，树立新的生态价值观

人类的文明大致可以分为三种形态，就是原始文明、工业文明和生态文明。人类从昨天的原始文明走到了今天的工业文明，必将走向现代以至将来的生态文明。什么是生态文明呢？所谓生态文明就是指以人和自然和谐协调发展为特征的文明，是在自然界权利受到充分尊重的文明，它包括生态物质文明和生态精神文明两个方面的内容。生态物质文明是指充分体现人与自然系统和谐发展的一切物质基础。生态精神文明则是指自然界权利受到充分尊重的生态意识渗透于精神文明诸领域的一种全新的生态文明观。加强生态文明建设，就是要树立新的生态价值观，人和自然的关系不仅是简单的利用，而且还包括积极的建设。人不是单纯的消费者，而且还是能动的生产者。这样，人类才会改变对待森林、草地、水源、土地等各种自然资源的态度，才会以一种全新的姿态来利用、开发和保护自然，也才会自觉地把人与自然的和谐发展作为人类活动的最高行为准则。

（二）控制人口增长速度，降低自然供给的压力

如果一个地区的人口增长幅度大于经济发展的速度，那么这个地区的人民很难走向富裕与文明。如果一个国家和地区的人口数量超出了自然资源所能供给的能力，那么这个国家和地区的生态环境就很难得到有效保护。因为人的吃、穿、住、行哪一样也离不开自然，都必须以索取自然资源为前提。因此，人口越多或人口增长速度越快，人类向自然环境索取的资源也就越多。比如说，为了解决吃饭这一基本问题，人们就

必然会增加农业生产，而增加农业生产除了提高单位面积产量之外，另一条重要的途径就是扩大耕地面积。为了扩大耕地面积，人们可能要毁林开荒、围湖造田，必将大面积地破坏地表植被。这样，不仅会破坏水分的聚集而影响这一地区气候的现状，而且还会造成水土流失、河床上升、塌方滑坡等生态问题，有时甚至还会引起土地的贫瘠和沙漠化。同时，人口的急速增长不仅要求粮食供给的同步增长，而且还要求其他生活资料和生产资料的迅速增加，结果必然带来废料、废气和废水等各种废物的大量增加而使大气和水资源受到严重污染。虽然空气、水体和土壤都具有一定的自净能力，但自然界这种自净能力并不是无限的。当大量污染增加甚至超过了某一范围的时候，自然环境的自净能力便会急速地被削弱以致完全消失。如果出现这种情况，那么人类的健康与安全、生存和发展就会受到巨大的威胁。因此，对大多数发展中国家来说，只有控制人口数量才能提高人口质量，才能有效地保护我们人类共同的生活平台。

（三）将环境成本内部化，走人与自然和谐发展之路

人类在生产具有价值的产品的同时，也消耗了资源，污染了环境，即在生态系统中产生了负价值，这个价值就是人们通常所说的环境成本问题。环境成本虽然客观存在，但由于它具有很强的外部性，往往不被计入生产或交易成本而被人们所忽视，从而使社会环境问题日趋恶化。因此，如何将消极的外部经济效应内部化，应该说是促进资源合理使用和环境有效保护的重要举措。将环境成本内部化，我们认为其中最为关键的问题是，资源使用的“合理”定价。因为将环境成本内部化其实质是要求我们在使用资源时，既要考虑当代人的物质文明需求，又要考虑因当代人使用资源而对后代人造成的福利损失。因此，在资源使用的定价中，它至少应该包括这样一些内容，即资源的勘探开发成本、生产者要获得的平均利润、资源补偿费和环境成本，这与传统的资源价格相比无疑增加了资源补偿费和环境成本等新的内容。要必须坚持“谁排

污谁付费”的原则，也就是说，从制度上规范和要求生产中污染企业必须承担相应的排污治理费用，以保证我们的生活环境随时都能够处于一种可被人们接受的状态。将环境成本内部化对一个“理性”的生产者来说，会从成本与收益的比较中去取舍自己的行为，会最大限度地改进技术以降低污染，从而保证人与自然的和谐发展。

（四）加速科技创新力度，增大自然资源利用率

面对日益紧缺的资源和日趋恶化的生态环境对人类的威胁，必须树立合理利用资源和保护生态环境的观念与意识，树立资源短缺意识、资源有价意识、资源适度消费意识、环境危机意识以及对社会和后代的责任感，在加强制度建设的同时，加速科技创新力度，以保证有限的自然资源的最大利用效率。实践证明，科学技术在改变人类命运的过程中具有伟大而神奇的力量。今天，当人类又一次面临环境退化与经济发展两难境地的选择时，我们仍然寄希望于科学技术的发展与创新。事实上，一个国家和地区或一个地区的企业之所以对自然资源的依赖程度不同，利用自然资源产生的结果对自然环境的影响不同，其重要原因就在于这些企业的技术水平存在差异。因此，通过技术创新将人类的活动行为引向自然资源节约和污染防范的方向，用新技术去替代过去对环境具有现实或潜在危害的旧技术，发展节约自然资源和减少污染的高新技术产业，不仅能够极大地降低自然资源利用过程中的环境风险，而且能够最大限度地提高自然资源的利用效率，减轻人类对自然资源以及环境的压力。

（五）开展植树造林和种草活动，让大地披上绿色的外衣

我们认为，生态环境建设的主要任务是植树造林和种草，其目的在于增加大地的绿色覆盖面积。苏联学者伊林在《大地的改造》一书中，对山林与农田、草地的关系进行了精辟的分析。他指出：“分水岭上的森林、山坡上的田地和江河流域的草地——这是一个组织上的 3 个器

官，它们之间是协调的……分水岭上的森林帮助农田和草地减缓水从山坡上向下奔流的速度，整个雨季森林均匀地供给比它低一点的田地用水。森林养活着这些田地，在树脚下枯枝叶里保有大量的经树根从土地深处运上来的养活物、细菌类使这些残杂物腐败，水的循环使这些营养物流到下面——田和草地上去。”杜洪作在《生态平衡的核心是什么?》一文中也指出，在森林生长过程中的蒸腾量比自身重量大 30 ~ 100 倍的水分通过身体进行生理循环，才能维持它的生命。据统计，有林地比无林地湿度大 10% ~20%，降雨量多 3.8% ~26%。因此，我们认为，有林才有水，有水才有林。造林就是造水，造水才能留人。山西闻喜县在台地建林 3.3×10^4 公顷，结果使该地风速降低了 43.3% ~46.1%，夏季高温时降低 0.8 ~2.3℃，土壤水分损失降低了 57%，相对湿度提高了 13% ~25%。内蒙古治理皇南川和陕西治理无定河，经过植树种草、治山治沟等水土保持工程使年大风日数由 22 天减为 10 天，风力由 11 级减为 9 级，沙暴数由 14 次减为 7 次，年均径流减少 72%，泥沙减少 78.5%，地下水位不断升高，干涸多年的泉水复流。这说明，积极开展植树造林和种草活动，让绿色来装扮我们的地球，不仅可以使人类实现“空中调水”的梦想，而且能够实现让人、自然、社会协调和谐发展的构想。

（与谢代银合作）

可持续发展的实事求是观[*]

可持续发展是20世纪80年代出现的一个新概念，随着对全球环境与发展问题的广泛讨论，在深刻反思人与自然关系的基础上，人类逐渐从传统发展观的教训中得到启迪，开始寻找一种经济与资源、环境相互协调的可持续发展之路。

一　可持续发展的由来

（一）可持续发展是对人与自然关系及传统发展模式的反思和创新

人类生存繁衍的历史是人类社会同自然相互作用、共同发展和不断进化的历史。哲学在不断思考"人地关系"中深化，社会则在反思中评价并选择其发展模式以实现人类社会的进化。人类社会至今已经历采猎文明、农业文明、工业文明和后工业文明几个阶段，特别是进入工业文明以来，科学技术的发展加大了人类改造自然的广度和深度，人类企图征服大自然，成为大自然的主人，冲突的结果必然导致大自然的报复。正如恩格斯在《马克思恩格斯全集》第20卷第519页所写，"我们不要过分陶醉于我们对自然界的胜利。对每一次这样的胜利，自然界都报复了我们"。

大气污染和水污染、水土流失和土地荒漠化、酸雨和有毒化学品污染、臭氧层耗竭、生物多样性锐减等各类环境问题，是人类文明发展模

---

* 本文发表于《重庆大学学报》（社会科学版）1998年第4期。

式的反思和创新进程的伴生物，目前仍在不断恶化，已打破地区和国家疆界在全球蔓延，由暂时、潜在演变为长远、公开。人类与自然界冲突的升级使自然资源和生态环境对人类社会发展的制约作用日益明显，形成迫切的经济发展需求和脆弱的生态环境之间的强烈反差，使当今世界，特别是发展中国家陷入一种被 B. Spooner 教授称为生态悖论的两难境地。为此，人类开始积极反思和总结传统经济发展模式不可克服的矛盾，终于认识到：人类社会必须与自然生态环境协调发展才能保证世代繁荣，在提高经济效益的同时保护资源、改善环境。人类探索并找到一种新的发展模式——可持续发展，标志着人类步入了一个崭新的生态文明阶段。

（二）可持续发展理论的形成

可持续的概念并非现代仅有，从我国古代论述中亦可见其缩影。孔子主张“钓而不纲，弋不射宿”（《论语·述而》），即只用单钩而不用多钩的钓竿钓鱼，只射飞鸟而不射巢中的鸟，清晰地体现了可持续发展的思想。现代可持续发展理论的提出源于人们对生态环境的逐步认识和热切关注，其产生背景是人类赖以生存和发展的生态环境和自然资源遭到日益严重的破坏，人类已尝到自己酿下的苦果。

1972 年在瑞典斯德哥尔摩召开的联合国人类环境会议把环境问题提到国际议事日程上来。自此，全球开始关注环境与发展的相互关系（实质是人与自然的关系）。《我们共同的未来》正式提出可持续发展模式，全面系统地评价了当前人类在经济发展和保护环境方面存在的问题，指出人类过去关心发展对环境的影响，现在则迫切感到生态压力，如土壤、水、大气、森林的退化对发展的影响。

1992 年在巴西里约热内卢召开的联合国环境与发展大会明确了可持续发展的思想，提高了人类对环境与发展的认识：环境与发展密不可分，两者相辅相成。这次大会是人类转变传统发展模式和生活方式，走可持续发展道路的一个里程碑，所通过的《21 世纪议程》更高度凝聚了当代人对可持续发展理论的深化认识。

（三）可持续发展的内涵

可持续发展的定义众说纷纭，着重于其自然属性、社会属性、经济属性和科技属性，但国际社会普遍接受的可持续发展概念是：满足当前需要而不削弱子孙后代满足其需要之能力的发展。它意味着人类应遵守互利互补的空间原则，不能以邻为壑；应遵守理性分配的时间原则，不能在“赤字”状况下发展运行；应遵守“只有一个地球”“人与自然平衡”“平等发展权利”“互惠互济”“共建共享”等伦理原则，承认世界各地“发展的多样性”，以体现高效和谐、循环再生、协调有序、运行平衡的良性状态。因此，可持续发展是一种“正向的”“有益的”过程，是发展中国家和发达国家都可以争取实现的目标，并可于不同空间和时间作为一种标准去诊断、核查、监测、仲裁“自然—社会—经济”复合系统运行的“健康程度”。总之，可持续发展是从环境和自然资源角度提出的关于人类长期发展的战略模式，它特别重视环境和自然资源的长期承载能力对发展进程的影响以及发展对改善生活质量的重要性。可持续发展概念从理论上结束了长期以来把发展经济同保护环境相互对立的错误观点，并明确指出其互为因果的相互关系，实现了人类与自然界由冲突向协调的转变，使人类社会文明发展到新的阶段——生态文明阶段。

二　可持续发展的实事求是观

“实事求是”出自东汉班固所著《汉书·河间献王传》，书中称赞刘德“修学好古，实事求是”。毛泽东在《改造我们的学习》中，从哲学高度做了新的解释，“实事就是客观存在的一切事物，‘是’就是客观事物的内部联系，即规律性，‘求’就是我们去研究”。仔细分析可持续发展模式的探索过程，无不体现了实事求是观。

生态环境是人类赖以生存和发展的基础，是“实事”。人类自出现以来，无时不为生存而改造着生态环境，两者之间相互作用、相互联系，即“是”（规律性）。人类通过经济活动和技术手段，不断改变自然生态环境，这种影响和改造可能出现两种截然不同的结果，主要取决于人类在经济活动中干预、影响自然生态系统的方式和程度。工业文明以来，正是因为人类缺乏“求”，才歪曲了人与自然的关系，凌驾人类于自然之上。一方面，对自然界进行疯狂掠夺；另一方面，把自然当成垃圾桶，将各种污染物倾泻其中，造成一系列生态危机，这是人与自然之间矛盾的外部表现。

生态环境恶化，生产力下降，制约社会经济发展，甚至威胁人类生存，由此激发人类反思并研究人类和自然生态环境这两个客观事物之间的内在联系，即“求”。这种反思和研究使人类渴求深入理解自然界支持生命的独特环境，促使人类建立科学技术的广泛联系以及国家和地区的广泛联系。这种长期、全球性的危机单靠科技手段和工业文明的思维定式不可能根本解决，必须应用现代科技的全部内容和力量，同时要集中人文科学和人类有史以来的所有知识和智慧，在各层面调控人类的行为，改变支配人类社会行为的思想。

1972 年召开的联合国人类环境会议和 1992 年召开的联合国环境与发展大会，提出了可持续发展模式，是对工业革命以来，“高生产、高消费、高污染”传统发展模式及“先污染、后治理”道路造成恶果的系统反思和研究结果，是“求”的结晶，会上通过的《21 世纪议程》反映了环境与发展领域国际合作的全球共识和最高级别的政治承诺。

三　实事求是，实现可持续发展战略

在我国实现可持续发展战略，除管理、科技和金融创新外，还必须倡导实事求是，创造一种实事求是的社会氛围。可持续发展概念、模式的提出与发展，为当代人利用、保护自然资源，合理开发和管理自然资源提供了理论基础。实事求是可持续发展战略实施的重要保证，也是实现人口、资源、环境协调行动的前提条件，更是保证人与自然相互协调、共同进化的基础。因此，实事求是，从可持续发展高度重新认识自然资源，对实现自然资源的永续利用和社会、经济、资源、环境的协调发展具有重要意义。

第一，造就一种实事求是的社会氛围，人类才能在可持续发展道路上实现认识世界和改造世界的统一。“实践—认识—再实践—再认识”的无限循环过程，是人类认识世界和改造世界的普遍规律。人类在实践中对自然资源的利用既有成功经验，也有惨痛教训，为此必须实事求是地反思以往改造世界的模式，寻找一条人、社会、经济与环境协调发展的道路，既实现人类社会的可持续发展，也改造人类自身。

第二，造就一种实事求是的社会氛围，人类才能在可持续发展道路上正确解决各种难题和危机。我国建设社会主义既不能走工业发达国家“先污染，后治理；先破坏，后保护”的老路，也不能采用发达国家现行的高投资、高技术模式，只能根据国情和经济承受能力走可持续发展之路。实事求是，理论联系实际，才能正确处理各种矛盾和危机，才能找到有中国特色的可持续发展模式。

第三，造就一种实事求是的社会氛围，才能更充分调动广大人民群众探寻可持续发展道路的积极性。我国人口多，劳动力素质偏低，对可持续发展的认同感尚缺乏，因此，应大力宣传、普及可持续发展战略，激发人民群众的自觉性、责任心和危机感，使可持续发展具备坚实可靠的群众基础，可持续发展理论也才能转化为强大的物质力量。

第四，造就一种实事求是的社会氛围，是保证社会主义事业永固的必要前提。社会主义的可持续发展是一个巨大、复杂、不断发展变化的系统工程，只有坚持实事求是原则，遵循自然、经济和社会规律，才能实现人与自然的和谐、统一，避免走弯路和一事无成。

（与于法稳合作）

生态农业的试验研究*

一　意义和目标

（一）生态农业试点的意义

我国农业生态环境日益恶化，生态关系与生产力发展要求不相适应的矛盾更加突出。农业生态关系恶化的根本原因，在于人们对土地及其他自然资源的开发利用不合理、不科学、不遵循自然规律和经济规律，滥用、掠夺、破坏资源，如森林资源的严重破坏，草地的退化、沙化，以至水土流失严重，旱涝灾害逐年加剧，大小滑坡、泥石流、山崩地陷的灾难频繁发生。农村环境的污染也很严重，农业生态环境已处于严重的恶性循环中。为此，特提出四川省"生态农业"的发展战略，并根据这一战略设想，建议进行"生态农业试验区"的试点工作和科学研究。

（二）生态农业试点目标

生态农业的试点和研究的目标是：①在社会生产力大大提高的同时，有计划、有步骤地进行生态建设，改善绿色植被，保护和改造现有农业生态环境，改善和提高农业生态的平衡状态，建成中国特色社会主

---

* 此文发表于《西农科技》1985 年第 3 期。

义新型农村。②在进行中，总额和规划分期实施，由自给半自给经济向大规模的商品生产发展，由传统农业向农工商综合经营的现代化农业发展，逐步成为高效的农业生态系统，即生态农业系统。③在生态建设中，对每项措施进行测试，积累数据，探索生态经济演替的规律，运用系统工程的原理和方法进行分析研究，提高并深化为生态经济学理论，将这些反映规律的理论运用到试验区的实践中去接受检验，为其进一步提高创造条件。

二　建议要点

第一，运用现代化科学技术和管理技术，在生态农业试验区的生态建设中力求以最小的投入，谋求最大的产出，即生产出量多、质高、价廉的食物（包括粮食）、工业原料、动力和生物能源，以满足四川省经济发展和人民生活日益增长的需要，实现四川省“富民”“升位”以及到 2000 年时工农业年总产值翻两番的战略目标。

第二，因地制宜、有步骤、有计划地进行生态建设，保护和改造现有农业生态环境，实现由自然生态的恶性循环向良性循环转化。

第三，调整和改善农业生态系统的结构、功能和运行，在提高其经济效益的同时，使生态效益和社会效益同步增长，实现三效益的辩证统一，即互利、互补、协调一致。

第四，实现两个“转化”，即由自给半自给经济向较大规模商品生产转化，由单一经营的传统农业向农工商综合经营的现代化农业转化，以创造更合理、更稳定而安全的农业生态的环境条件。

第五，最终达到“山清水秀、人杰地灵，大地绿化、生态平衡，林茂粮丰、六畜兴旺，民富国强、经济繁荣”的民族振兴的目标。

三　实施方案

（一）试验区布点

在四川省农业生态环境类型的盆周山区、盆内平坝区和丘陵地区，选1～3个地方作为试点（按经费条件来确定试验研究规模）。根据试验结果，指导试验区的生态建设实践，进而以试验区为示范，推广到其他地区。

（二）试验区生态建设措施

第一，大力种树、种草。在农村建立以防风林、防洪护岸林、经济林、水土保护林为主的点、带、片、网体系。生态农业建设以保护和发展森林资源为核心，充分发挥其涵养水源的作用，改善农业小气候，防止水土流失，提高土壤肥力，以保持水土，减轻风害风蚀和其他灾害。

第二，改良耕作制度，因地制宜地在25度以上的坡地上实行少耕法或免耕法，或者退耕还林还草。

第三，改变农业经济结构、作物结构，使种植业在收益总值递增的基础上比重逐年下降，林果、蚕桑、禽畜、渔、副、工以及服务业等逐年上升，使经济结构和作物结构日趋合理化。

第四，把水流域的综合治理和利用划给生态户，采取“谁种、谁工、谁投资、谁治理，谁受益”的措施，并保持长期不变。

第五，综合规划，分期实施，一业为主，多种经营，生物措施、工程措施和管理措施相结合，扶持专业户、重点户，由点及片地发展农业生态户、生态农场、生态果园、生态渔场、生态农业村、生态农业乡（县、区），直至将四川省建设成为生态农业省。

（三）试验研究

对各项措施进行测试，积累数据，运用系统工程原理和方法进行计量分析，建立模型，各项措施方案力求最优化，进行生态经济理论的探索，写出专题科研论文。

生态农业户试点实施方案*

建立“生态农业户”，是有计划、有步骤地以实施“生态农业”这一农业发展战略设想为目标的具体实践方案中的第一步。所谓的“生态农业户”，就是根据资源参加生态农业试点工作的社员户、专业户、重点户。各依自己的劳力、土地、资金、技术和经营管理才能等资源情况，以科学务农和科学管理的新技术（包括生物技术、机械技术、管理技术等）武装起来，有计划、有步骤地进行生态建设，改善绿色植被，保护和改造现有农业生态环境，改善和提高农业生态平衡状态，在物质文明、精神文明的方针指导下，最终建成富强康乐的、经济繁荣的、具有中国特色的社会主义新农村，也是进行综合规划，分期实施，由自给半自给经济向大规模商品生产发展，由传统农业向农工商综合经营的现代化农业发展，逐步成为高效的农业生态经济系统的基本实体。

一　指导思想

第一，一靠政策，二靠科学。

第二，勤劳致富，节俭持家。

第三，综合规划，分期实施，一业为主、多种经营。以生物措施、工程措施和管理措施相结合，加强和扶持专业户、重点户，由点及片地发展“生态农业户”“生态农业村”“生态农业乡”“生态农业流域”

* 此文发表于《西农科技》1985 年第 3 期。

以及“生态农场”等。

第四，当前利益与长远利益相结合。一年之计在于树谷，十年之计在于树木，百年之计在于树人；千年之计在于计划生育，控制人口；万年之计在于保护土壤，珍惜国土。既要从长计议，又要抓当务之急。

第五，因地制宜，宜农则农，宜林则林，宜牧则牧，宜渔则渔，宜工则工。从单一抓粮食生产转到多种经营、全面发展上来，农、林、牧、渔、工、商均可发展，充分发挥劳力资源和荒山草坡等土地资源优势。

第六，从传统的自给自足生产转到商品生产上来。提倡产、供、销及农、工、商综合经营，促进农业逐步向商品化、工业化方向发展。

第七，责任到户，各项措施以“包”字为核心。谁种、谁养、谁投工、谁投资、谁治理，利益就归谁（有些项目到一定年限后可根据合同规定，按投资比例合理分成），长期不变。生产责任制形式可在经济发展进程中不断创造，不断完善。

第八，在“生态农业户”的基础上逐步扩展，根据自愿互利原则，建立起大范围的生态农业单元。积极发展家庭式或几户联合小农场、小果园、小桑园、小菜园、小苗圃、小花圃、小鱼场、小饲养场等，从而向“生态农业村”“生态农业乡”等过渡。

二　生态公约

自愿参加“生态农业户”试点的社员户、专业户、重点户应自觉遵守以下生态公约。

第一，学科学，用科学。科学种田，科学经营管理。

第二，严格遵守和运用生态规律、自然规律和经济规律，从事生产和发展农业。农业生产效果的经济效益、生态效益、社会效益三者务求统一，不可偏废。

第三，珍惜国土，严禁滥用和破坏土地资源。保护土壤，防治流失，培肥地力，提高土地生产力。

第四，保护森林，人人都要爱林、护林、育林，自觉遵守《森林法》，勇于与破坏林木的违法行为进行斗争。大力开展群众性的植树造林运动，绿化祖国，美化家园。

第五，保护和改造农业生态环境，不断改善生态平衡状态，用大家的双手创造出一个有利于生产、工作和生活的，有利于我们这一代人和子孙万代的，理想、高效的生态农业系统。

第六，自觉执行计划生育，缓和人地间的紧张关系，要做到晚婚晚育，只生一胎，搞好独生子女卫生保健，保证其健康成长。

第七，敬老爱幼，要孝顺父母，让他们安度幸福晚年。要爱护儿童，让他们德智体全面发展。

第八，积极发展多种经营，广开财路，发展农业经济。充分利用农村劳力资源，大力发展劳力密集型生产事业、支农工业和各种服务业。农业要向工业化方向发展，使农村剩余劳动力有计划、有步骤地脱离土地（离土不离乡），就地转业，缓和土地超负荷的严重状况。

第九，自觉遵守宪法，热爱祖国，热爱社会主义，热爱共产党。

第十，建设具有中国特色的社会主义现代化新农村，人人有责，要从我做起，从我家做起。我们的目标是，“山清水秀、人杰地灵，大地绿化、生态平衡，林茂粮丰、经济繁荣，富强康乐、民族振兴”。

三　建设措施

（一）生物措施

第一，积极引用最新农业技术，加速推广高产杂交水稻、杂交玉米、低芥酸油菜及其他改良品种，大幅度提高单位面积产量；推广杂交良种、速生、高产密植小桑园和四边桑，积极发展养蚕业。

第二，综合防治植物和畜禽病虫害，生防、化防有机结合，开展保护益鸟益虫和灭鼠等群众性活动。

第三，大力种树种草，涵养水源，防止土壤流失，增进土壤肥力，改善农业小气候，植树造林要逐步实现良种化。

第四，积极发展薪炭林和农村沼气，推广节柴灶，逐步解决生活用能源问题。

第五，广泛运用生物食物链理论，改进和推广稻田养鱼，塘库分层养鱼，实行桑、蚕、鱼、猪、沼气、照明、燃料等多种形式的有机农业。

第六，因地制宜，利用黄荆、马桑、巴茅、葛藤等作为覆盖植物，及时治理陡坡、缓坡上出现的冲刷沟，控制和防治水土流失以及可耕地变为石坡。

第七，库塘周围和溪流两岸大面积种树栽竹防治泥沙淤积，并护岸滞洪。

第八，建立以防风林、防洪护岸林、水土保持林为主，以点、片、网相结合的防护林体系，充分发挥其水土保持、滞洪固岸（堤）、减轻风害风蚀和旱涝灾害等多方面的效益。

（二）技术措施

第一，改良耕作制，因地制宜地在陡坡（25 度以上）地上实行“少耕法”或“免耕法”，或退耕还林、还草，减少土壤流失。

第二，总结和改进现行轮种间作制，提高作物复种指数，并推广提高光能利用率及其他新技术相结合的整套高产栽培技术。

第三，依靠多学科的综合技术力量，培训和提高“生态农业户”的科学种田和科学管理的水平，开展多种方式的智力投资，并通过各地科普协会，广泛吸收会员，发展和巩固组织，大力推广农业科学新技术。

第四，开展育种、制种专业生产，如自制菌种（蘑菇、平菇等）、蚕种、杂交水稻种等，繁殖种鸡、种兔、种奶山羊和种奶牛等，以便大面积推广。

第五，因地制宜，合理调整作物布局。荒山陡坡等宜林地大力提倡种树、种草，以林草促牧，林牧结合。广种薄收而一时不能退耕还林的山地坡地，实行林粮（包括豆科作物）、果粮、桐粮、桑粮等间作，以及林、果、茶、桑、粮结合的垂直（或立体）农业，充分发挥丘陵地区的生产潜力。

第六，在广泛应用先进农业科学技术的同时，继承和发扬我国有机农业传统，特别是用地和养地相结合的优良传统。要大量增施农家肥、种植绿肥、合理施用化肥，配合深耕深翻、培肥土壤、合理轮作倒茬，保护生态环境。

（三）工程措施

第一，所有山地、坡上被雨水严重侵蚀而形成的冲刷沟，采用以滞洪、泄洪工程设施为主，辅以生物治理措施的综合治理土壤冲刷配套办法来治理与保持水土。

第二，利用冬季农闲季节修筑梯土梯田，以及泄洪沟壑沉沙池，并挑沙垒土，进而减少耕作层表土的流失。

第三，陡坡土地土质瘠薄、水分稀少的石骨子土，或不能植树造林的干旱土地，采取多种方式如等高环形爆破、开凿鱼鳞坑，或采用深沟深坑、宽行宽距等无灌溉植树方法，或先行种草及黄荆、马桑、巴茅，然后进行植树造林。总之，要使这些山地丘陵戴上绿帽子，穿上绿袍子。

第四，小流域综合利用，发展小水电站。

第五，在生产、加工、贮藏、运输、制造等方面，因地制宜地逐步实行经济实用的机械化。

（四）管理措施

第一，生态农业户承包的实施水土保持计划的荒山荒坡及小流域等所有土地，其所有权归集体。

第二，荒山、荒坡、荒沙、荒滩包给生态农业户或联包户植树造林种草种树，谁种谁有，长期不变，可以继承，也可以折价转让。林牧砍伐依法，产品处理自主。

第三，根据生态农业户的劳力、土地、资金和技术等实际情况，拟订每年的年度收储计划，并制定中长期综合发展规划。

第四，所有承包土地，除应完成规定的粮食产量指标和征购指标外，可以按照专业需要合理调整作物结构，充分利用土地向深度、广度进军。

第五，严禁在25度以上陡坡开垦或毁林种粮，避免广种薄收，防止水土流失，保护生态环境。

第六，在经济结构方面，大田种植业收益比例逐年下降，林、果、桑、蚕、茶、家禽、家畜、渔业、副业、加工业等，1985年前要有明显递增的趋势，农业生产商品化加速发展，使人均收入显著高于一般农业户。

第七，一切改善生态平衡状态的设施，应由生态农业户与集体签订合同，规定各自应尽的责任、义务和享受的权利。制定有关奖惩制度，鼓励和扶持生态农业户加速发展。

第八，实行生态农业户记账制，积累数据，进行核算，改善经营管理，在有关方面的协助下，着手进行具有中国特色的社会主义现代化新农村模型的设计和规划。

四　实施办法

生态农业户试点采取以下步骤和办法进行。

（一）选点、建点

由省、市、县有关方面联合考察研究，选择符合条件的农业户、专业户和重点户，作为生态农业户建设的试点户。

（二）调查分析研究

由省、市、县有关方面联合对选定的试点户进行环境调查、资源调查、生产调查、家计调查等，在调查基础上进行综合分析研究，把握试点户的生产条件和特点，为进行生态农业户建设提供客观依据。

（三）全面科学规划

在调查分析研究的基础上，与试点户一道对其今后的发展建设，展开多学科协同进行的环境规划、资源利用规划、生产规划、技术规划、管理规划（包括建立日记账制度）等，并对规划成果进行可行性论证，最后落实到地块、措施（包括空间和时间）上，用科学可行的规划指导试点户的建设发展。根据情况发展变化，规划还可随时进行修正、提高。

（四）指导实施

在试点户规划实施的全过程中，有关方面要定期（或不定期）进行检查与指导，发现问题及时解决。试点户要随时向指导人员反映、汇报情况。

（五）总结、提高与推广

试点工作进行一段时间后，要对试点情况进行检查总结，其内容如下。

第一，听取农民和当地干部对生态农业户建设的意见，了解生态农业户在生物、技术、工作和管理等方面的要求。

第二，及时发现生态农业户在生产、经营过程中存在的问题，分析原因并提出改进措施。

第三，检查生态农业户的日记账，着重看记录内容是否完整、清晰，投资、投工、投料、产量、收入等记录是否准确，以及已有的历史账册保存是否完好等。在此基础上，对生态农业户所采取的措施、收支、实绩，从经济效益、生态效益和社会效益三个方面进行分析和评价，由工作组建立健全的资料档案。

第四，肯定生态农业户做出的成绩，对其中一些具有普遍意义的经验，要向各试点户和当地农民积极推广，为逐步由生态农业户向生态农业村、生态农业乡，以及生态农业流域等过渡创造条件，要注意对成绩显著的试点户给予一定形式的鼓励和奖励。

把四川省建设成为生态农业省的建议*

四川地处长江上游，是中国的战略后方，人口众多，资源丰富，素有“天府之国”之称。新中国成立三十多年来，在中国共产党的领导下，勤劳的四川人民为祖国的社会主义建设做出了可贵的贡献。然而，农业是一个由生态系统、环境系统和热工调剂系统所组成的农业生态系统。发展农业必须有农业生态观点，按自然规律和经济规律办事这个重要观点，长期以来却不为人们所认识。在“以粮为纲”的片面观点影响下，不仅农、林、牧、副、渔各业未能得到全面的发展，就是种植业生产内部的发展也不协调，农业生产结构极不合理，致使生态平衡严重失调。加之森林采伐过度，毁林开荒，大大降低了森林覆盖率。植被被严重破坏，造成水土大量流失，陆地土层变薄，红河含沙量增大，河塘淤塞，航道缩短，以至气候异常，灾害频繁。而且灾害的周期不断缩短，危害程度越来越大，屡使国家财产遭受威胁，人民群众的生命财产也严重受损。这种生态环境恶化的状况，如再不引起足够重视，不仅农业生产不能稳产、高产，而且生态失调还会继续恶化下去，使整个农业生态系统遭受更加严重的破坏。

为了改变这种状况，加速实现中共十二大规定的总任务和战略目标，尽快实现中国共产党四川省委提出的“富民”“升位”的战略决策，就要以农业生态系统工程的观点指导农业生产，面对把四川建设成为一个生态农业省的重要课题，提出如下建议。

一是要大力加强生态农业的科学研究，广泛宣传生态农业的观点，

* 此文发表于《西农科技》1985 年第 3 期。

搞好生态农业建设和示范。

发展生态农业是建设具有中国特色的社会主义农业以及建设高度的社会主义物质文明和精神文明的需要，应尽快创造条件建立生态农业研究学会，开展生态农业理论的科学研究工作和学术交流活动，普及生态农业科学知识；出版社应出版发行关于研究生态农业的书籍；电影制片厂、电视台应拍摄、制作和放映宣传生态农业的科技片；广播电台、电视台应播放宣传生态农业的专题节目；报刊应开辟宣传生态农业的专栏；有关部门应组织和发动有关专家著书、撰文并举办讲座、报告会，宣传生态农业的观点，传播发展生态农业科学知识。当前，文明村的建设，也应当是生态农业村的建设，要表彰发展生态农业搞得好的典型。通过宣传，使人们了解自然灾害的频繁发生，其重要根源之一就在于生态平衡的严重破坏，加深对解决生态问题的必要性和紧迫性的认识，从而迅速扭转生态环境继续恶化的局面，为农业生产创造稳定的生态环境。

二是要以生态农业的观点为指导思想，进一步补充农业规划，使其更加完善，从而在此基础上制定各县农业发展的总体规划。

各县要有生态农业的全局观点，从当地的实际情况出发，制定该地的农业发展规划，并把它作为发展该地区农业的科学依据，做到宜农则农、宜林则林、宜牧则牧、宜茶则茶、宜桑则桑、宜药则药等，充分发挥自然条件的优势。

三是要根据各地不同生态环境的优势，大力发展商品性生产。

在不同地区，因地制宜地分别建立起商品粮基地以及桑蚕、果品、烟、茶、糖、油、名贵中药材等的商品性生产基地。各县要考虑自己的发展方向，安排好农业、林业、畜牧业、渔业等生产，创造自己的拳头产业，增强产品的市场竞争能力。乡镇企业的发展要与该地农业生产的发展紧密结合，大力兴办与当地农村产品密切相关的加工工业。这不仅是发展生态农业的需要，也是尽快实现“富民”“升位”的重要措施。

四是要充分发挥经济杠杆的作用，照顾各商品生产基地农民的经济利益，调整价格政策，实行优质优价，改变价格不合理的状况，以指导和促进农业生产。

同时，运用投资、贷款、税收等经济手段，以便于发挥优越的自然条件建立商品性生产基地，使农村尽快从自给半自给的自然经济向较大规模的商品经济转化。

五是森林是生态平衡的核心，为阻止农业生态的恶化，必须认真保护森林资源。

对原始林区要严禁乱砍滥伐。大片林区采伐时要贯彻采伐技术规程，实行合理采伐，把采伐与营林密切结合起来，做到“采一片，造一片，谁采谁造”。林业部门（森工局）要有生态农业的观点，充分考虑国家的整体利益、长远利益和林区人民的利益，不能只顾采伐，不管营林。

为了搞好林区建设，要对林区实行技术改造，用先进技术装备改造旧设备，以改进生产条件。为此，应增加林业投资，引进先进技术，必要时引进外资。同时，对有关林区的体制改革，也应进行探索，以加速林区的建设。对在林区工作的林业工作人员，要给予比较优厚的待遇，对他们家庭和子女的各类问题，要创造条件妥善地加以解决，使他们安心林区工作。

农村“四旁”的绿化造林，要实行生产承包责任制。从各方面支持林业专业户，实行权、责、利相结合，做到“谁造，谁管，谁有”，以保护专业户的利益。要着重强调有计划地建设农村“院坝林业系统”“林区生态系统”“路旁、水旁生态系统”，以逐步合理地解决农民生活和生产上“四料”缺乏的问题，并最终为广大农村居民创造更理想的农业生态环境。

林区对木材的使用要实行综合利用，就地加工，杜绝浪费，提高木材的利用率。要提倡以钢代木、以塑代木。为了既满足国家建设需要，应保护森林资源，使现存有限的森林资源有一个加速更新和生长的喘息时期，建议采取紧急保护性措施，在 5 ~ 10 年内适当减少采伐量的同时，增加木材进口量。

要把绿化造林纳入市政建设规划，与其他市政建设放在同等甚至更加重要的地位上，同步进行。城市、机关、厂矿、学校要规定一定的绿化地带，建立责任制，大力栽花、植树、种草，绿化、美化、净化环境。机关、团体、学校、场所等的院坝应改水泥地为草坪，以保护和改善城市人民的生态环境。

要认真总结全民义务植树造林的经验，使之法律化、制度化，以便进一步开展全民义务植树造林活动，促使义务植树造林活动取得更大的成效。

六是要严格执行森林保护法、环境保护法、水土保持法，以及四川省绿化条例及其他有关的法规。

对违犯和破坏上述法规的行为，要依法惩处。在封山育林地区和重要林带，还应制定具体的管理条例，加强森林的保护和管理。

建议在适当时期组织省人民代表、省政协委员和有关专家深入林区、水土流失区进行视察。省纪委和政法部门应配合人民代表、政协委员的视察，开展对各项法规执行情况的检查工作，切实加强有关法规的贯彻执行。

七是搞好林业建设，对维护生态平衡、发展生态农业具有十分重要的意义和作用。

发展林业、建设生态农业需要大量林业科技人才。为满足发展林业、发展生态农业的需要，建议恢复四川林学院，同时增建若干中等林业学校，以培养出更多的林业建设和发展生态农业所需要的人才。

（与杜洪作、蔡霖生、颜绍智合作）

重庆生态农业发展之我见*

洪水无情，人有情。就在江泽民总书记、李鹏委员长指示治理水土流失、建设生态农业问题一周年之际，长江流域、嫩江和松花江流域发生了百年不遇的特大洪灾。沿江各省（自治区、直辖市）数百万军民奋起投入抗洪抢险的伟大斗争，取得了史无前例的全面胜利。党和国家痛定思痛，果断、迅速地提出了“全国国有林区全面停止采伐，立刻关闭林区木材市场”“严禁乱砍滥伐森林”“封山育林”以及“大力发展生态农业”等指示。这是历史的巧合还是历史的必然：早在十几年前笔者就曾撰文提出“要大力开展生态农业建设，尤要抓好造林种草、封山育林、河流综合治理……没有森林就谈不上农业的发展。许多地方乱砍滥伐森林，这是民族的危机”。思前想后，党中央高度重视发展生态农业，使我这位90多岁的农业科研人员备感亲切，精神振奋。

一　对生态农业发展历程的回顾

20世纪80年代初期，笔者根据我国人多地少、山多田少的基本国情，充分考虑资源约束、粮食需求刚性增长极农业生态环境恶化的现状，尤其是1981年四川省发生特大洪水，全省有1756万多亩耕地被冲毁，占受灾县总耕地的2%，其中有35万多亩不能复耕，万年形成的沃土被洪水毁于一旦，首次提出了“生态农业的思想”，并把它作为一

* 此文发表于《探索》1999年第2期。

种农业发展战略和现代农业发展的理想模式，先后在重庆市科委举办的干部培训班、西南农业大学干部培训班及农经系 81 届本科毕业班上宣讲，引起了广泛的关注与重视。1982 年春，笔者又在深入考察四川农村的基础上，写出了《生态农业——我国农业的一次绿色革命》一文，对“生态农业”的概念、思想、理论和实践做了系统的阐述。笔者认为，生态农业是以森林为核心，以水土保持、环境保护、改善绿色植被、合理调整经济结构和作物结构、保护和提高生态平衡状态及水平为目标的发展农业的一项战略措施，是建设有中国特色的现代化农业的必由之路。1982 年 10 月该文在银川市全国第一次农业生态经济学术讨论会上被宣读，并被收入大会论文集，之后相继在《农业经济问题》(1982 年第 11 期)、《新华文摘》（1983 年第 1 期）和《农业发展战略论文选》（1983 年）等全国性刊物上被全文转载，在国内外引起强烈反响，美、法、澳、德和西班牙的学者先后来函索取论文单印本，国内一些省、市、地、县当即根据生态农业理论建设试点。从此生态农业理论的研究、试验、推广在我国展开。截至目前，全国开展生态农业建设的村镇县多达 2000 多个，其中试点县有 150 个，包括国家组织的 50 个县和省级试点的 100 个县。生态农业建设示范面积已达 1 亿多亩，占全国耕地面积的 7% 左右。重庆市的生态农业实践是从 1983 年以笔者在北碚区金刚乡建立 58 个生态农业户为起点的，之后大足县 114 个乡搞了生态农业试验区，接着又有綦江、江津、沙坪坝、长寿等县（区）的一批乡村建立起了试验区。实践证明，生态农业是重庆市农业发展的准确方向。其中，尤以水土流失严重的大足县开展生态农业县建设效果为最佳。《人民日报》《经济日报》《中国日报》《重庆日报》《四川日报》以及中央人民广播电台等新闻媒体纷纷报道了试验区的建设成果。

二　重庆市生态农业建设状况分析

起步于 1983 年的重庆市生态农业试点工作，在经历了十多年的积极探索之后，如今不仅大足县、綦江县、永川市、石柱县等先后成为生态农业示范区，而且在生态农业的建设和发展上也积累了不少宝贵的经验，这无疑是重庆生态农业建设和发展的良好基础。但从总体上来说，重庆市目前农业发展的水平还不高，靠天吃饭的格局还没有从根本上被打破，影响农业发展的种种因素仍大量存在，主要表现在以下方面。

（一）人口骤增，土地负荷过重

新重庆平均人口密度为每平方公里 366 人，城区达每平方公里 4240.6 人。在人均耕地只有 0.05 公顷的重庆市，随着三峡库区的建设，还将有 266666.4 公顷左右的耕地被淹，今后耕地不足与粮食需求紧张的矛盾将会更加突出。

（二）自然植被面积减少，水土流失严重

重庆市的自然植被主要是森林和草地。新中国成立以来，森林面积减少了一半，森林覆盖率由 1950 年的 19.1% 降至 1996 年的 8.61%。90% 以上的土地受到了不同程度的侵蚀，其中三峡库区长江河谷地区不仅水土流失十分严重，而且不少地段已成为强度侵蚀环境破坏区，若不及时治理，将会造成三峡库区泥沙淤积并危及长江中下游地区的安全。

（三）环境污染严重，生态失衡

重庆的工业主要以机械、冶金、化工为主，能源主要以煤炭为主，每年不仅有近千万吨的工业固体废物排出，而且空气污染的问题也十分突出。目前，重庆城区、万州区、涪陵区及其他一些沿江县城二氧化硫、悬浮粒、降尘、氮氧化物等已严重超标，酸雨频率达 75% ~ 100%，个别地方的污染程度已接近和超过 20 世纪 60 ~ 70 年代美国东北部、北欧等世界著名的酸雨地区，城乡水、气环境以及农产品的污染问题更为严重。

总之，生态环境问题已经成为影响和制约重庆经济、社会发展，危

及人民身体健康的重要因素。

尽管重庆市社会-经济-自然复合生态系统面临严峻的挑战，但事实上重庆市农业的可持续发展、生态环境的改善仍有许多机遇和优势。这主要表现在以下方面：①重庆承东启西的区位条件，兼得长江沿江地区和西南地区开发之利，特别是直辖市的设立使重庆在国家行政管理体系和经济调控体系中层次提高，为其拓展了新的发展空间。②优势资源突出，拥有丰富的矿产资源、淡水资源和独特的三峡旅游资源，背靠资源富集的大西南地区。③在三峡工程建设和库区开发中，大规模的基础设施建设将产生巨大的消费需求和投资需求，有利于促进地区经济的繁荣和社会进步。④科技教育力量雄厚，拥有25所高等院校，近千家科学研究机构，40多万科技人员和素质较高的数百万产业工人以及丰富的城乡劳动力资源。⑤工业固定资产存量很大，物质技术基础较好，有很大的发展潜力，特别是工业上加快“两个转变”、实行战略性结构调整，将带动重庆农业的大发展。⑥建设长江上游产业群，作为长江沿江开发开放的重点，与上海浦东产业群相呼应，将加快形成长江产业带。

1998年，国务院在陕北专门召开了“全国治理水土流失，建设生态农业现场经验会”，江泽民总书记、李鹏委员长都做了“大抓植树造林，绿化荒漠，建设生态农业”的重要指示。之后，全国各地掀起了治理生态环境，保护中华民族生存空间的群众性运动，这将是重庆乃至全国生态农业快速发展的良机。

三　重庆市开展生态农业的基础设施建设

根据重庆市区位优势、自然资源和地域经济的发展状况，以及农业、农村、农民的实际情况，要实现农业的可持续发展，就必须坚持建设可持续生态农业的发展方向，加速生态建设，优化农业发展环境，改善生态条件，为农业持续发展提供有力的保障。对此，笔者认为，目前重庆市在生态农业的建设中，必须要重点抓好以下几项基础设施建设。

（一）封山育林，尽快建立区域性绿色生态屏障

在长防林工程的基础上，于库区各支流源头及山地灾害多发陡坡地段，建设水源涵养林、水土保持林。在三峡水库周边及溪河两岸营建护岸林，构成区域防护林骨干体系。同时，强化林政管理，严禁滥伐森林及毁林开荒，严禁将林地划为农业建设用地，以切实保护好现有森林，从而扩大森林保护区面积。大力开展宜林荒地、荒坡、荒滩造林活动，在耕地、园地集中分布区，积极推广“山顶戴帽、坡腰拴带、坡脚穿靴”的布局经验，高标准建设城镇绿化带，扩大绿地面积，以美化我们的生活空间。江河之水均源于山，治水应先治山。清代学者赵仁基的《论江水》中有“水溢由于淤积，沙积由于山垦”。因此，治水应首先从山区开始，先治上游，后治下游，先治山，后治川，上下结合。这一点对实施生态农业建设很重要。四川有一些俗语很好，如“山上种树，等于修水库，有雨它能吞，无雨它能吐”“有林就有水，有水就有粮”。重庆巴南区花石镇11400多口人，耕地面积14289亩，林地面积26532亩，人均占有林地2.33亩，其森林覆盖率达86%，目前已成为巴南区最大的林业乡镇，由此其农业生产连续40年旱涝保收、风调雨顺。当地居民骄傲地说：“无树无林，旱涝欺人，有树有林，风调雨顺。”

实施绿色生态屏障工程，应实行乔、灌、草结合，走速生丰产林、木本粮油林、经果林、药材林及其他特用经济林、薪炭林相结合之路，搞好树种搭配，并加强经营管理，尤其是病虫害防治，以确保此项工程能收到实效。如果重庆各县（区）的森林覆盖率由现在的10%～20%提高到50%～60%，就可有效地发挥森林在调节气候、涵养水源、固土防冲、减灾防害和净化空气等方面的多项生态功能，改善重庆市在21世纪的生态环境。

（二）大力开展农田基本建设

大力开展农田基本建设，主要指坡改梯（15度以上）、土改田和陡坡地建林区，建立健全蓄水、排水、沉沙拦沙系统，在增加坡面蓄水设施的同时，兴修蓄水和引水工程，整治淤泥严重水库和病险坑塘，加强渠系配套工程，改造渗漏严重的简易渠道，扩大灌溉面积，提高灌溉保证率。利用山丘坡面蓄水的水势位能发展喷灌、滴灌、暗管沉润灌等节水灌溉技术，提高灌区封山育林质量和效益。

（三）积极推广综合农业技术，科学利用耕地资源

恢复旱耕地的土埂、面沟、背沟、沉沙凼等水土保持设施，利用禽畜粪便和作物秸秆沤制堆肥，在耕地园地中增、间、套、混种绿肥，对保土保水、培肥土壤，提高土壤的肥力和土地生产力十分有利。同时，改革耕作制度，推行坡地免耕、少耕、等高种植，改冬水田为旱轮田，发展田间、混、套作，间套粮食、蔬菜、药材、绿肥、牧草，变一熟、二熟为一年多熟，既可有利于提高耕地的复种指数，又能提高耕地单位面积的产量和质量，更有效地科学利用耕地资源。

（四）努力探索生态农业产业化之路

立足资源，以国内外市场为导向，以名优特产为先导，按照区域化、专业化、产业化的原则，调整农村产业和农业内部结构，建立以户为基础，联户或村成规模，一镇或数镇连片的专业化生产基地。通过发展龙头企业，以龙头带基地，基地联农户的组织生产新方式推动产业化发展，并整顿、巩固、完善技术的开发和应用，解决目前在生产、经营中困扰群众的“小农户与大市场”的矛盾。

（五）全面进行农业生态环境污染的治理

库区内特大城市重庆、中等城市万州、涪陵以及其他小城市和部

分建制的镇都是“三废”污染源，城镇以外的独立工矿区、遍地开花的乡镇企业也是“三废”污染源。大量的污水、废气任意排放，固体废物、城镇垃圾倾倒入江河或直接倾泻到农村，不仅危及城市生态环境，也逐渐向周围农村扩散，致使局部森林、农作物成片死亡。水质污染既是鱼、虾死亡的直接原因，又是导致农业减产减收，甚至影响全市人民健康的主要因素。目前，重庆市区内部分河段已成“死河”，这说明实施污染治理工程，提高城市、集镇、工矿的废水、废气处理率，已成为拥有良好的生态农业基地和健康的生态环境的关键所在。

四　重庆市生态农业建设面临深化改革

生态农业在国内的发展已经历了 15 个年头，它符合国情，又遵循自然规律和经济发展规律，保证了农业得到持续稳定发展，使农民增产增收增效益，还能有效地防止水土流失，增强抗御自然灾害的能力，改善生态环境，但在理论上仍缺乏进一步整体的、系统的、深入的研究，尤其是在 20 世纪与 21 世纪的世纪之交，客观上已远远落后于社会发展的需要，因此理论指导已不能把现行生态农业实践引向高级发展阶段。同时，生态农业理论也需要在新型生态农业建设实践中得到检验，并不断完善和升华，从而创立新的理论。这是当前中国生态农业处于初级阶段所出现的新问题和新动向，需要进一步深化改革。

全国著名生态经济学家石山曾提出“中国的希望在山区”的科学论断，正是基于理论和实践方面的需要。笔者曾在重庆市被列入直辖市后的市政协一届二次会议期间提出了实施“可持续发展新型山地生态农业”理论。这一理论既是实现重庆三峡库区脱贫和开发性移民攻坚目标，又是推动库区农业可持续发展和生态环境优化的战略选择。这一战略是中国到 21 世纪末解决 6500 万贫困人口脱贫的有效途径，也是实现中国到2030年16亿人口能实现“自己养活自己”的国际承诺的有效、可行、科学的因应对策。

什么是可持续发展的新型山地生态农业？简单地说，它包括以下五个方面的内涵：①它是在传统农业和生态农业试点成功经验与现代科学技术进步相结合基础上产生和发展起来的一种高科技、高生态位、高起点、多模式、有序协调的可持续稳定发展的新型山地生态农业新战略设想，是传统生态农业理论体系的进一步发展和完善，也是初级阶段生态农业实践的补充和深化。②可持续发展新型山地生态农业模式紧密结合三峡库区山地生态环境特点，以林草为主，农、牧、禽、渔、蚕、虫、果、花、桑、药、藻、菌，以及野菜、野果、野兽、野禽驯化养殖相结合，采用实用技术，因地制宜、多种经营、综合发展，建立全新的农业部门结构和产业结构。③设施农业：大面积推广大棚（温室）菜篮子工程、高山食品、清洁（绿色）食品生产、试验无土栽培等新兴的生产方式。④城镇微型生态农业模式的试验推广，提供城镇居民也能自己动手、工作之余适当地从事自给自足（或部分销售）的微型生态农业系统生产，大大减轻了农民、农业、农村对三峡库区人多地少、山多坡陡、资源短缺、粮食供需矛盾突出的被动局面所承担的超负荷压力。⑤可持续发展新型山地生态农业模式是在三峡库区特定的自然—经济—环境—社会—文化—景观等多方面因素相互制约、相互作用、相互影响的复杂关系中，寻找这一生态经济巨系统处于良性循环状态，既能较好地满足生存与发展、生产与生活的全面需要，使生活和收益水平不断改善，又能使整个生态经济巨系统的生态效益、经济效益、环境效益、社会效益、文化效益和景观效益，协同持续增长。这里的生态效益是基础，经济效益与景观效益是条件，文化效益和环境效益是保证，而社会效益则是目标。六效益缺一不可、相辅相成、共生共荣，这是可持续新型山地生态农业模式的实质。

五 重庆市可持续发展新型山地生态农业建设的保证

（一）高度重视，加强对新型生态农业建设的领导，营造新型生态农业发展的社会气氛

各级党政机关要提高认识，高度重视，统一规划，加强领导，要把重庆市可持续发展山地生态农业建设纳入中长期国民经济与社会发展计划，作为加快经济社会发展的一项战略措施来抓，并一任接着一任干，一代接着一代抓，一张蓝图干到底，使农业的可持续发展有可靠的制度保证。

（二）抓好试点，总结推广成功经验，加快新型生态农业建设步伐

在抓好试点、引入可持续发展山地生态农业建设经验的基础上，要逐步将新型生态农业建设引向深入，并及时推广成功的经验，以加快重庆市可持续发展山地生态农业建设规划的实施步伐。

（三）抓好新型生态农业工程建设，夯实新型生态农业发展的基础

可持续发展新型山地生态农业建设既有工程措施，又有生物农艺措施，还包括社会工程。因此，要合理规划，统筹兼顾，全面实施，才能发挥整体效益。

（四）多渠道筹资，促进可持续发展山地生态农业建设

各级财政不仅要把可持续发展生态农业建设资金列入预算，而且各部门也应积极支持、相互配合，以增强资金的投入。同时，要积极引导乡村集体经济组织和农民增加对可持续发展生态农业的投入。

（五）依靠科技进步，为可持续发展生态农业建设注入活力

可持续发展生态农业的发展必须依靠科技，要把集成和发展传统农

业技术精华与现代高科技相结合，建立健全高起点、高速度、规范化的可持续发展生态农业发展机制，推动新型生态农业发展。同时，可持续发展生态农业作为一种新的持续农业发展模式，需要开展规范宣传，让各级领导和广大群众产生发展新型生态农业的自觉性，这是可持续发展生态农业建设的重要基础。

（六）努力提高城乡居民生态环境意识，积极建设生态文明

要大张旗鼓地积极开展生态环境保护知识教育，坚决与掠夺性经营思想和短期行为决裂，自觉运用生态经济思想，把生产发展与生态环境保护、资源综合利用与保护培育结合起来，努力实现六种效益（经济效益、社会效益、生态效益、环境效益、文化效益、景观效益）协调发展，三个文明（物质文明、精神文明、生态文明）共同进步。

重庆生态农业发展战略问题研究*

重庆生态农业的试点工作起步早，效益明显，在我国西南地区具有良好的示范作用，重庆生态农业的发展将有助于带动重庆地区甚至整个西南地区经济的振兴。

重庆农业将如何沿着生态农业的道路发展下去，特别是在农村生产责任制所起的“激活”作用日渐平淡的情况下，重庆生态农业建设将按照何种模式、采取什么措施、达到什么目标等，都是人们十分关注的问题。

一 重庆农业现状剖析

重庆的土地总面积为231141平方公里，人口1405万。农业人口占全市总人口的73%。农村土地面积2.24万平方公里，占全市总面积的95%。其中，耕地面积73万公顷，占总面积的31.7%。因此，人口众多，土地广阔，耕地不足，便成了重庆农业的重要特点，也构成了重庆农业发展的一大限制性因素。由于历史的原因和“左”倾思想的干扰，重庆农业的发展一直比较缓慢，农业劳动生产率和土地生产率都很低。1985年，农业人均产粮只有476.5公斤，比1982的473公斤只多3.5公斤；农业人均产肉38.37公斤；农业人均总产值371.37元；农地每公顷总产值只有2746.8元。而且，发展也很不平衡，近郊县（区）发展较快，远郊县（区）特别是交通不便的县

* 本文发表于《西南农业大学学报》1989年第11卷第6期。

(区)发展很缓慢,按营养标准衡量,尚有15% ~20%的农民温饱问题未解决,群众收入依然很低。农村的商品率不高,流通渠道不畅通,部分地区的交通运输条件很差。这些因素必然阻碍重庆经济的全面发展,使重庆农业面临严峻挑战。

(一)人口骤增,土地负荷过重,耕地资源不足

重庆过多的人口给土地资源带来了巨大的压力。全市平均人口密度为618人/平方公里,人均耕地不到533.3平方米,还有继续减少的趋势。如果人口按现在的速度继续增长,到2000年全市将达到1620万人左右,那时人均耕地将只有400平方米了。

(二)自然植被面积减少,水土流失严重

重庆市的自然植被主要是森林和草地。新中国成立以来,森林面积减少了一半,森林覆盖率由1950年的19.1%降至1985年的9.84%,比四川省和全国水平都低。在全市21个县(区)中只有5个县(区)的森林覆盖率大于10%,有3个县覆盖率竟不到2%。9%以上的土地受到不同程度的侵蚀,中度侵蚀面积达1万多平方公里,占侵蚀总面积的40%以上。

(三)环境污染极其严重

重庆市每年排放废气1308亿标立方米,这些废气中含有50余种污染物质近130万吨。“六五”期间全市平均每年排放废水8.66亿吨,废渣2891万吨。这些废弃物或直接排入大气,或流入河道、农田,农村乡镇企业的发展,进一步扩大了污染源。化肥和农药,特别是有机农药使用量的不断增加,造成了水域、土壤和农产品不同程度的污染。这不仅造成了土壤自然肥力的破坏,影响了农业持续发展,而且给人民的身体健康带来了威胁。尽管重庆农业面临诸多严峻挑战,但事实上,重庆生态农业的发展仍有许多优势因素。

1. 自然资源优势

重庆地区处在长江和嘉陵江的汇合处，两江水源丰富，水质良好。境内有汇水面积大于100平方公里的支流49条，除可以充分满足工农业用水外，还蕴藏着丰富的水能资源和渔业资源。亚热带季风气候十分有利于作物生长，其土壤以肥力较高的紫色土为主，适于粮、果、桑的生长。这些丰富的自然资源为提高农业生态系统的第一性生产力提供了良好的条件。

2. 三通优势

重庆地区灵活方便的交通条件、迅速快捷的通信设施以及商品流通的发展，为城乡经济的开放搞活提供了有利条件，并增强了农业生态经济系统的活性。

3. 科技优势

重庆是西南地区的科技和教育中心，几十所高等院校和科研机构会同各县（区）的4938名农业科技人员，形成了一支规模宏大的科技队伍，为生态农业的试验试点和逐步推广提供了精良的科技力量。

4. 市场优势

重庆人口密集，农副产品需求量大，为开放城市和外贸港口，并为经济体制综合改革试点市之一。政策的放宽，进一步促进了重庆经济的繁荣和发展，同时为重庆生态农业的发展提供了新的动力和农副产品销售及农资产品供应的活跃市场。

5. 生态农业试验示范优势

1983年在重庆市大足县建成了南北山生态农业试验区，经过多年的实践，取得了良好的效益，并总结了一套建设生态农业的有益经验。1986年9月又在江津县建立了一个生态农业试验区，作为南北山试验区生态农业建设经验的推广和深化，这有助于推动整个重庆生态农业的发展。

二　重庆生态农业建设的战略目标和发展模式

重庆生态农业发展的总体目标应该是社会主义制度下“良好的环境，文明的人民，活跃的农村，有序的结构，强大的功能，持续的效益”。

在这一总目标的指导下，按照生态农业模式的构造原理和原则，我们进一步构造重庆生态农业的发展模式。

（一）生态农业的规范模式

生态农业的运转系统实际上是一个农业生态经济复合系统。这一系统是由农业生态系统与农业经济系统通过农业技术系统和管理系统耦合而成的。农业生态系统是农业经济系统的基础，农业经济系统是农业生态系统在经济领域的实现。两大系统通过中介系统（技术和管理系统）不断地进行物流、能流、信息流和价值流的交换，从而使农业生态经济系统的新陈代谢得以进行，整个复合系统充满生机，形成一种具有普遍意义的规范模式（见图 1）。

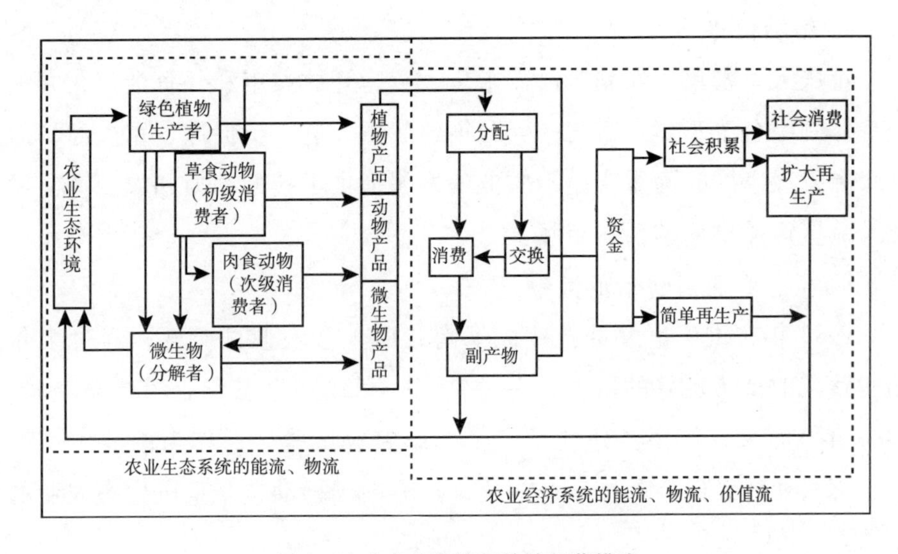

图 1　农业生态经济系统的规范模式

（二）生态农业具体模式的构造原则

为了在生态农业建设中，充分利用各种资源，特别是生物资源，占满生态农业中的空白生态位，在生态系统生物产量最大的基础上，争取最大的经济效益，在构造生态农业模式、进行生态农业建设时，必须坚持以下原则。

1. 最大绿色覆盖原则

森林是生态农业的核心，绿色覆盖是生态农业的保障。提高绿色覆盖率，调整覆盖面的种群结构是维持农业生态经济系统的良性循环、强化生态农业基础的首要措施和重要原则。

2. 资源合理利用原则

生态农业是在各种自然资源和社会经济资源的基础上，通过一系列技术措施来实现的，合理配置和利用这些资源是生态农业建设的前提。

3. 系统结构优化原则

结构合理、功能健全的农业生态经济系统，是系统最大产出的基本条件。因此，在构造生态农业模式、进行生态农业建设时，必须利用各种手段使农、林、牧、副、渔各业保持协调比例，使系统有序化，以便生态农业建设取得最大效益。

4. 三效益最佳统一原则

保持生态农业建设中生态效益、经济效益和社会效益的最佳统一，既是重庆生态农业建设的指导思想，也是构造重庆生态农业具体模式的基本原则。同时，这一原则还体现了生态农业建设中，局部利益与整体利益、当前利益和长远利益的关系。正确坚持这一原则，将有利于协调这些关系，搞好建设。

（三）重庆生态农业建设的分区模式

按照重庆地区的资源条件、地势地貌、地理位置以及农业生产的发展方向和特点，重庆地区可划分为4个模式区。

1. 市郊农、工、牧、商混合型生态农业模式区

该区的主要任务是提供城市日常生活需要的蔬菜、水果和鲜活畜禽产品，并承担大城市扩散的工业生产任务。根据这两大任务，结合该区距城市近、市场广阔、经营灵活、运输方便等特点，可建立以农为主，农、牧、工、商综合发展的生态农业体系。

2. 近郊农、牧、工、商型生态农业模式区

包括3个破界县和5个完整县，是全市最大的一个分区。根据该区特点，应该建立以牧为主，农、牧、工、商综合发展的生态农业模式。可根据湖泊水面、平坝丘陵、中低山区的分布状况和资源特点，分别建立水域生态农业模式，平坝丘陵区生态农业模式以及山区生态农业模式。

3. 远郊农、牧、工型生态农业模式区

包括重庆市西北部方山丘陵区的5个县和1个区。该区是重庆市粮油单产最高的地区，农业人均产值也居全市之首。为了充分利用其良好的自然条件，生产更多的粮油，该区适宜建立以农为主，农、牧、工综合发展的生态农业模式。农业可为市区提供更多的粮油；牧业可以充分利用农业的副产物，提高农业废弃物的利用率；农村工业可以进行农副产品的加工和多增值，增加对农田生态系统的返还，维持其物质和能量的平衡。

4. 南部山区林、牧、农型生态农业模式

南部山区集中在重庆綦江、南桐一带，还包括江津县的21个乡，地形复杂，高山密布，农业生产条件差，交通不便，经济落后，但林木繁茂，自然生态条件完备，是重庆市的木材主产区。根据该区的自然特点，南部山区应建立以林为主，林、牧、农综合发展的生态农业立体模式。应充分利用该区的资源优势，在保证粮食自给的前提下，发展林业和畜牧业，逐步把该区建设成为森林茂密、物产丰富、风景优美、交通便利的天然公园和生物种群基地。

三　重庆生态农业的建设措施

为了促进农业的进一步发展，实现重庆市生态农业发展的总体目标，需要在详查资源、全面规划的基础上，采取以下措施。

（一）政策措施

在稳定农村现行政策的前提下，继续深入进行农村经济体制的配套改革，特别是供销体制、价格体制和金融体制等方面的改革。

对那些具有改善环境功能，提高社会效益和生态效益的生产项目和农副产品，如林业生产和林产品，除国家统一补贴之外，地方财政应根据地区特点适宜增加补贴，增加支农信贷资金和农业生产资料的数量并提高其质量。

（二）管理措施

设立生态农业领导机构和具体实施机构，负责协调、组织、规划和管理生态农业建设中的各种问题。采取集资或国家投资、农民投劳的办法积极改善重庆市的交通运输状况。因地制宜，合理调整农村产业结构。号召群众植树种草，绿化荒山，保持水土，搞好生态农业的技术培训工作。

（三）技术措施

大力推广植物病虫害综合防治技术，减少化肥、农药的使用量，治理污染，改善农村生态环境。选育和推广优良农畜品种，建立良种试验、繁育和推广体系，逐步淘汰适应能力差、生长周期长、产量低的退化品种或劣种。利用生物技术对农副产品进行加工处理，以提高其使用价值，满足社会的多种需要。继续推广和改进沼气技术，解决农村生活用能。

为了提高整个农业生态经济系统的效益，维护系统的平衡，必须利用各种生物措施，弥补生态系统中空白的生态位，提高生态系统的生物产量。

（与朱建华合作）

生态农业是重庆农业可持续发展的必由之路*

农业可持续发展要求全面地兼顾人类对农产品需求的满足与资源环境的改善，逐渐消除各种非持续因素的影响，使整个农业建立在符合生态要求的技术路线基础之上，环境、生态、能源及资源都处于良性循环中，周而复始，永续利用，农业持久发展。

生态农业正是从系统思想出发，按照生态学原理、经济学原理和生态经济学原理，运用现代科学技术成果和现代管理手段以及传统农业的有效经验建立起来，以期获得较高经济效益、生态效益和社会效益的现代化农业发展模式。

重庆农业能否持续发展，其根本问题也取决于生态农业的发展。

一　重庆市生态农业发展现状分析

目前，重庆市生态农业的发展现状如果用一句话来概括，那就是“成绩与问题同在，机遇与挑战并存”。

（一）成绩与问题同在

起步于1983年的重庆市生态农业试点工作，在经历十多年的积极探索之后，如今不仅大足县、江津县、永川市、石柱县等先后成了生

---

* 此文发表于《探索》1998年第2期。

态农业示范区，而且在生态农业的建设和发展上也积累了一系列宝贵的经验，这无疑是重庆生态农业建设和发展的良好基础。但从总体上来说，重庆市目前农业发展的水平还不高，靠天吃饭的格局还没有从根本上打破，影响农业发展的种种因素还大量存在，其主要表现在以下方面。

1. 人口骤增，土地负荷过重

新重庆平均人口密度为366人/平方公里，城区尤其密集，其密度达4240.6人/平方公里。人均耕地只有0.82亩的重庆市，随着三峡库区的建成，还将有40万亩左右的耕地被淹，加之移民搬迁、城镇迁建、乡镇企业产值占地、道路建设以及退耕还林等，今后土地不足与粮食需求紧张的矛盾将会更突出。

2. 自然植被面积减少，水土流失严重

重庆市的自然植被主要是森林和草地。新中国成立以来，不仅森林减少了一半，而且90%以上的土地已受到不同程度的侵蚀，特别是三峡库区长江河谷不仅水土流失十分严重，而且不少地段已成为强度和极强度环境污染区，若不及时治理，将会造成三峡库区泥沙淤积并危及长江中下游地区的安全。

3. 环境污染严重，生态失衡

重庆的工业以机械、冶金、化工为主，能源以煤炭为主，每年不仅有近千万吨的工业固体废物排出，而且空气污染的问题也十分突出。目前重庆城区、万县市、涪陵市及其他一些沿江县城二氧化硫、悬浮粒、降尘、氮氧化物等已严重超标，酸雨频率达75%～100%，个别地方的污染程度已接近和超过20世纪60～70年代美国东北部、北欧等世界著名的酸雨地区。城乡水、气以及环境污染问题本已十分突出，农村化肥、农药的大量使用，使农田水域、土壤和农产品的污染问题更加严重。

总之，生态环境问题已经成为影响和制约重庆经济社会发展、危及人民身体健康的重要社会因素。

（二）机遇与挑战并存

尽管重庆市经济－社会－自然复合生态系统面临严峻的挑战，但事实上重庆市经济、社会的发展，以及生态环境的改善仍存在许多机遇和优势，主要表现在以下方面。

一是重庆市承东启西的区位条件，兼得长江沿江地区和西南地区开发之利，特别是直辖市的设立使重庆在国家行政管理体系和经济调控体系中层位提高，为重庆市拓展了新的发展空间。

二是优势资源突出，拥有丰富的矿产资源、淡水资源和独具特色的三峡旅游资源，并背靠资源富集的大西南地区。

三是三峡工程建设和库区开发，大规模的基础设施建设将产生巨大的消费需求和投资需求，有利于促进地区经济的繁荣和社会进步。

四是科技教育力量雄厚，拥有近千家科研机构，40 多万科技人员，25 所高等院校和素质较高的数百万产业工人，以及丰富的城乡劳动力资源。

五是工业固定资产存量很大，物质技术集成较好，有很大的发展潜力，这是很大的农产品消费市场，特别是工业加快两个转变、实行战略性结构调整，将带动重庆农业的大发展。

六是建成长江上游产业群，作为沿江开发开放的重点，与上海浦东产业群相呼应，将加快形成长江沿江产业带。

1998 年，在江泽民总书记和李鹏总理的指示下，国务院在陕北专门召开了“全国治理水土流失，建设生态农业现场经验会”。之后，全国各地掀起了“治理生态环境，保护我们中华民族生存空间”的群众运动，这将是重庆乃至全国生态农业发展的良机。

二　重庆市农业实现可持续发展的主要途径

根据重庆的区位优势、自然资源和地域经济的发展状况，以及农业、农村、农民的实际情况，要实现农业的可持续发展，就必须坚持高效生态农业的发展方向，加速生态建设，优化农业发展环境，改善生产条件，为农业持续发展提供有力的保障。对此，我们认为目前重庆在生态农业的建设中，必须重点抓好以下工作。

（一）大力开展农田基本建设

这主要指坡改梯、土改田和陡坡地建园，建立健全蓄水、排水、沉沙拦沙系统。在增加坡面蓄水设施的同时，兴修提蓄引水工程，整治淤泥严重的水库和病险坑塘，加强渠系配套，改造渗漏严重的简易渠道，扩大灌溉面积，提高灌溉保证率。利用山丘坡面蓄水的水势位能发展喷灌、滴灌、暗管沉润灌等节水工程，提高灌溉质量和效益。

（二）尽快建立区域性绿色生态屏障

在长防林工程的基础上，应于库区各支流源头及山地灾害多发陡坡地段，建设水源涵养林、水地保持林。在三峡库区周边及溪两岸营造护岸林等，以构成区域防护林骨干体系。同时，强化林政管理，严禁滥伐森林及毁林开荒，将林地划为非农业建设用地，以切实保护好现有森林，从而扩大森林保护区面积。大力开展宜林荒地、荒坡、荒滩造林活动，在耕地、园地集中分布区，积极推广“山顶戴帽、坡腰拴带、坡脚穿靴”的布局经验，并高标准建设城镇绿化带，扩大绿地面积，以美化我们的生活空间。

实施绿色生态屏障工程，应实行乔、灌、草结合，走速生丰产用材林、纸浆林、木本粮油林、经果林、药材林及其他特用经济林、薪炭林相结合之路，搞好树种搭配，并加强经营管理，尤其是病虫害防治，以确保此项工作能收到实效。如果重庆各县（区）的森林覆盖率由现在的10%～20%提高到50%～60%，就可有效地发挥森林在调节气候、涵养水源、固土防冲、减灾防害和净化空气等多项生态功能，改善重庆市在21世纪的生态环境。

（三）积极推进综合农艺进程

恢复耕地的土埂、面沟、背沟、沉沙凼等水土保持设施，以及挑沙面土、挑田泥面土、横坡耕作的传统耕作法，保持水土以提高土壤保墒抗旱能力。利用禽畜粪便和不能作饲料的作物秸秆沤制高温堆肥，在耕地园地中增、间、套、混种绿肥，也对保土保水、培肥土壤、提高土壤的肥力和土地生产力十分有利。同时，改革耕作制度，推行坡地等高种植，改冬水田为水旱轮田，发展间、混、操作，间套粮食、蔬菜、绿肥、牧草，变一熟、二熟为一年多熟，既有利于提高耕作复种指数，又能提高耕地单位面积的产量和质量。

（四）努力探索农业产业化之路

立足资源，以国内外市场为导向，以名优特产为先导，按照区域化、专业化、产业化的原则，调整农村产业和农业内部结构，建立“户为基础，联户或村成规模，一镇或数镇连片”的专业化生产基地。通过发展龙头企业，以龙头带基地，基地联农户的组织生产新方式推动产业化发展。整顿、巩固、完善农村产、供、销“一条龙”的综合技术服务体系，以确保农业生产资料的供应以及新技术的开发和应用，解决目前群众在生产、经营中所遇到的“小农村与大市场”的矛盾。

（五）全面进行农业生态环境污染的治理

库区内特大城市重庆、中等城市万县市和涪陵市以及其他小城市和部分建制的镇都是“三废”污染源，城镇以外的独立工矿区、遍地开花的乡镇企业也是“三废”污染源。大量的污水、废气任意排放，固体废物、城镇垃圾倾倒入江河或直接倾泻到农村，不仅危及城市生态环境，也逐渐向周围农村扩散，致使局部森林、农作物成片死亡。水质污染既是鱼、虾死亡的直接原因，又是导致农业减产减收的主要因素。目前，重庆市内部分河段已成“死河”，这说明实施污染治理工程，提高城市、集镇、工矿的废水、废气处理率，已成为我们拥有一个良好生态环境的关键所在。

三　重庆市生态农业建设的保证措施

（一）高度重视，加强对生态农业建设的领导，营造生态农业发展的社会氛围

各级党政机关要提高认识，高度重视，统一规划，加强领导，要把生态农业建设纳入中长期国民经济与社会发展计划，作为加快经济社会发展的一项战略性措施来抓，并一代接着一代抓，一任接着一任干，一张蓝图干到底，使农业的可持续发展有可靠的组织保证。

（二）抓紧试点，总结、推广成功经验，加快生态农业建设步伐

在抓紧试点、引入高效生态农业建设经验的基础上，要逐步将生态农业建设引向深入，并及时推广成功的经验，以加快重庆市水田农业建设规划的实施步伐。

（三）抓好生态农业工程建设，夯实生态农业发展的基础

生态农业建设既有工程措施，也有生物农艺措施，还包括社会工程。因此，只有合理规划，统筹兼顾，全面实施，才能实现整体效益。

（四）多渠道筹集资金，促进生态农业发展

各级财政不仅要把生态农业建设资金列入财政预算，而且各部门也应积极支持，相互配合，以增强资金的投入。同时，还要积极引导乡村集体经济组织和农民增加对生态农业的投入。

（五）依靠科技进步，为生态农业发展注入活力

高效生态农业的发展必须依靠科技，要把继承和发展传统农业技术

精华与现代高科技相结合，建立健全高起点、高速度、规范化的生态农业发展机制，推动生态农业发展。同时，生态农业作为一种新的持续农业发展模式，需要开展规范宣传，使各级领导和广大群众认清发展生态农业的重要意义，以提高广大干部群众科技兴农的自觉性，这是生态农业发展的主要物质基础。

（与范大路、谢代银合作）

三峡库区山地可持续农业发展的问题与对策*

三峡库区地处大巴山区，区内群山起伏，岭谷纵横，山地、丘陵面积占整个库区面积的90%以上，90%以上的人口为农业人口，属于典型的山地农业区。库区山地农业资源丰富，水热条件极其优越。然而，在过去传统的封闭半封闭的山地农业发展格局的束缚下，这一区域农业和农村经济的发展十分落后，它既是长江产业密集带中的经济低谷区，又是我国生态脆弱区和最贫困山区之一。随着举世瞩目的三峡工程的建设，库区山地农业和农村经济的发展以及生态环境问题成为国内外关注的焦点。库区的数百万移民安置、427万贫困人口的扶贫、长江水土流失的隐患及库区经济的发展机遇等诸多特殊难题决定了库区山地农业的发展必须兼顾移民、扶贫、生态环境的保护和治理等多方面因素，走出一条经济、生态、社会多方面协调发展的可持续农业发展之路，这是三峡库区山地农业发展的必然选择。

一　三峡库区实现山地可持续农业发展的主要制约因素分析

（一）山地生态系统的脆弱性

1. 山高、坡陡、水土流失严重

三峡库区是亚热带湿润山地，自然资源系统的脆弱性主要是受地理

* 此文发表于《中国人口·资源与环境》1999年第9卷第4期。

因素的影响，环境因子的平衡和正向发育极易受到破坏。全区平原、岗地、坝地仅占5.9%，丘陵台地面积占22.8%，山地面积占71.3%。在山地面积中，中高山占55.35%，其中巴东、兴山、秭归等8个县的山地面积超过90%。库区地势高低起伏很大，坡度很陡，大于15度的土地面积占总面积的74%。其中坡度大于25度的土地占43.5%，再加上库区雨量多、强度大，极易形成高山洪水，造成水土流失。据有关资料表明：三峡库区水土流失面积占全区总面积的58.38%。大规模的水土流失严重影响了农业生产力，造成库区耕地土壤流失量大，质地粗化，肥力下降，农业利用价值低，从而削弱了农业发展后劲。据统计，由于水土流失，三峡库区土壤中每年损失的氮、磷、钾量达410万吨，相当于44.5亿元的经济损失。库区耕地长期“大出血”使本就十分有限的耕地资源质量不断退化，耕地承载力不断降低，严重威胁着库区人民的生存和发展。

2. 自然灾害频繁、侵害程度加重

严重的水土流失，导致库区生态环境恶化，增加了各种自然灾害发生的频率，削弱了抗御自然灾害的能力，加重了灾害的危害程度。例如，万县地区1950～1989年，各种自然灾害的发生频率分别为：旱灾80%，涝灾82.5%，雹灾100%，地质灾害77.80%，病虫灾害100%。在各种自然灾害中，伏旱是三峡库区山地农业生产最大的威胁，伏旱的发生并非全由大气环流造成的降雨不均引起的，而与库区坡耕地土层薄、质地差、蓄水量下降、抗灾能力弱化等密切相关。

（二）山地农业经济、社会系统的承受力差

由于历史、地理、人口和经济等多种原因，三峡库区山地农业生产力落后，经济发展缓慢，经济实力较弱，整个库区呈现低效益、低承受力和低容纳力的非良性系统特征，具体表现为以下方面。

1. 农村产业结构层次低，贫困问题突出

目前，库区经济基本上还处于以传统农业为主导地位的状态。从产

业结构上看，库区以第一产业为主，1995 年第一产业产值占国民生产总值的 45.8%，第二和第三产业分别占 27.6% 和 26.6%。第一产业从业人员占 72% 以上，第二、第三产业仅占 12% 和 16%，这种产业结构极大地限制了农民的收入途径和来源。从农业产业内部结构看，库区山地农业呈现粮猪型产业结构特征。库区农业总产值中，以粮食为主的种植业产值占 60% 以上，以生猪为主的畜牧业产值占 25%，其他各业所占的比重很小。这种粮猪型的产业结构既不符合山区自然生态条件的特点，也不利于发挥山区自然资源优势，更不利于水土保持和生态环境的保护。低水平、单一性状的农村产业结构，严重抑制了库区山地农业经济的发展，形成了农业生产力水平低、农民收入低、农村贫困面大的局面。据统计，1996 年三峡库区农民人均年收入只有 1018 元，只及全国农村人均收入的一半。整个库区有 550 万人的年均收入不足 300 元，尚未彻底解决温饱问题的人口占库区总人口的 35.35%，库区的大部分县市是国家的贫困县市。

2. 人地矛盾尖锐，粮食问题严峻

随着库区人口的不断增长，给土地带来的压力也逐渐增大。库区人均土地面积为 0.447 公顷，比全国人均水平少 46.1%。人均占有耕地 0.063 公顷，比全国人均水平低 21.1%。一方面，库区耕地多数是坡耕地，耕地生产力普遍较低，加上水利设施少，抗灾能力差，产量不高。随着城镇建设的加速发展，库区耕地还将不断减少。另一方面，库区宜农后备土地资源严重不足。目前，库区平均垦殖率达 33.5%，为全国平均水平（13.9%）的 1 倍多，其中 1/3 以上的县（市、区）垦殖率已达 40%。而宜农地的荒山草坡只有 2 万公顷左右，仅占库区土地资源总量的 0.4%，另外，还有 25% 的坡耕地尚需退耕还林。由于库区部分地区仍采用顺坡种植、重用轻养、耕作粗放等落后生产方式，库区耕地的质量正在进一步退化。据统计，库区土壤耕作层有机质含量小于 2% 和全氮含量小于 0.1% 的土壤各占 50%。土层厚度小于 25 厘米的土壤占 54.6%。库区耕地数量和质量的变化，使本就处于紧张状态的人地关系更加尖锐化，给库区人民的粮食安全保障带来极大的威胁。据有关部门预测，到2010年三峡库区粮食总缺口将达21.55亿千克，考虑单产潜力可增长10亿千克，缺口仍将有约12亿千克，库区缺粮人口将达450万人。

3. 移民数量和规模巨大，库区山地农业安置移民任务艰巨

移民是三峡工程建设的直接产物。三峡库区移民数量和规模之大国内外罕见。按175米方案，库区迁移安置人口将超过110万人，涉及库区的19个县市，其中农村移民近40万人。库区的移民问题主要来自农村移民，城镇移民迁至新址仍可从事原来的工作，农村移民则要背井离乡，失去祖祖辈辈赖以生存的土地，重新寻找生产和生活出路，这使农民从心理上难以接受。按照“就近后靠”的移民安置办法，农村移民安置途径主要是上山从事农业生产，由于库区人多地少的矛盾，农村移民只有依靠开发荒山草地和改造低产坡耕地才能进行安置，而库区现有的宜农后备土地可安置移民12万人，只占农村移民的1/3左右，并且这些土地主要分布在山高坡陡、水土流失严重的边远高山区，移民上山开山种粮不但容易诱发新的水土流失问题，而且新开垦耕地欠熟化，粮食自给保证率低。

4. 库区农村经营体制不健全，农业产业化发展滞后

库区农村以家庭联产承包责任制为主的统分结合的双层经营体制很不完善，“统”的职能相当薄弱，农村社会化服务体系、农村市场体系、贸工农一体化的产业建设严重滞后，小生产与大市场的矛盾，山村一家一户零碎土地经营与农业现代化的矛盾，农业产、加、销相互割裂的矛盾，都严重地制约了库区山地农业的发展和农民增收脱贫目标的实现。目前，库区山区农业生产和消费系统基本处于半封闭状态，大部分极具开发潜力的山区优势土特产品自产自销，形成了极富山区特色的生产消费系统的内循环。库区农业产业化缺乏龙头，农业产业链条短，加工增值率低，农业产业化处于弱发育状态。

（三）智力资源系统开发滞后

库区农业人口多，给资源、经济、环境带来的压力大，同时，库区农民总体素质低，农民的生活和生产行为不能与经济规模、生态规律相协调，劳动力资源大量闲置等问题，加大了库区山地农业的开发难度。三峡库区19个县市现有总人口1421.2万元，人口密度为274.5人/平方公里，比全国高出1.5倍。但是，长期以来，由于只重视自然资源的开发而忽视智力资源的开发，库区农民受教育程度普遍较低，库区山区农民人均受教育年限仅为6年左右，库区6岁以上人口中文盲及半文盲比例远远高于全国平均水平，占库区6岁以上人口的70%以上。有10%以上的青壮年农民仍属文盲、半文盲，而且有30%的剩余劳动力资源闲置在农村，未得到充分的开发利用。山区智力资源开发滞后给库区农业技术的推广运用带来了相当大的困难，对山区经济发展和生态建设极为不利，是山区扶贫攻坚的主要阻碍因素。

二　三峡库区实现山地可持续农业发展的主要途径

（一）控制人口增长，提高人口素质，加大山区农业智力资源的开发力度

现代农业经济增长规律告诉我们，人力资本的积累和专业化的知识是经济持续增长的永久源泉和动力。一些成功的山区经济实践表明，农村劳动力素质是提高可持续农业发展能力的潜在要素，是发展农业、农民增产增收不可替代的资源。因此，控制人口数量，提高人口素质，开发山区智力资源是库区山地农业改善生态环境、解决农村贫困问题的基本措施。这些措施具体应包括以下内容：①按国家计划生育政策要求，严格控制人口增长，强化约束机制。同时，加强生育科学的宣传，引导人们更新生育观念。②普及九年制义务教育，发展职业技术教育，提高山区劳动者的劳动技能素养，为山区农村培养实用技术人才。③针对山

区科技落后、劳动力素质不高的现状，开展技术扶贫活动，选派优秀技术人才，长期深入农村，向山区农村示范传播，推广先进的农业技术，引导农民走向依靠科学技术兴农致富的道路。

（二）生态农业建设是实现山地可持续农业发展的最佳模式

三峡库区是山地生态脆弱带，其库区 90% 以上是山地，广大山区森林植被破坏严重，以及库区落后的农业生产方式和不合理的土地利用方式，是库区生态环境问题产生的主要原因。因此，开展以提高地表绿色覆盖为中心的山地立体生态农业建设是实现库区山地可持续农业发展的最佳模式。据三峡库区生态农业试验区的数据资料显示，1996 年 5 个村级试点中的农民人均纯收入达到 1335 元，年增长为 36.8%，森林覆盖率比 1993 年增加 11.8 个百分点，水土流失面积治理率达 80% 以上。实践证明，在三峡库区发展生态农业，能有效地保护和改善库区的生态环境，减少水土流失，提高库区的生态效益、经济效益和社会效益，促进农业的可持续发展。

三峡库区山地生态农业建设应以山丘旱坡地生态系统的建设、丘陵林业生态系统的建设和水域农业生态系统的建设为重点。山丘旱坡地应以减少水土流失强度为中心，采取坡改梯，等高耕作，林带与耕地带分离，建立护梯的生物篱笆，选择高产、叶面覆盖较大的作物实行多层套种和短间隙的轮作换茬耕作制度等措施，因地制宜地建立不同类型，在产量高、效益好的旱坡地建设复合生态系统。丘陵林业生态系统的整治必须与农村能源建设紧密结合。一方面，要在山区普遍推广节柴灶，开发新的农村能源，改善农村能源结构；另一方面，要大力开展天然林保护，封山育林、退耕还林工程，综合治理荒山荒坡，因地制宜地发展用材林、经济林、薪炭林，提高库区的地表绿色覆盖率。水域农业生态系统的建设则应杜绝围湖垦殖，有效发展淡水养殖业，实行捕养结合，多发展经济价值高的珍贵鱼类品种，实现水域生态和水域经济的共同发展。

（三）以自然条件为依托，以市场为导向，调整优化农业产业结构，推动山地农业产业化

库区农业产业结构的调整应充分考虑两大因素：自然条件和市场因素。库区山地高低悬殊，气候垂直分异明显，形成不同的生物气候带，各垂直区带温度、湿度、光照、土壤等自然因子不同，适合不同群落结构、作物、水果品种和经济林的生长。因此，调整农业产业结构应首先根据山地垂直区带的自然条件，因地制宜，合理布局。例如，对海拔500米以上的低海拔区带、海拔500～1000米的山腰区带和海拔1000米以上的高山区带，应按照各自的特点，重点发展各自的优势品种，以促进山地资源的有效开发和利用。其次，市场经济条件下，市场需求结构决定了农产品的价格和销路。库区应尽快扭转粮猪型的传统农业产业结构，重点发展有利可图、市场风险低、适销对路、能为农民带来较大收益的农产品，引导农民按照市场需求的变化发展高效作物、特色农业，从而走上快速增收、脱贫致富的道路。

此外，农业产业化经营是农民在农业经营方式上的一个伟大创新，它通过对区域性的主导农副产品实行区域化布局、专业化分工、规模化生产、一体化经营、企业化管理、社会化服务，使农业增值增效，农民增收创收，使农业成为自我积累、自我发展、自我调节和良性循环的产业，有效地解决了农户“小生产与大市场”的矛盾。因此，农业产业结构的调整要发展农业产业化，其具体措施如下：第一，合理扩大农户土地经营规模，建立和健全土地流转机制，大力提倡和支持以土地大户租赁和土地股份合作制等方式实现土地向种田大户或其他经济组织集中，推动土地适度规模经营。第二，鼓励创办龙头企业，选择规模较大、起点较高、产品较新的龙头企业重点进行扶持，依托其骨干作用，带动和发展一批规模大、辐射面大，产业带动能力强的产、加、销一体化企业组织。第三，建立科技进步机制，提高农业产业化的科技含量。通过科技承包、技术服务和兴办各类科研生产经营实体的方式促进农业科技与生产过程的紧密结合，不断开发高科技含量、高附加值、高市场占有率的优势农副产品。

（四）大力发展乡镇企业，壮大农村第二、第三产业，是切实有效解决库区移民安置和农村扶贫问题的途径

乡镇企业是农村经济发展的主导力量。利用库区农副产品资源，大力发展乡镇企业，不但能够解决库区农副产品加工业薄弱、增值收益低的问题，而且能有效地以非农就业途径安置移民和农村闲置劳动力，减轻库区现有耕地的压力，并使农业安置移民难度大的矛盾得到缓解。

乡镇企业的发展不但能够促进农村工业化和城镇化水平的提高，而且能进一步带动农村第二、第三产业的快速发展，促使农村小城镇成为城乡商品的集散地、农村剩余劳动力和移民安置的就业基地、市场信息的传播点以及农业社会化服务中心，这将激励农民离土、离乡，进入城镇，从事第二、第三产业，增加了贫困山区农民的脱贫就业途径，减轻了库区人口对山地农业生态系统的冲击，有利于移民、扶贫和生态环境保护的协调发展。

（与肖焰恒合作）

兴建绿色生态工程是永保三峡的最佳抉择*

一　世纪难题的挑战

三峡工程是举世瞩目的世纪工程。三峡库区泥沙淤积是库区安全保障的世纪难题。难在什么地方？一难在于新重庆地形地貌复杂、岩体破碎，山多田少、旱地草坡多、山高坡陡，水土流失面积大，年均土壤侵蚀模数高，年均土壤侵蚀总量大，是长江上游生态脆弱带之一。自然条件很差，生态环境问题尤为突出。治理库区泥沙淤积必先治山、治水、治坡，工程浩繁，缓不济急。二难是库区泥沙淤积不仅限于长江干流，而且遍及各支流下游库尾形成的泥沙集中淤积地带治理难度很大，需要大量资金投入。三难在于库区长江干支流沿岸地区是全市主要农业区，垦殖指数高、植被破坏严重，水土流失强度最大，区域内裸地面积不断增加，防治水土流失难度也最大。四难在库区开发性移民工程搞掠夺性开发以及普遍向山坡后靠，实行坡改梯，而且大多是盲目利用陡坡地（坡度远远超过 25 度）改梯土或台地，是严重失策之举，后患无穷。陡坡植被一旦破坏，是不可逆的，将永无恢复之日。五难在于公路建设与城镇建设遍地开花，导致现新问题，即加剧了水土流失的强度，甚至会引发山地灾害。六难在于广义的库区河床淤积问题，应该包括库区水土

* 此文发表于《当代生态农业》1999 年第 1 期。

流失、库区山地灾害（包括滑坡、崩塌、泥石流）、库区气候灾害等，这些灾害都对库区安全保障构成威胁，防治难度就更大更复杂。尤有甚者，三峡库区干支流河段河床泥沙淤积还在发展，年平均河床淤积抬高 5～20 厘米。山地灾害形势更是严峻，据巫溪、巫山、奉节三县统计，该地区共有山地灾害频发区 174 处。其中，滑坡频发区 83 处，崩塌频发区 69 处，泥石流频发区 22 处。如果库区开发失当，其分布和频度还将加大。因此，库区生态环境现状和库区安全保障前景是非常令人担忧的。

新重庆在库区生态环境形势堪忧和困难重重面前，面对库区泥沙淤积防治和库区安全保障问题的世纪难题，怎么办？

中国有句古老的成语，即“天下无难事，只怕有心人”。就是说，在难事面前，最需要的是通过深思熟虑寻求正确的指导思想和回应对策。我们面对的既然是世纪难题，是保障世纪工程的时代需要，那就更需要具有时代的使命感和紧迫感。此外，还需要实干、巧干以及相应的措施与办法。实干巧干的办法在我国古已有之。《齐民要术》指出：“顺天时，量地利，则用力少而成功多。”这就是现代农业生态经济原理中，我们称为“临界最小努力效应”“最大绿色植被原则”的思想。例如，由于库区乱砍滥伐、陡坡开垦种粮、草坡过牧退化等，严重破坏生态环境生态平衡而导致严重水土流失以及山地灾害，都可以采取“封山育林”“免耕法”等使这一生境内被破坏了的森林（草坡）生态系统依靠自我恢复更新能力逐渐走上前进演替过程很快到达演替顶极，即完全控制水土流失，保障库区干支流泥沙不再继续淤积。

最成功、最感人肺腑的实干、巧干、苦干的现代实例当属焦裕禄植树造林（广种泡桐）治理兰考县风沙灾害以及扶贫帮困、兴县富民的光辉事迹。焦裕禄抱病走遍兰考全境，进行实地考察，掌握了风沙灾害和地瘠民贫的根源与情况，又通过走群众路线，与干部和群众共同商讨研究，制订了防沙治灾和扶贫解困的规划：第一步，广种泡桐营造防风防沙林，控制“沙暴”。第二步，引黄淹没全县低洼盐碱地，让洪水洗碱和沃土。引黄前，组织低洼地全部居民转移到安全地带，保护了生命财产安全。第三步，低洼洗碱地广种花生经济作物，结果增产增收，农民致富。泡桐林成材后，泡桐木料出口创汇，富了全县。可惜焦裕禄只亲身走完了第一步，因病情恶化而英年早逝。全县人民为失去他而哀悼痛哭，至今兰考人谈起“焦裕禄”这个名字还会缅怀落泪。我们应认真学习焦裕禄实干苦干、抱病献身、为人民利益无私奉献的崇高精神，并用这种成功经验和献身精神来防治库区泥沙淤积难题，必将无往而不胜。

面临世纪难题，还应竭尽全力避免决策“失误”。《孙子兵法》中说：“上兵伐谋”，又说“一将有误，累及万军”，就是说，同大自然做斗争要像打仗一样，最好的用兵方法是以谋伐敌，要采用正确的战略决策和正确的领导和指挥；否则，如有失误，不仅现在会使库区和中下游广大人民受难，影响社会长治久安，而且将祸及子孙后代。

二　绿色生态工程的必然选择

三峡库区河床淤积是水土流失、山地灾害和气候灾害相互交织、相互影响的综合表现。在这种交相作用与影响中，核心问题是，人为的破坏和掠夺性开发的政策有误，造成库区森林草坡植被严重破坏，导致的强度水土流失。在此山地陡坡生态脆弱地带，一旦形成严重土地片蚀和沟蚀，不仅会直接诱发滑坡、崩塌、泥石流等山地灾害，而且将直接导致干旱、洪涝、暴雨等气候灾害。因此，封山育林，种树种草，恢复并改善林草植被，增强抗御自然灾害能力，改善山地生态环境，促进山地生态良性循环，是当前库区安全保障根本途径的必然选择。

除了库区水土流失、山地灾害、气候灾害等自然生态系统内部因素交互作用与影响外，还会促使库区深层次的经济社会因素之间产生交互作用与影响。如水土流失会使土层变薄、土壤养分流失、地力衰退，严重的水土流失可使耕地冲蚀成裸地，降低土地资源的数量和质量，降低库区土地承载人口增长的能力与容量。此外，还可淤毁塘库等农田水利工程，降低防洪、抗旱能力，更进一步会降低土地自然生产力和土地垦殖率，改变土地利用方式和农业生产经营内部结构，降低农民生活和收益水平，最终迫使农民贫困化，形成“越穷越垦，越垦越穷”的经济、社会恶性循环。

事实上，库区自然、经济、社会的这种逆向演替，正在人们不知不觉中悄然进行着。人类如善待自然，自然也会加倍善待人类。人类如果残暴地破坏和贪婪地掠夺自然，到头来终将受到自然的加倍惩罚。

值此世纪之交，新重庆的未来发展和三峡库区的安全保障，出路是“人定胜天”还是“人天合一”，决定因素在于如何选择。

笔者是主张“人天合一”的。人类尊重自然规律，寻求人—自然—社会这一生态系统的良性循环机制，做到人与自然协调和谐、协同增长、共存共荣。自然是人类居住的家园，是人类生存与发展的外部空间。生命起源的科学最新成果清楚地证明，“自然生成化育人类”的认识论是正确的，而“人类君万物、主宰自然”的思想观点，不管是古代的还是现代的，一概都是反科学的、错误的，由这种错误思想导致的人类行为方式和战略决策，也必然是错误的。严酷的事实表明，尽管科学技术飞速进步、日新月异，人的力量与大自然相比终究是渺小的，人类永远做不到“人定胜天”。在选择谁胜谁的问题上，还是应该学习和运用《孙子兵法》一再强调的战略思想来武装我们的头脑。《孙子兵法》说：“凡用兵之法，全国为上，破国次之”，“不战而屈人之兵，善之善者也”。就是说，人类同大自然的斗争，如开发利用自然资源，从战略的高度或是从兵法的角度讲，保全城池而夺取之为上策，破坏城池而夺取一个烂摊子是下策，不战而赢得胜利则为上策（好中好、优中优决策）。因此，人类在对待自身同自然的关系上，必须以“全”为上，以“和”为贵，在战略抉择上就必须肯定“全”字，否定“破”字，肯定“和”字，否定“战”字，“全”比“破”好，“和”比“战”好。这是现代决策论优选法的思想。肯定与否定是矛盾的两个对立面，在一定条件下可以转化，按照老子的辩证法思想，“全”与“破”相伴，“和”与“战”相连，肯定与否定互补，不含对立面的事物是不存在的，矛盾存在于所有事物中。老子强调否定因素的积极作用，对发展中的反面因素的否定的把握比正面因素的肯定更重要。因为“反者道之动，弱者道之用”，否定向肯定的转化，否定因素是向对立面转化的动力，是一种螺旋形的发展，弱者向强者的转化是量变到质变的过程，不是反复循环而要求人们应从反面因素去看正面，就是说从失败或错误中吸取教训要比从成功中总结经验更有利于避免再次失败或重复错误。《老子·六十三章》说：“图难乎，其易也。为大科，其细也。天下之难，作于易。天下之大，作于细。”就是说，克服困难，要从容易处做起，做大事要从小事开始。同时，量变到质变总有一个转化过程。老子还有个更重要的辩证法思想在于强调当量变达到事物发展的一个临界点的时候，要求永远保持在顶极状态的安全阈限之内，防盈戒满，就是“知足不辱，知止不殆，可以长久”。这恰好与现代可持续发展的思想和内涵相吻合。

我们认真学习了上述几种战略思想、对立面统一理论和量变到质变法则，把它们作为指导思想运用到当前面临的防治三峡库区泥沙淤积难题中去，就可得出三个抉择优化方案的新思路。

三　抉择优化方案之一：绿色生态系统工程

绿色系统工程（或称生态系统工程）是以运用生物技术措施为主，以营造林草为核心，促进植被最大化的生态良性循环策略，实施生态建设，防治水土流失，以保护和改造库区生态环境为目标的一项多样性、多层次、多渠道的系统工程。这是标本兼治，多、快、好、省的，既可保障库区安全又为持续发展库区林草农牧业打基础的综合战略设施，或许在这里把“多、好、快、省”四字再拓展延伸一下更妥帖，即扩称为“多、快、好、省”“全、和、智、新”“序、久、安、美”十二字生态经济综合治理法。这是三峡库区水土流失防治“生态、经济、环境、社会、文化、景观”六效益兼容的绿色系统工程管理原理的核心。其中所谓的“全、和、智、新”，就是“保全”“和谐”“明智”“创新”之意，所谓的“序、久、安、美”是指“结构有序”“永续利用”“长治久安”“景观幽美”。生态经济绿色系统工程应具有以下几个特点。

第一，针对库区水土流失、山地灾害、气候灾害、环境破坏，因地制宜，综合防治，以防为主，防治结合，以封为主，封避结合，以保护为主，保护与改造结合，以两个基本转变为主轴，以培育新增长点为契机。

第二，针对生态环境遭严重破坏、三害严重频发区、潜在危岩体地段等生态极端脆弱带，应尽量避开人为干扰，分不同情况辟为各种自然保护区，这些地区原是动植物多样的珍贵“基因库”，应该将“封”与“避”结合，对其进行保护。

第三，库区土地片蚀和沟蚀的高丘、陡坡宜建立护坡林草植被网络体系，有效控制水土流失。江河两岸应快速建立“长防林式”的护岸林、防护林体系。营造林网不宜采用常规育苗移栽造林技术，而宜采用无性系扦插的速生树干、树桩插植土中，当年成活、当年发挥护土护岸效应，这种办法的可贵之处在于可以争取几年甚至十几年时间。这些树种有杨柳、泡桐、刺桐、黄桷、小叶榕、银杏、杉木等。土地瘠薄的坡地和梯土、台地坎边，可灌草先行，种植黄荆、马桑、巴茅、葛藤等灌草绿篱，其保土、保坎效果明显，待其成林后再逐步改进林种结构和树种结构。这是多、快、好、省的新思路。

第四，四边植树造林的优良传统宜广为传播，田坎、地边、房前、屋后、路旁溪边、塘边库边，都植树造林，作为库区防护林体系的重要补充。四川省成都平原围绕村庄周边营造“林盘”圈状林带体系的传统做法是有上千年历史的宝贵遗产，三峡库区可以效仿。

第五，必要时或条件许可时，可以将生物措施与工程措施相结合，以便扩大防治效果与效率。

四　抉择优化方案之二：新型生态农业

生态农业在国内的发展已经历了15个年头，它符合国情，又遵循自然规律和经济发展规律，保证了农业得到持续稳定发展，使农民增产增收增效益，还能有效地防止水土流失，增强抗御自然灾害的能力，改善了生态环境，但在理论上缺乏对其整体的、系统的、深入的研究，因此，理论指导不能把现行生态农业实践引向高级阶段发展。同时，生态农业理论也需要在新型生态农业建设实践中得到检验，并不断完善和升华，形成新的理论。这是当前中国生态农业处于初级阶段所出现的新问题和新动向，需要进一步改革和深化。

中国著名生态经济学家石山提出了“中国的希望在山区”的科学论断，正是基于理论和实践方面的需要。笔者最近提出了“可持续发展新型山地生态农业”理论。这一理论既是实现重庆市三峡库区脱贫和开发性移民攻坚的目标，又是推动库区农业可持续发展和库区生态环境优化的战略选择，这一战略是中国到21世纪末解决6500万贫困人口脱贫的有效途径，也是实现“中国到2030年16亿人口能实现自己养活自己”的国际承诺的有效、可行、科学的相应对策。

什么是可持续发展新型山地生态农业？简单地说，它有以下五个方面的内涵。

其一，它是由传统农业和生态农业试点成功经验与现代科学技术进步相结合基础上产生和发展起来的一种高科技、高生态位、高起点、多模式和有序协调的可持续稳定发展的新型山地生态农业新战略设想，是传统生态农业理论体系的进一步发展和完善，也是初级阶段生态农业实践的补充和深化。

其二，可持续发展新型山地生态农业模式紧密结合三峡库区山地生态环境特点，以林草为主，农、牧、禽、渔、蚕、虫、果、花、桑、药、藻、菌，以及野菜、野果、野兽、野禽驯化养殖相结合，采用适用技术，因地制宜、多种经营、综合发展，实现全新的农业部门结构和产业结构。

其三，设施农业大面积推广大棚（温室）菜篮子工程、高山食品、清洁（绿色）食品生产、试验无土栽培等新兴的生产方式。

其四，城镇微型生态农业模式的试验推广，提供城镇居民也能自己动手，工作之余适当地从事自给自足（或部分销售）的微型生态农业系统生产，大大减轻农民、农业、农村对三峡库区人多地少、山多坡陡、资源短缺、粮食供需矛盾突出的被动局面所承担超负荷压力。

其五，在三峡库区特定的自然－经济－环境－社会－文化－景观等多方面因素相互制约、相互作用、相互影响的复杂关系中，可持续发展新型山地生态农业模式力求这一生态经济巨系统处于良性循环状态，既能较好地满足生存与发展、生产与生活的全面需要，使生活和收益水平不断改善，又能使整体生态经济巨系统的生态效益、经济效益、环境效益、社会效益、文化效益和景观效益兼顾，并协同持续增长。这里的生态效益是基础，经济效益与景观效益是条件，文化效益和环境效益是保证，社会效益则是目标。六效益缺一不可，相辅相成，共生共荣，这是可持续发展新型山地生态农业模式的实质。

五　抉择优化方案之三：重庆市生态农业片

建设“生态农业片”，把新重庆市农业推向可持续发展的新阶段、新水平，这是“老话重提”了。笔者于 1989 年 4 月市政协九届二次会议大会上作了题为《建设生态农业片，把全市农业提高到一个新水平》的报告，引起强烈反响，并以“建设生态农业片”为主题与许多位政协委员联名上交了提案，经主席会议审议通过转送市委、市人大和市政府审核并得到采用。但是，这一提案“先热后冷”，最后“石沉大海”，至今已是“九易寒暑”。

现在不同了，重庆被列为直辖市，香港回归祖国，中国强大了。在新的形势下，1997 年 6 月，重庆市人大一次会议通过了《重庆市国民经济和社会发展第 9 个五年计划和 2010 年远景目标纲要》，提出“大力发展生态农业，实现农业生产的良性循环”，这是笔者提出“抉择优化方案三——建设重庆市生态农业片”的有力依据。

笔者在 1989 年 4 月大会发言中做了如下说明：“我国生态农业的实践是以全市北碚区金刚乡（公社）农业现代化试点和该乡 58 个生态农业户为起点发展起来的。”1983 年以来，西南农业大学与大足县政府合作，在市农业现代化领导小组领导下，建立了大足县南北山生态农业试验区，3 年即获得了显著的成效。1986 年又在市委、市政府、市农委等单位领导下选定綦江、江津、沙坪坝、长寿 4 个县（区）扩大试点工作，相继取得了可喜的成功经验。实践证明，生态农业是重庆市发展的正确方向。

因此，我们建议：从 1989 年开始，重庆市农业发展的方向应以建设“生态农业片”作为工作重心。

具体实施办法是：由市政协该次全会通过决议并建议市人大即将召开的该次代表大会通过议案，把建设重庆市“生态农业片”作为一项重点项目列入 1989 年度政府工作计划和“八五”计划，为了顺利付诸实施，成立全市生态农业建设领导小组负责统筹、协调、规划、实施，选定 10 ~20 个县（区）作为“生态农业试点县（区）”并连成一片，建立长江上游的生态农业建设大区，称其为“重庆市生态农业片”。领导小组由市委、市政府、市人大、市政协及有关部委局、西南农业大学，以及有关县（区）的代表组成，其具体工作为：围绕中央、省、市农业工作中的“丰收计划、星火计划、菜篮子工程、水土保持、中低产田改造、山区扶贫、创汇农业”等任务，遵循依靠政策、科技、投入发展农业的方针，通过行政、科技、合作金融（自筹）3 个渠道，作为有力杠杆，扶持 12 个县（区）的生态农业建设工作。

领导小组下设办公室，挂靠在市农委，从事行政事务工作。

西南农业大学、生态农业研究所、生态农业科技中（正筹办中）

负责科技咨询、服务、科技推广、技术培训，产品深度和精加工，创汇系列产品等的研究、开发、生产、流通、分配，引进外资、合作经营、出口创汇，以及进行国内国际学术交流、引进新技术、新工艺等方面的工作。市政府及有关各部委局与试点县（区）通过行政和业务渠道，贯彻实施。采取“三农结合”“农工贸结合”“生产”“经营”“管理结合”，走出一条以新型企业带动科技开发、教育培训，促进农业生产，致富农民，深化农村经济改革的新路子，把重庆市农业提高到一个新水平。

治理三峡库区水土流失决策方案研究*

优化三峡地区的生态经济环境，是现在以至将来一段时间里库区人民所面临的一件大事。这其中最让建设者们伤脑筋的莫过于因库区生态环境的变化，以及引发和将要引发的水土流失形成的泥沙淤积问题。因为这一问题已经不仅是一个生态问题，而且已是一个发展问题。不仅是一个地区问题，而且是一个影响全局的大问题。因此，解决这一问题已经成为人们所关注的焦点。本文再一次对此提出笔者的看法，以供三峡库区建设者们参考。

一　泥沙淤积严重影响三峡工程绩效

三峡工程是举世瞩目的世纪工程，三峡库区泥沙淤积问题也是人们所关注的世纪难题。那么，究竟难在何处呢？

第一，新重庆行政区不仅地形地貌复杂、岩体破碎，而且山高坡陡、山多田少、旱地草坡多、水土流失面积大，年均土壤侵蚀模数高、侵蚀总量大，是长江上游生态脆弱带之一。自然条件差、生态环境问题突出的现状，决定了治理库区泥沙淤积问题必先治山、治水、治坡，但这项工程十分浩繁，是缓不济急。

第二，库区泥沙淤积不仅限于长江干流，而且遍及各支流下游库尾长期以来形成的泥沙集中淤积带，因此，治理难度很大，需要大量的资金投入。

---

* 此文发表于《重庆师范学院学报》（自然科学版）1999 年第 16 卷第 4 期。

第三，库区长江干支流沿岸地区是主要农业区，垦殖指数高，长期以来，特别是近几十年来的垦荒运动，致使区域内裸地面积不断增加，自然植被遭到严重破坏，水土流失日趋严重。因此，防治水土流失这项工作不仅量大而且难度也大。

第四，库区开发性移民工程由于大都采取“向后靠”，并实行坡改梯的办法来缓减突出的人地矛盾，致使一些陡坡地（坡度远远超过25度）被盲目地改为梯田或台地，这种移民开发造成了大量新的水土流失。

第五，遍地开花的公路建设与城镇建设导致的新情况、新问题，如多数工程未采取水土保持措施等，加剧了水土流失的强度，甚至有的还因此引发了滑坡、泥石流等山地灾害。

第六，广义的库区河床淤积问题，其中包括库区强烈的水力侵蚀、库区山地灾害（滑坡、崩塌、泥石流）、库区气候恶化以及频繁的人类挖掘和弃土等。这些问题直接或间接地对库区的水土流失构成了威胁，因此防治难度更大、更复杂。

三峡库区各干支流历史以来形成的泥沙淤积问题本已十分严重，山地灾害的频频发生引发的水土流失形成的新的泥沙淤积，致使库区河床年平均泥沙淤积仍以5~20厘米的速度抬高，这无异于雪上加霜。据巫溪、巫山、奉节三县统计，该地区共有山地灾害频发区174处，其中滑坡区83处、崩塌区69处、泥石流区22处。如不尽快治理，其分布和频度还将加大。因此，库区生态环境现状令人担忧。

二　三峡库区社会经济发展应追求“天人合一”的境界

我们认为，三峡库区的经济社会要实现可持续发展，关键在于生态环境的改善，人与自然关系的协调，人在库区社会经济建设中采取了怎样的态度。

在人与自然关系的认识上，古代先哲们为我们留下了许多宝贵的文化遗产。如《荀子·富国篇》在揭示人与自然的关系时指出，“上得天时，下得地利，中得人和，则财货浑浑如泉源”。西汉《淮南子》（刘安撰）一书中也这样写道：“上因天时，下尽地力，中用人力”，万物才生长，五谷才繁殖。在人、自然、社会关系的认识上，可以说我国古代的思想家们最早提出了“天人合一”的思想。这一朴素的唯物辩证法思想认为，人不仅是自然的产物，而且还是自然界不可分割的一部分。人类只有善待自然，才能与自然和谐相处。尊重自然规律，在自然所规定的范围内活动，是人与自然协调和谐、共存共荣的前提条件。

那么，人类究竟该如何活动，并在怎样的范围内活动呢？对此，《齐民要术》提出了“顺天时，量地利，则用力少而成功多。任情返道，劳而无获”的思想。《孙子兵法》在战事谋略中指出，“凡用兵之法，全国为上，破国次之”，“不战而屈人之兵，善之善者也”。这应说是现代生态经济原理中“临界最小努力效应”“最大绿色植被原则”思想的最早表现。

如果以此观点联系到今天三峡库区水土流失的防治，我们也应该以“全”为上，以“和”为贵，在战略抉择上肯定“全”而否定“破”，肯定“和”而否定“战”，因为“全”比“破”好，“和”比“战”好，这也符合现代决策论中优选法的思想。

三　三峡库区生态经济区构建的原则

可持续发展是三峡库区生态经济区构建的核心原则，应遵循生态阈值内活动原则、以人为本原则、最大绿色覆盖原则、产业结构最优化原则及“五效益”协同增长原则等。

（一）可持续发展原则

可持续发展原则是指在不牺牲下一代人利益的前提下，满足当代人的需求，特别是贫困人口的需求，以使产业和人口、资源、环境协调发展。可持续发展原则被我们视为构建三峡库区生态经济区的一条最为基本和最重要的原则，因为这一原则为我们指出了无论是在产业选择上，还是在生态环境的建设中，都必须以不牺牲下一代人的利益为前提，必须以人口、经济、资源、环境和社会的协调发展为目标。

（二）生态阈值内活动原则

任何生态系统，无论是生物因子还是非生物因子，相互之间都存在依附性。同时，系统内任何因子的活动（作用可能达到的程度、强度、持续时间等）都存在一个阈值（即生物活动界限）。在阈值范围内，系统具有自我缓冲调节能力，系统表现及活动无明显变异。如果超越了阈值，系统就要受到改变、伤害，系统功能下降以致崩溃，完全丧失其功能。正因为自然系统内生物、人与非生物环境之间存在这样一个关系，因此三峡库区各生物种群及其群落之间不仅应该保持适当的组合比例，而且生物分布量和人的数量也不能超越环境的承载能力，这也是三峡库区生态经济区建设中不能违背的自然法则。

（三）以人为本的原则

人在利用自然和改造自然的活动中，应该说，既是行为的主体又是活动的客体。一方面，人在自然中是最具有能动性的动物，可以创造出丰富多彩、五彩缤纷的世界来；但另一方面，我们又必须看到人的这些活动是有前提和条件的，总是在一定范围内活动的。以人为本的原则要求我们在三峡库区生态经济区构建过程中，既要依靠广大人民群众，以充分发挥人民群众的主动性和创造性，又要使其明确构建生态经济区的目的正是为了满足人类自身存在和发展的需要，从而使生态经济区的建设真正融入库区人民的生活中。

（四）最大绿色覆盖原则

森林和植被是生态经济区建设的核心。最大面积的绿色覆盖，不仅是三峡库区生态经济区建设水平的重要标志，而且是三峡库区防治水土流失取得成效的关键。因此，提高绿色覆盖率，调整覆盖面的种群和群落结构，是促进和维持整个生态系统良性循环，防治三峡库区水土流失的首要措施和重要原则。

（五）产业结构最优化原则

结构合理、功能健全、产出最大、效益最佳的生态经济系统是建立在良好的生产力布局和产业结构基础之上的。因此，在构筑三峡库区生态经济区时，必须从整个库区的经济发展现状出发，合理配置和利用各种资源，拓展资源生态位、占满空白生态位并调整需求生态位，以改造和适应生态环境，稳步推进第一产业，提高第二产业，促进产业升级。这是推进经济发展，缓减人与自然矛盾的重要原则。

（六）“五效益”协同增长原则

“五效益”是指生态效益、经济效益、社会效益、环境效益和景观效益。这一原则要求我们，无论是库区社会经济发展，还是库区生态环境的构建，都必须兼顾5个效益的同步增长，而不能只为了经济、社会效益而放弃生态、环境和景观效益，也不能只为了生态、环境效益而忽视其他3个效益。总之，只有当5个效益都统筹兼顾，并做到协同增长时，三峡库区的系统功能才可能达到最大。因此，这一原则既反对急功近利、杀鸡取卵的做法，也反对“乌托邦”式的空想。

四　生态控制是三峡库区水土流失防治的最优抉择方案

三峡库区的水土流失，应该说是人为因素、山地灾害和气候恶化相互交织、相互影响的综合表现。在这种交互作用的影响下，使库区森林草坡植被严重破坏，导致强度水土流失。因此，在改善库区生态环境、防止库区水土流失的浩繁工作中，必须同时抓好治山、治水、治坡和治人的工作，尤其是应重点抓好环境改善与经济发展统一协调的工作。以下提出生态控制的 4 条优化方案，以求为多方位地全面治理库区水土流失提供思路和参考。

（一）优化方案之一：大力推进绿色系统工程

森林和植被是生态经济系统建立的核心，如果离开了这一核心任何生态经济系统的建立都无从谈起。正因为最大面积的绿色覆盖是生态经济系统建立和发展的保障，因此，提高三峡库区的绿色覆盖率，调整覆盖面的种群和群落结构，也就成了促进和维持整个库区生态系统良性循环的重要措施；否则，我们所取得的经济成果，就很可能掉入生态陷阱中并被无情地吞掉，结果是得不偿失。

绿色系统工程是指运用生物技术措施，以营造林草为核心，促进植被最大化的生态经济对策。对此，根据库区特点，可在土地片蚀和沟蚀的高丘、陡坡建立以护坡为主的林草植被网络体系。在江河两岸建立“长防林式”的护岸林、防护林体系，其树种可选择杨柳、泡桐、刺桐、小叶榕、银杏、杉木等。在土地瘠薄的坡地和梯土、台地坎边，可灌草先行，种植黄荆、马桑、巴茅、葛藤等灌草绿篱，待其成林后再改进林种结构和树种结构。这些措施不仅可以收到控制水土流失和改善生态环境的实效，而且可以起到多快好省地发展经济、改善生态的作用。

（二）优化方案之二：积极开展生态农业建设

生态农业建设在我国已历经了 15 个年头，它既符合中国国情，又遵循自然规律和经济发展规律，既保证了农业得到持续稳定发展，又使农民增产增收增效益，因此，在实践中得到了较好的推广。据粗略统计，目前中国至少有 2 亿农民在从事生态农业建设。同时，我们也看到，由于在理论上还缺乏整体的、系统的、深入的研究，在客观上制约了我国生态农业实践向更高阶段的发展。

什么是生态农业？如何推进生态农业建设？我们认为，生态农业就是从系统思想出发，按照生态学原理、经济学原理和生态经济学原理，运用现代科学技术成果和现代管理手段以及传统农业的有效经验建立起来的，以期获得较高经济效益、生态效益和社会效益的现代化农业发展模式。

根据生态农业的这一内涵，从三峡库区农业的自然资源和实际发展现状来看，我们认为应该着重抓好以下方面：一是产业结构的调整。这主要包括农业内部结构和农村产业结构调整，如农业内部在以林草为主的基础上，通过采用适用技术，因地制宜地发展农、牧、禽、渔、蚕、虫、果、花、药、菌等产业，以及野菜，野兽和野禽的驯化养殖，以形成全新的农业内部结构。又如，农村产业结构的调整，我们绝不能离开资源的优势去谈发展，而应该依托资源优势延伸产业链搞发展。二是推广设施农业，即运用高新农业技术，特别是无土栽培技术，大面积推广大棚（温室）蔬菜，以提高高山绿色食品的比较效益和生态效益。三是发展城镇微型生态农业。城镇居民通过自己动手，从事自给自足的微型生态农业实践，不仅可以改善城镇生态日趋恶化的现状，而且可以减轻三峡库区的供给压力，缓减库区人地之间的突出矛盾。

（三）优化方案之三：广泛运用高新农业技术

自然资源永续利用是经济社会实现可持续发展的战略目标。三峡库区地势陡峭，不适当的人工干预很容易使自然生态环境逆向演替。

历史上，由于传统农业单一经营对自然植被和水土资源的不断破坏，导致库区水土资源枯竭和自然灾害加剧，极大地削弱了它对该地区及下游平原的生态屏障作用。实践证明，单纯依赖各种单项技术措施是难以实现经济社会可持续发展的，只有通过多种技术的横向交叉，应用环境与经济互补互融的复合技术，才能从根本上遏止库区水土流失和对自然资源的破坏，达到自然资源永续利用的目的，为经济社会的持续发展创造条件。正如P. 亨德莱等在《生物学与人类未来》一书中所说的那样，“农业的发展已经超出了作物栽培的范畴，成为一门环境工艺学”，不同学科之间的横向交叉，不仅是各学科自身向更高层次迈进的要求，而且是各行业相互渗透的客观要求，更是解决相互交融在一起的环境与发展问题的现实选择。

（四）优化方案之四：继续实践生态农业片理论

“生态农业片”理论被提出以后，四川、重庆等地部分县（区）近10年的实践已证明这一理论对农业生态环境的改善，对提高农业经济、生态、社会、环境以及景观效益的协同增长，起到了十分积极的作用。如重庆市大足县的南北山片区、江津市的四面山片区，在那里经过人们近10年的努力，如今不仅山清水秀、粮茂林丰、六畜兴旺，而且经济效益、生态效益、环境效益、社会效益和景观效益俱佳。总结这些地区在这方面所取得的成绩，我们认为，主要在于这些县（区）首先把“生态农业片”建设工作纳入了政府工作的议事日程，作为了一项重要的工作来抓。其次，这些县（区）均成立了生态农业建设领导小组，直接负责生态农业片的选址、规划、协调和实施工作。再次，寻找智力支持。西南农业大学生态农业研究所、生态农业科技中心，正是这些县（区）在发展生态农业建设中的技术依托。最后，积极开拓农产品市场。部分生态农业片以市场为导，立足该地实际，并通过引进新技术、新工艺，调整产业结构，走出了一条农、工、商一体化，产、供、销一条龙的新路子，较好地解决了环境改善与人民致富的矛盾统一问题。

（与谢代银、张美华合作）

生态经济与产业发展研究

农业生态经济系统分形初探*

农业生态经济系统是一个组成复杂、开放的系统，也是人类赖以生存的物质生产系统。但是，该系统呈现不良的运行状态，如空气污染、森林减少、沙漠化加剧、人口剧增、生物物种锐减、酸雨严重，这些因素已经制约了农业生态经济系统的产出。联合国两次“人类环境会议”足以说明当代环境的恶化已危及人类生存的严重性，面对这种危机，许多国家相继制定了自己的可持续发展战略，我国也把实施可持续发展作为今后 15 年经济社会发展的重大战略方针，并纳入我国的经济社会发展中长期计划。为了配合我国关于可持续发展的宏观战略的实施，本文将以分形理论作为指导，从农业生态经济系统的结构进行研究，探讨农业生态经济系统的运行机制、各子系统之间的组合功能、演替的内在机理和外部因素的系统机制，以实现农业生态经济系统的可持续发展，从而促使农业生态经济系统的生态效益、经济效益和社会效益的协同增长。

一　分形思想的产生、发展及其特点

分形思想可以追溯至遥远的古代。当时思想家和哲学家已意识到局部与整体之间某些类似的性质，提出了“一沙一世界，一花一天国”“万物各具一理”“万理同出一源”等光辉思想。其后康托尔（Cantor）、皮亚诺（Peano）、豪斯道夫（Hausdorff）、科契（Koch）、列维（Levy）、谢尔宾斯基（Sierpinski）等人的工作，为分形思想的进一步发展和分形

* 此文发表于《生态经济》1997 年第 4 期。

理论的孕育与诞生奠定了基础。从20世纪60年代末开始，法国数学家曼德尔布罗特（B. B. Mandelbrot）发表了一系列重要文章，使分形的思想更加具体化、系统化和科学化。80年代初，分形理论已广泛应用于众多的领域，如哲学、数学、物理、化学、生物学、农学、气象学、人口学等几十个学科，都获得了很大成功。1991年《混沌学、孤子和分形》在英国的诞生与1993年《分形学》杂志在新加坡的问世，正说明分形理论运用的广阔前景。目前许多国家已出现了“分形热”。

“分形”（fractal）一词，是当代法国数学家B. B. Mandelbrot所构想出来的，源于拉丁文“fractus”和英文的“fractional”，意思是“不规则的”“支离破碎的”“分数”。现在通常把它译为“分形”，是指具有自相似性（selfsimilarity）或膨胀对称性的几何对象。所谓自相似性，简单地说，就是局部与整体在形态、功能和信息等方面具有统计意义上的相似性。适当地放大或缩小分形对象的几何尺寸，整体结构并不改变，这叫标度不变形。尽管整体具有错综复杂、奇异多姿的结构，它都源于一个基本的分形元或起始元（initiator）结构。分形结构（系统）具有如下特点。

其一，分形系统具有精细结构，存在任意小的比例细节。

其二，分形系统具有自相似性的或可能是严格的自相似性或统计意义上的自相似性。

其三，分形系统是如此的不规则，以致其整体和局部都不能用传统的几何学加以描述。

其四，分形系统的分维数Dr大于或等于拓扑维数Dt。

其五，大多数情形下，分形系统以十分简单的方法定义或产生迭代过程。

二　农业生态经济系统的“分子”
——微观生态经济单位——农户

农业生态经济系统具有极为复杂的内部结构，子系统之间、微观经济单位之间的相互关系错综复杂，系统论、控制论和信息论在处理农业生态经济系统时基本是把农业生态经济系统作为一个“黑箱”，只考察“输入”“输出”，对其内部结构很少考虑。分形理论是在研究系统的局部与整体的基础上建立和发展起来的理论。因此，研究农业生态经济系统就必须考虑微观生态经济活动，下面对农业生态经济系统进行“解剖”。

（一）农业生态经济系统结构拆零

农业生态经济系统结构是农业生态经济系统内部及其外部元素之间相互依存、相互作用的矛盾统一体，相互关联的总和便构成农业生态经济系统结构。它们表现为系统内部组织形式、结构方式和秩序。通过元素与系统之间、元素与元素之间的约束、选择、协同、耗散和平衡五大机制保持其特定的组织形式，使农业生态经济系统呈现多层次的等级结构。在多层次结构中，各种元素之间的约束、选择、协同、耗散和平衡作用组成一阶系统，一阶系统又作为构成元素，以特定的方式形成二阶系统，以此类推形成多级高阶结构。农业生态经济系统的这种多级高阶结构的任何一层次的结构都大致可划分三个方面。

1. 农业生态经济系统的形态结构

农业生态经济系统的组成元素是物质的实体，它们有广延性，存在位置关系。这些元素之间在空间上的规模、尺度、分布、排列、相位等关系的综合便构成农业生态经济系统的空间结构。农业生态经济系统不仅具有空间结构而且具有时间结构，如四季交替的节气结构以及与之相适应的农村结构。由此，可以把在农业生产过程中形成的农村经济系统、农业技术系统、农业生态系统、农业资源价值管理系统、农村环境监控系统在时间和空间中的关联关系，抽象为农业生态经济系统的形态结构。

2. 农业生态经济系统的数量关系结构

农业生态经济系统中的组成元素之间存在一定的数量比例关系，如农业生态经济系统中各种生物的种群结构关系、资源构成关系、产值结构、人口结构、劳动力就业结构等。数量关系结构和形态结构既有区别又有联系，如种植业结构中不仅包括各种作物的产值比例、用地构成，还包括各种农作物的时间和空间配置。

3. 农业生态经济系统的能源耗散结构

农业生态经济系统中元素间相互作用的形式与结构，表现为能量的耗散过程，正是这种能量的耗散才得以维持农业生态经济系统的新陈代谢。现代农业生产的生态系统和经济系统都是开放系统，都不断地与环境进行物质、能量、信息的转换。尽管我国的农业生产自给自足的状况尚未根本改变，但它和孤立系统（不与环境发生物质、能量、信息交换的系统）有根本的不同。一方面，生态系统和经济系统之间不断地进行能量和物质的交换；另一方面，农业经济系统和国民经济其他部门之间进行能量、物质和信息的交换。正是农业生态经济系统的开放性构成了农业生态经济系统能量耗散结构的充分条件。

（二）农业生态经济系统结构取整

农业生态经济系统结构拆零表明：尽管它是一个复杂的高阶系统，任何层次上都可以表现为三种结构，即形态结构、数量关系结构和能量耗散结构，呈现自相似的层次结构。一户农户，实质上可以被看成农业生态经济系统的一个缩影，它体现了农业生态经济系统的本质属性，即它是进行农业的自然再生产过程和农业的经济再生产过程的统一体。正如，商品作为社会一个很小的相对独立的部分，包含整个社会的信息，可以说是典型的社会分形元。如果把“特征标度”放大一点，我们自然会发现，一个村、一个乡、一个县、一个省，甚至一个国家的农业生产过程，同样体现了农业生态经济系统的本质属性。我们可以认为，农业生态经济系统是一个分形系统，呈现“分形”的特征，“农户”是构成农业生态经济系统的“起始元”。因此，尽管农业生态经济系统结构复杂，但是由于它具有分形特性，我们可以把复杂的农业生态经济系统转化为其基本的构成单位“分形元”或“起始元”——“农户”加以研究。关于“农户”有意义的研究成果对复杂的农业生态经济系统的研究有重要的参考价值。因此，可以确立“农户”是农业生态经济系统的“分子”——微观生态经济单位。

三　农业生态经济系统的分形特点

（一）农业生态经济系统是一个自相似集

农业生态经济系统结构拆零表明，“农户”是构成农业生态经济系统的“起始元”或“分形元”。农业生态经济系统的生成元的数目可以因不同的特征标度而发生很大的变化，且每一个生成元都能基本上反映起始元的特征。按集合论语言，若一个有界集合包含 n 个不相重叠的子集，当子集放大 r 倍后能与原集合重合，则称此集合为自相似集。据此定义，可以认为，农业生态经济系统是一个自相似集。

（二）农业生态经济系统的分形边界是无形的

由于农业生态经济系统不像云彩、雪花、海岸线那样是实实在在的几何体，它们的边界是清晰的、确定的，而农业生态经济系统的分形边界是由时间、空间及其子系统的质量等多种因素所确定，不能用线、面、体来描述农业生态经济系统的边界。因此，农业生态经济系统的分形边界是抽象意义上的边界，是由时间、空间及其系统质量所确定的多元函数。

（三）农业生态经济系统分形边界的可变性

农业生态经济系统是一个开放的非平衡系统，随着时间累积，农业生态经济系统会出现平衡态和渐进稳定态，在这种情况下，系统能使内部的涨落和外部的扰动衰减下来。一旦“蝴蝶效应”突发，农业生态经济系统的平衡态和渐进稳定态就被破坏了，涨落和外部的微小扰动再也不能衰减了；相反，它会被放大，农业生态经济系统就朝着对流态演化，出现一级分叉。农业生态经济系统向何方演替应由当时系统所处的环境及系统的质量所决定，从而使农业生态经济系统的边界随之发生改变。所以，农业生态经济系统的分形边界并不是一成不变的，而是随着农业生态经济系统的发育、成长而改变。

四　结束语

本文运用当代的最新自然科学成果——分形理论，对农业生态经济系统结构进行定性研究，认为农业生态经济系统是一个分形系统，具有分形特性，“农户”是构成分形系统的“分形元”，这种分形元之间的约束、选择、协同、耗散和平衡作用，构成了农业生态经济系统多级高阶的整体。整体可以反映部分的性质，相反部分的某些特征也可以表现出系统的整体属性，系统的各个部分构成在整体范围内协同、耗散作用去实现农业生态经济系统的功能。这些定性研究成果对今后农业生态经济系统的定量研究有积极的指导作用，我们可以把复杂的农业生态经济系统转化为最基本的“分形元”进行研究，能大大减轻工作量，并且得出的结论是非常有意义的。这为实现农业生态经济系统的可持续发展提供了科学的指标，它将有利于对农业生态经济系统的运行进行科学监控。

（与葛中全合作）

关于以桑为基础建立生态农业体系的探讨*

农业是一个复杂的生态系统，农业生产是人们在一定的生态系统中进行的经济活动。

在这个生态系统中，生物有机体之间、生物群体与环境因素之间相互联系、相互制约，形成一个统一的不可分割的自然综合体。

只有系统内各种因素组配得当、结构合理，才能使系统内物质循环和能量转换的功能得到充分发挥，从而获得稳定、丰产和经济效益。如果只顾目前利益，不顾长远利益，只顾个人、局部利益，不顾整体、生态效益，破坏了人们生存和农业发展的基础，必将受到大自然的惩罚，使子孙万代遭殃。

因此，要搞好农业生产，应当以生态学原理为指导，建立合理的农业生产布局和结构，以促进农业生态系统内各种因素的平衡发展，从而获得较高的经济效益。

同时，蚕桑生产属商品性生产，农业生态系统的发展状况直接受到价值规律的支配，更必须严格按照经济规律办事，只有建立农、林、牧、副、渔综合发展，桑、蚕、茧、丝、绸一条龙，农、工、商、贸相结合的新型的生态农业体系，才能从根本上改变千百年来农民只生产和出售原料茧的落后状况，大幅度地提高经济效益，振兴农村经济，实现农业现代化。但由于我国地域广阔，生态环境条件复杂，自然资源在数量和质量上的分布存在明显差异，不同地区社会经济发展也不平衡，农村劳力状况、农业生产及其内部结构、农业科技水平等也不相同，建立

---

* 此文发表于《蚕学通讯》1986 年第 4 期。

生态农业体系的模式，也不可能只有一种。如何起步？这是当前亟待研究、商讨、解决的问题。有鉴于此，我们根据多年实践经验和学习的体会，大胆地提出“关于以桑为基础建立生态农业体系”的设想，请诸位专家、学者、同行批评指正。

一　以桑为基础建立生态农业体系的可行性

（一）广东桑基鱼塘的农业生态系统

广东珠江三角洲，河流纵横交错，水域面积大，地势低洼，土地肥沃，自然条件优越，当地劳动人民，经过长期的生产实践，创造了一种“桑基鱼塘”的农业生态系统，即把低洼地深挖为塘，挖出的泥土覆四周成基。塘蓄水养鱼，基上栽桑（或甘蔗、水果）。以桑叶养蚕，用蚕沙（粪）、蚕蛹喂鱼，再以塘泥肥桑，从而形成了桑、蚕、鱼三者良性循环的农业生态系统（见图1）。

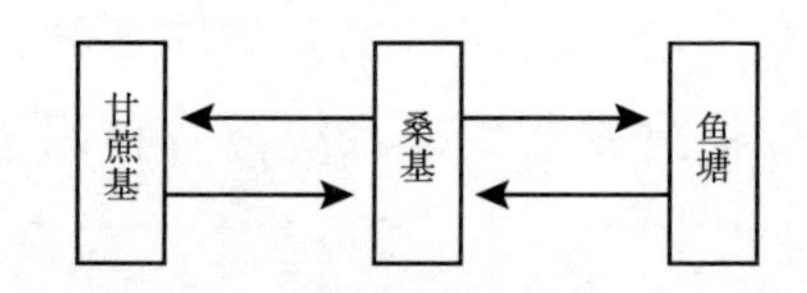

图1　广东顺德以桑为基础的生态农业

由于这种系统具有独特而良好的物质循环和能量转换功能而受到国内外的普遍重视，被誉为“举世闻名的生态系统”。正是这种系统，使这个地区成为我国一个重要的茧丝商品基地，出口塘鱼和蚕丝，为社会主义建设做出了贡献。

现在，联合国有关机构特在广东顺德县勒流乡农科站建立了一个研究所，专门进行“桑基鱼塘生态系统”的研究。桑基鱼塘的经验，虽有一定的局限性，但桑基鱼塘生态系统的物质循环和能量转换的规律和原理，对其他地区也有参考价值。

（二）綦江县高庙乡制订“以桑为基础，桑、蚕、兔、粮、鱼、芋六业生态农业”试验方案

娄叶兰同志是一个蚕桑专业户，家有劳动力 5 人（父母、夫妇和一个弟弟），有密植桑园 4 亩（均为幼桑）、水田 3 亩半。过去以蚕桑为主业，经济效益不高，每年收入不过 1000 多元，后来发展长毛兔，由弟弟负责饲养。养兔收入超过蚕桑 1 倍，究竟叫“蚕桑专业户”还是叫“养兔专业户”？如果改为“养兔专业户”，桑园面积又占田土总面积的 66%，不能放弃，怎么办？1986 年 3 月 11 日，在县（区）科协帮助下，制订了“以桑为基础，蚕、桑、兔、粮、鱼等六业生态农业”试验方案。如果实现这个方案，到第三年粗算可以收入现金 10000 元，成为真正从事农业、勤劳致富的“万元户”，改名为“生态农业户”就比较恰当了（见图 2）。

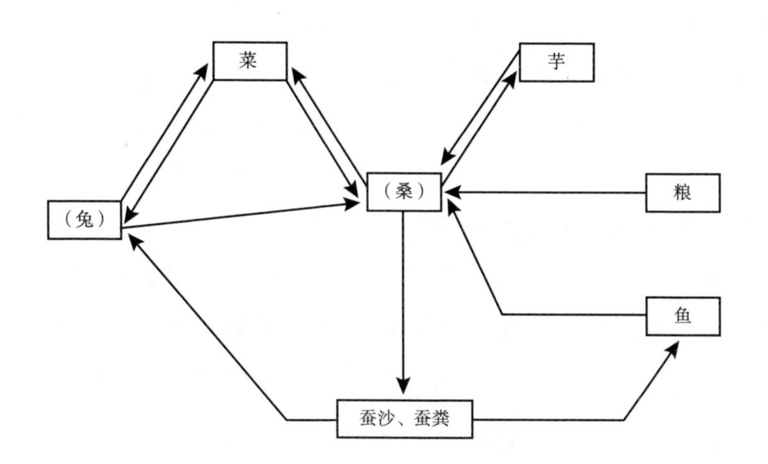

图 2　四川綦江高庙乡娄叶兰以桑为基础的六业生态农业

娄叶兰制订的六业生态农业试验方案，不仅对千家万户蚕桑专业户如何进一步发展大有启发，而且对建立以桑为主的生态农业体系如何起步同样具有参考价值。

二　以桑为基础建立生态农业体系的设想

建立以桑为基础的生态农业体系，主要可分为3个阶段。每一阶段是相互联系的，前一阶段是后一阶段的基础，后一阶段是前一阶段的继续。

（一）第一阶段（5年）：发展生态农业户

从宏观战略决策而言，在一个国家、一个地区的范围内，应当根据生态学和经济学的规律和原理，因地制宜地制订出一个建设生态农业体系的总体规划，这是不言而喻的。但从一家农户而言，其主要关心的是自己的经济效益。如果以桑为基础的生态农业体系建设，不与当前蚕桑专业户的经济效益紧密结合，就不会被蚕桑专业户接受和欢迎。

四川省年产蚕茧达200万担，为全国之冠。以每户一担计，蚕桑专业户不少于200万户。但目前由于茧丝质量差，加工深度浅，织绸、印染后处理不配套，花色品种少，外销迟滞，以及价格政策缺乏综合平衡等原因，蚕桑生产的经济效益与广柑等相比甚低。因此，有的地方出现了挖桑种果的现象，生产处于徘徊不前状态。四川省蚕桑学会，省蚕丝公司，蚕业教育、生产、科研等单位的专家们，为了振兴四川蚕业，曾经组织了多次发展战略决策讨论会议，提出了桑、蚕、茧、丝、绸一条龙，农、工、商、外贸相结合的经济体制改革方案，以及发展蚕桑专业户、专业村、专业乡，建设茧丝商品基地县等战略措施，这都是无可非议的。我们是热爱蚕桑专业的，也希望四川省的蚕桑事业能够兴旺发达，故积极为发展蚕桑专业户贡献力量。我们也曾经深入农村为几家蚕桑专业户，制订蚕桑生产计划，但感觉在四川省人多地少的情况下，平均每个农民不过一亩土地，如果把这一亩土地全部栽桑养蚕，年收入最多也不过600元，如果养长毛兔的话，有的一年可收入2000元，谁还愿意做一个蚕桑专业户呢？因此，我们进一步认识到，只搞单一项目，如养蚕专业户、养兔专业户、养鸡专业户、养牛专业户等，是有一定局限性的。因为农业本身就包括农、林、牧、副、渔五业以及粮、棉、油、菜、丝、麻、烟、茶、糖、果、药、杂等多种项目，而我国农业人口约8亿人，真是千家万户，犹如汪洋大海，要使千百万户农民迅速富裕起来，实现农业生产总值翻两番，只有走生态农业（或称“综合农业”“立体农业”）的道路，这从娄叶兰同志的生态农业方案中也可得到证明。

生态农业户，不仅发展了蚕桑，并发展了养兔、养鱼等多业，增加了经济效益。而单一的蚕桑专业户，不仅蚕桑发展不了，并且扼杀了多种项目的发展，限制了经济效益的提高。

最近胡耀邦同志视察海南岛等地时，也曾谈道：“要实现翻两番的指标，主要还是要到群众中去，到实践中去，落实具体办法。到乡村去，开支部会，或者直接同群众商量，你一家五口人每人每年增加100元，能不能做到，具体措施又是什么？慢慢同群众商量，商量好了，就脚踏实地去干，我看没有什么办不到的。”胡耀邦同志的讲话使我们深刻地认识到，要建立以桑为基础的生态农业体系，必须从发展生态农业户入手，搞好一家一户的综合多业的农业生产计划。

从一家一户，推广到十家百户，千家万户。从生态农业户发展到生态农业乡，最后建立生态农业县。

（二）第二阶段（5年）：继续发展生态农业户，继而建立生态农业乡

不断调整农业内部结构，修订农业生产计划，完善生态系统，在生态农业户发展到一定数量的基础上建立生态农业乡。

一个生态农业乡的生态系统，其内容、范围比一个生态农业户复杂得多。一个生态农业户在执行农业生产计划的过程中，会因劳力有变化，如原有的成员有变动（劳力流动或小孩已长大成人等），技术有提高，有的农业项目经济效益低等原因，不断地调整农业内部结构，修订

生产计划，完善生态系统。

在这一阶段，应初步考虑充分利用农村剩余劳力，开发利用自然资源，造林绿化，种草养畜，加工丝棉，配制蚕蛹、蚕蛾的混合饲料，发展工副业、商业等，以进一步增加经济效益。

（三）第三阶段（5～10年）：继续发展生态农业乡

不断调整农业内部结构，修订农业生产计划，完善生态系统，在生态农业乡发展到一定数量的基础上，可建立生态农业县。

一个生态农业县的生态系统，其内容、范围比一个生态农业乡更大更广、更复杂。除了继续完善农业生态系统外，应当进一步提高经济效益，建立农、林、牧、副、渔五业综合，桑、蚕、茧、丝、绸一条龙，农、工、商、贸相结合，蚕业综合利用大发展的以桑为基础的生态农业体系，即茧丝商品生产的基地县。

建立生态农业体系不一定以桑为基础，也可以养鱼、养兔、种果、种甘蔗等。

初步建成一个生态农业县，需要15～20年的时间，即3个或4个五年计划。初步建成一个省或全国的生态农业体系需要30～50年，即半个世纪。时间的长短不是绝对的，主要取决于领导重视程度、组织规模大小等。生态农业体系的内容也不是固定不变的，是随科学技术的发展而不断变化发展的，是无止境的。

三　开发农村智力、加强技术培训、迅速把科学技术转化为生产力

（一）教材建设

生态农业包括种植业、养殖业、加工业等多业、多种项目，必须普及推广多种新技术。因此，应及时组织有关各业方面的专家，针对农户的实际需要，编写出一套理论联系实际、学以致用的技术资料作为教材。

（二）建立科技培训中心

在当地政府和科协的领导下，组织有关各方面的人员参加，建立科技培训中心，有步骤、有计划、分批、分期地培训农村千家万户生态农业户。

“科技培训中心”以民办为主，政府资助，经费来源主要是学费。这样可以节约国家教育经费开支，扩大培训班的数量和规模。

（三）培训方式、方法

以采用“滚雪球”或“梅花形”的办法（即小先生制）。先办师资班（50~100 人），再办普及班（50~100 人），每个普及班配备两个教师，一个师资班的教师，可扩办普及班 25~50 个，可培训 1250~5000 人。照这样坚持办下去，一个有生态农业户 20000 户的乡，在 4~5 年内，普遍进行了一次技术培训，奠定下扎实的技术基础，必将爆发巨大的生产力。

随着生产的发展，科学技术也要不断提高，培训教材要不断地改革、更新，在普及的基础上提高，在提高的指导下普及，逐步形成一整套适合我国农村形势的、不脱产的农民教育新形式和技术推广新体系。

四　加强组织领导，开展横向联系，贯彻教学、科研、生产相结合，为振兴农村经济、实现农业现代化贡献力量

实现农业生产总值翻两番，使农民迅速富裕起来，这是我国社会主义新时期的重要任务之一。农业生产是一个复杂的系统，涉及范围很广，有关的部门、专业、学科很多。

要建立新型的生态农业体系必须加强组织领导，开展横向联系，尤其要贯彻教学、科研、生产相结合，才能很快获得成功。例如，西南农

业大学在农村建立试验基地（一个生态农业乡），既可以在这个基地上进行教学实践活动、理论联系实际、收集资料、总结经验、补充教材、丰富教学内容、提高教学质量；又可以在这个基地上，推广科研成果、开展科技咨询、科技培训、现场指导、印发技术资料等科技服务活动，提高农民科技水平，促进生产发展，更可以加快生态农业乡的建设速度。例如，蚕桑系每年有学生60人到生态农业乡进行生产实习，时间为两个月，每个学生可帮助10家生态农业户制订生产计划，则一年可以完成600家生态农业户的生产计划。加上蚕桑干部、蚕桑辅导员的力量，每年帮助1000家生态农业户完成生产计划，是不成问题的。

又如先把60名学生培训为教师，再到农村开办普及班（每班50人），每两个学生负责一个普及班，则一年可以培训1500人。这样推算，在一个万户的生态农业乡，在4~5年内，每户都有一个农业生产计划，每户都受到一次技术培训，必将大大加快生态农业乡的建设步伐。

故将教学、科学、生产相结合、相互促进，就可以开创农业教育、科研、生产的新局面。

五　小结

第一，农业是一个复杂的生态系统，在这个系统中，生物有机体之间、生物群体与环境因素之间相互联系、相互制约，形成了一个统一的、不可分割的自然综合体。只有系统内物质循环和能量转换的功能得到充分发挥，才能获得持续、稳定、高额生产，提高经济效益、生态效益和社会效益。

第二，栽桑养蚕包括种植业和养殖业是农村骨干副业之一，应当以生态学原理和经济规律为指导，从一家生态农业户入手，建立以桑为基础的，农、林、牧、副、渔多业综合，桑、蚕、茧、丝、绸加工一条龙，蚕业综合利用大发展，产、供、销、农、工、贸相结合的生态农业体系。

第三，建立科技培训中心，开发农村智力、加强生态农业户的培训，迅速把科学技术变为生产力。

第四，加强组织领导，开展横向联系，贯彻领导、技术、群众和教学、科研、生产两个“三结合”，团结奋斗，为振兴农村经济、实现农业现代化贡献力量。

（与李存礼、周明哲合作）

川中地区土地适度规模经营的探讨[*]

土地的适度规模经营是把土地的经营规模和经营效率相结合而形成的经济学的范畴，它不仅包括生产力配置过程中的技术经济分析，而且直接涉及土地所有制的变革和社会经济条件的适应度等。因此，土地规模经营的研究在农村经济深化改革中具有重要意义。

川中盆地丘陵区占四川省面积的16%，耕地占50%，年提供商品粮占全省的60%以上。其种植业生产不仅在四川省举足轻重，而且在我国南方丘陵山区有相当代表性。为此，我们通过对200户土地经营者的调查，分析研究了目前该区土地经营规模变动的制约因素及适度规模的对策。

一 劳动生产率、土地生产率对土地经营规模变动的影响

农业生产不仅包括提高劳动生产率，而且包括提高土地生产率。

（一）以提高劳动生产率为目标的适度经营规模

对农户的劳均承包面积与劳种植业总收入、纯收入进行了统计回归分析，得到如下回归方程：

$$y_1 = -16.25 + 238.89x - 25.52x^2 (r = 0.71^{**}, F = 49.3^{**}) \qquad (1)$$

$$y_2 = -64.19 + 234.78x - 34.88x^2 (r = 0.62^{**}, F = 30.8^{**}) \qquad (2)$$

---

* 该文发表于《西南农业大学学报》1989年第11卷第4期。

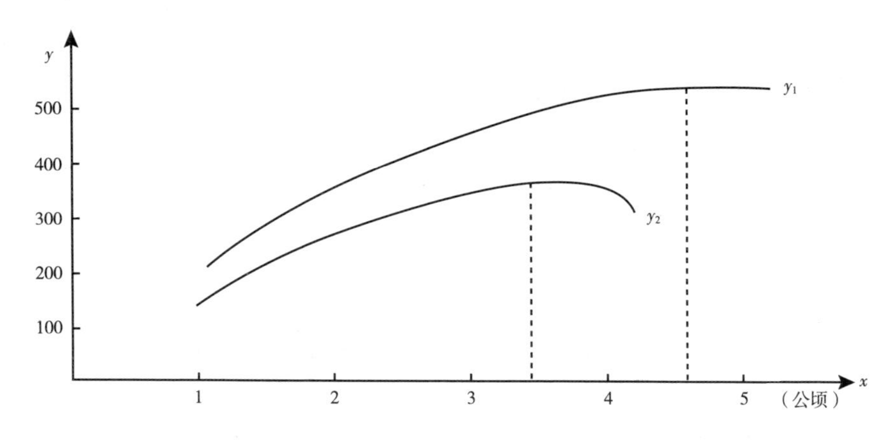

图1　劳动生产率与土地经营规模的关系

其中，y_1 代表劳种植业总收入；y_2 代表劳种植业纯收入；x 为劳承包面积单位 1/15 公顷（下同）。

回归方程表明，劳均总收入、纯收入与劳承包面积呈二次曲线关系，即收入水平随承包面积的增加而增加，但超过一定限度，便呈下降趋势（见图1）。由式（1）和式（2）可求得当 x 为 0.31 公顷和 0.22 公顷时，y_1 和 y_2 达最大值，分别比目前劳平均承包面积 0.12 公顷高出 150% 和 80% 左右。以上分析表明，在目前生产力和投入水平下，适当扩大土地的经营规模对提高劳动生产率是十分必要的，其数量可限定当劳承包面积为 0.22 公顷和 0.31 公顷时，可获得最佳的劳均经济收入（330.1 元左右）和最佳的劳均农产品总量（541.5 元），分别比目前经营规模下高 24% 和 60% 左右。

（二）以提高土地生产率为目标的适度经营规模

通过对农户劳承包面积（x）与单位面积总收入（y_1）、纯收入（y_2）的统计分析，可得以下回归方程式：

$$y_1 = 228.82 - 24.92x(r = 0.35^{**}) \tag{3}$$

$$y_2 = 168.88 - 19.41x(r = 0.32^{**}) \tag{4}$$

由式（3）和式（4）可见，在目前生产力状况和投入水平下，土地经营规模和土地生产率呈负相关。其原因在于该区农户经济力量薄弱，经营规模的扩大往往导致单位面积农田投入的减少，以致出现土地生产率下降的趋势。劳动生产率和土地生产率之间的矛盾便成为土地经营规模变动中不容忽视的问题。

二　土地经营规模变动与投入产出

土地经营规模的变动受土地生产率与劳动生产率之间矛盾的制约。然而，无论是土地生产率还是劳动生产率都不仅受制于活劳动投入的多少（在一定程度上可以看成与土地经营规模成反比），而且更重要的是取决于生产力的发展水平以及与其相适应的物质费用投入的多少。

（一）农田投入与土地生产率

单位面积物质费用（x）与总收入（y_1）、纯收入（y_2）的关系如下：

$$y_1 = 155.15 + 9.3 \times 10^{-3} x^2 (r = 0.57^{**}, F = 47.37^{**}) \tag{5}$$

$$y_2 = 123.02 + 3.0 \times 10^{-3} x^2 (r = 0.22^{**}, F = 4.9^{**}) \tag{6}$$

以上分析表明，目前该区的物质投入太低，无论是总收入还是纯收入都随物质费用的增加而呈指数增加，还远未达到土地报酬递减的阶段，适当增加投入，可使土地生产率大幅度增加，进而对土地经营规模的适宜度产生影响。

（二）土地经营规模与投入产出

以上单因素分析表明，土地生产率与土地经营规模变动成反比，与物质投入的增加成正比。由于现实生产中土地生产率受制于经营规模和物质投入的交互作用，只有对其影响进行综合分析，才能更确切地得到土地经营规模变动量的制约。

根据调查结果，建立劳承包面积（x_1）与物质费用（x_2）、土地生产率（1/15公顷总收入和纯收入）的多元回归方程式：

$$y_1 = 203.24 - 41.4x_1 + 0.46x_1x_2 + 4.5 \times 10^{-3}x_2{}^2 \quad (r^{**} = 0.63, F_1{}^{**} = 8.3, F_2{}^{**} = 3.4, F_3{}^{**} = 3.0, F^{**} = 21.8) \tag{7}$$

$$y_2 = 166.3 - 30.0x_1 + 0.25x_1x_2 \quad (r^{**} = 0.87, F_1 ** = 14.1, F_2 ** = 3.7, F^{**} = 4.97) \tag{8}$$

对以上两式分析如下：

$$\frac{dy_1}{dx_1} = -41.4 + 0.46x_2 \cdots \tag{9}$$

$$\frac{dy_2}{dx_1} = -30.6 + 0.25x_2 \cdots \tag{10}$$

只有当式（9）和式（10）两式大于0时，土地经营规模的扩大才有利于土地生产率的提高，即：

$$-41.4 + 0.46x_2 \geqslant 0 \tag{11}$$

$$-30.6 + 0.25x_2 \geqslant 0 \tag{12}$$

由式（11）和式（12）得，当x_2分别大于90元和120.9元时，土地经营规模的扩大将有利于土地生产率的提高。当然，即使农田投入达到以上水平，土地生产率也不会随经营规模的扩大而无限提高。因为在一定生产力水平下，投入如果超出一定的限度，其报酬会呈下降趋势。那么，土地经营规模的增加必然会受到限制。

以上分析表明，川中地区土地经营规模的变动直接受农业投入水平的制约。该区每公顷平均投入水平仅为1050元左右，劳承包面积只有0.12公顷。在生产力水平和投入水平下，劳承包面积的扩大有利于劳动生产率的提高，也可提高土地生产率，因为增加农田投入是解决川中地区劳动生产率和土地生产率矛盾的关键。

三　川中地区土地适度规模经营的宏观制约

土地适度规模经营的宏观约束可分为两个层次：一是资源约束；二是经济约束。

（一）资源约束

川中地区土地总面积占四川省的16%，但人口则占全省总人口的50%以上，密度达到500人/平方公里。人均耕地约0.17公顷，低于全省及全国的平均水平。灌溉面积仅占耕地的30%左右，旱涝保收面积不足20%。农业机械化程度较川西平原地区为低。该区气候资源优越，农作物大都可四季生长，劳动力负担较重。耕地的匮乏及其特定自然条件的影响构成了对该区土地适度规模经营的资源约束。

（二）经济约束

该区农村工业和第三产业落后，劳动力转移条件差，尽管农村劳动力剩余较多，但绝大多数农民仍不得不靠种田养家，又无力进行大规模的农田投入，农村商品经济也不发达，从而形成了进一步扩大该区土地经营规模的内部经济约束。由于联产承包责任制曾极大地促进了农村经济的发展，由此产生的盲目乐观使人们对农业的重视程度大大下降。

如四川省“六五”时期比“五五”时期农业投资总额减少了43%，在总投资中的比重也由9.3%降为4.2%（1986年仅占2.8%）。土地分散经营后，粮食价格增加了37.3%，经济作物价格上升了14.3%，而农业生产资料的价格却上升了22.8%。农业投资的减少和不断扩大的“剪刀差”，不仅使农民的经济实力受损，而且严重地挫伤了农民投资的积极性，从而大大地削弱了农业持续发展的后劲，影响了土地适度规模经营的进程。

土地经营向大规模集中化发展是毋庸置疑的，但由于以上所述的种种约束，川中地区土地经营规模的变动只能由小规模适当集中逐步过渡到较大规模的经营，而且这一过渡需要经过相当长的时间才能完成。

（与李鸿合作）

我国农村工业化的环境经济特性分析*

农村工业是我国工业化过程中的重要力量。中共十一届三中全会以来，我国农村工业取得了持续的高速发展。1991 年，乡镇工业总产值达 850 亿元，占全国工业总产值的 3%。在产值速增长的同时，乡镇工业也排出了大量的工业“三废”。全国乡镇工业污染源调查表明：1989 年乡镇工业排放工业废水 18.3 亿吨，占全国工业废水排放量的 6.7%。排放工业废气 1.22 亿标立方米，占全国总量的 12.9%。产生工业废渣 1.15 亿吨，占全国总量的 16%。尽管乡镇工业的“三废”排放量在全国“三废”排放量中所占比重还较低，但随着乡镇工业数量的发展和规模的扩大，乡镇工业的环境污染可能进一步加大。从经济要素形成的角度看，我国农村工业化环境污染具有以下生态经济特性。

一 由于产业结构的趋同，我国农村工业的环境污染具有明显的导向型特征

某一地区经济基础和自然资源的类同决定了该地区农村工业在规模和结构上的一致性，形成高度趋同的主导产业。一定地区内农村工业主导产业的趋同必然造成一定时期内同类污染物的剧增，致使环境的自净能力大大低于农村工业污染的产生能力，从而形成该地区以主导工业的污染物为主的导向型特征。例如，云、贵、川三省交界处的硫铁矿储量

---

* 此文发表于《生态经济》1993 年第 2 期。

十分丰富，给炼磺提供了充足的资源。由于土法炼磺技术落后，入炉矿石中总硫利用率仅为45%左右，28%变成二氧化硫、硫化氢等气态硫化物排入大气，其余作为废渣排出，致使该地区酸雨频繁，水土流失严重，水体、农作物和生态环境均遭严重破坏。

技术水平单一是造成农村工业结构趋同的又一个重要原因。如位于京津之间的廊坊地区，有近万人从事电镀行业，日排含铬、氰废水1600吨。江苏省江阴县的拆船业占用长江岸线6.63千米，占县境内总岸线的21%，造成长江水面油污染十分严重。诸如此类的电镀之乡、锻造之乡、拆船之乡、水泥之乡、陶瓷之乡、造纸之乡，无不形成巨大的导向型强点污染源。

二　农村工业的布局不合理，我国农村工业化过程中的环境污染具有循环污染和多重污染的特点

我国农村工业的布局大多依附于小城镇。小城镇既是农村居民相对集中的场所，又是乡镇企业相对集中的生产经营基地。小城镇内各种污染形式集中在一起，形成了巨大的交叉－介质（cross-medium）影响。一方面，提高了污染浓度；另一方面，扩大了污染内容，增大了污染的治理面。

分散于乡村的小企业由于受到经济实力的限制，大多数布局在小河、小溪、湖或小水塘旁边，取水、排水同在一个水源，自己污染自己，形成污染循环。农村工业的污染物往往直接排入农田，形成工业污染、化肥污染、农药污染等多重污染，直接影响农产品的质量和产量的提高。由于其循环污染和多重污染的特点，农村工业对生态环境的影响较城市工业更具破坏性，其影响也更加长久。

三　由于经济发展水平低，我国农村工业化造成的生态环境问题在总体上尚属于“贫穷的污染”

环境污染的特点总是与经济发展的特定阶段相适应的。按工业发展阶段和主导污染物的变化，工业污染大体可分为3个阶段：第一阶段以煤、烟尘和二氧化硫造成的大气污染和采矿、冶炼、无机化学工业的废水污染为主。第二阶段的特点是石油和石油化工等有机化学工业及其产品的污染问题越来越突出。第三阶段是光化学烟雾、放射性污染等新污染物和污染源的产生。目前，发达国家的第二代和第三代污染正在迅速发展。我国的第一代污染已相当严重，第二代污染正迅速发展，第三代污染已开始出现。我国农村工业由于起步较晚，起点较低，在总体上还属于“贫穷的污染”。

第一，我国农村工业的主导污染物还是废水、废气和废渣，和城市工业相比，我国农村工业的污染结构仍是低层次的。在我国城市工业中，化学工业和冶金工业是排放废水的大户，两者之和将近占城市工业废水排放量的一半，而在农村工业中，这两者排放的废水仅占农村工业废水放量的1/9。冶金工业与电力工业是城市排放废气的大户，两者之和将近占城市废气排放量的一半，而在农村工业中，这两个行业的废气排放量仅占农村工业废气排放量的1/50，农村因陋就简地发展起来的这种低效、落后的产业结构是我们所谓的“贫穷的污染”的第一个特征。

第二，我国农村工业对生态环境的破坏程度与农村经济的发展程度逆向背离。越是农村工业经济水平落后的地区，环境污染越严重。据南京环境科学研究所的综合评判，我国农村工业污染程度属于“轻”一级的省市分别是上海、天津、浙江、江苏、北京、广东等，这些地区的农村工业企业分布密度达到2.5～6个/平方公里，农村工业经济密度达20万～230万元/平方公里。污染程度属于“中”一级的省份分别是山东、湖北、福建、辽宁、河北等，这些省份的农村工业分布密度和经济密度分别为1.0~2.5个/平方公里、9万~12万元/平方公里。污染程度属于“重”一级的省份是四川、黑龙江、吉林、安徽、陕西、宁夏、河南、湖南、江西、青海等，其农村工业分布密度和经济密度分别为0.5~1.0个/平方公里、2万~6万元/平方公里。污染程度属于“特重”一级的分别为甘肃、内蒙古、新疆、广西、山西、云南和贵州等省份，而它们的农村工业分布密度和经济密度分别只有0.05~0.5个/平方公里和0.04万~1.2万元/平方公里。这种生态和经济的背离是我们所谓的“贫穷的污染”的第二个特征。

第三，由相对贫穷的经济水平而形成的环境保护过程中的种种经济缺口、技术缺口和制度缺口，是我国农村工业化“贫穷的污染”的第三个特征。我国尚属低收入大国，正在完成从农业国到工业国的转变，资金高度短缺。在美国开始大规模治理环境污染时，人均GNP已达1100美元，日本人均GNP亦超过达4000美元。20世纪70年代，美、日等国每年用于环境治理的费用都在数百亿美元，而且现在每年用于环境保护方面的费用占GNP的1%~2%。我国人均GNP仅为300多美元，在环境保护首次列入国家发展计划的“六五”期间，用于环境污染防治的资金仅为12亿元，只占同期国民生产总值的0.40%。农村工业的情况更差。1989年，农村工业企业年末环保设施固定资产原值为14亿元，仅占当年末调查企业全部固定资产原值的1.4%，其中主要污染行业年末环保设施固定资产原值为1.8亿元，占主要污染行业年末固定资产原值的1.9%。农村工业企业工业废水处理设施总数仅为1470台（套），仅占全部工业废水处理设施总数的3%。1989年农村工业企业环保人员总数为110595人，占调查企业职工总数的0.68%。其中，环保专职人员21618人，仅占调查企业职工总数的0.13%，形成了严重的经济和技术缺口。1989年，乡村工业企业环境影响评价审批制度执行率只有2.7%；主要污染行业反而更低，只达19%；“三同时”制度的执行率也只在14.4%。其中，主要污染行业只有1.6%，管理与制度缺口之大由此可见一斑。各种缺口的存在极大地限制了农村工业的污染处理能力。1989年，主要污染行业排出的13.7亿吨废水中，经过处理的只有4.1亿吨，而处理达标的只有0.67亿吨，处理达标率仅为16.3%。“贫穷的污染”造成了对经济建设和环境治理的双重限制，使农村工业难以依靠自身的力量步入环境与经济良性循环的运行轨道。

四　农村工业技术水平较低，使之成为各种污染转嫁的场所，从而形成我国农村工业化过程中严重的“环境不公平”

从1978年开始的大规模城市工业固定资产转让打开了城市污染向农村转嫁的第一条通道。1978～1984年，乡村工业企业固定资产原值共增加了345亿元，根据一些典型调查材料估算，其中购买城市工业二手机器设备的比重达35%～45%，总额为120亿～155亿元。1985年，农村工业又以35亿元购买城市工业二手机器设备。在农村工业购买的这些机器设备中，约有40%属于重污染、高物耗的淘汰设备。20世纪80年代中后期，城乡工业广泛开展了多种形式的经济协作，乡村工业承担的是那些污染较重的初级产品加工，从而形成了“产品进城，污染下乡”的局面。这是造成农村工业中重度和严重污染的主要原因。

随着城市工业污染的转嫁，我国已开始出现城、乡污染的倒置、转换的过程，即由20世纪70年代的城市污染、农村清洁转向80年代的城乡同步污染发展，90年代又可能转为经综合整治后，城市工业污染基本控制和好转，而农村污染发展、加剧的过程。

值得注意的是，外向型经济发展较快的沿海地区，盲目引进一些高能耗、污染重的产业，也开始出现了严重的环境污染，这引起了众多的议论和不安。

（与彭璧玉合作）

我国西南地区农林业的发展*

农林业是农业与林业的有机整体，是农业生产的一种模式，是使贫困的农村走出生态恶性循环、步入持续发展之路的重要途径之一，因此，在我国西南地区发展农林业具有重要的意义。

一　自然基础：西南地区发展农林业的动因之一

本文所指西南地区包括四川、云南、贵州、广西和重庆，与自然地理上的分区略存在差异。西南是我国重要的农业基地之一，总面积为137.68万平方公里，约占全国的1/7。耕地面积为2.09亿亩，占该区国土面积的10.1%。林地面积为3.76亿亩，占总面积的13.5%。宜林荒山荒坡和草坡约6.43亿亩，占总面积的31.1%。西南地区的农业自然资源具有以下特点。

第一，该区耕地面积绝对数虽大，但人均耕地仅为1.03亩，低于全国人均水平。该地区以山地为主的地理环境决定了进一步开发可耕地的局限性，这就迫使该区在向农业的深度发展的同时，向农业的广度扩展，充分利用非耕地，大力种草植树，以减缓需求压力。

第二，该区丰富的林地蕴藏着大量的用材林和经济林资源，但由于大多集中分布在远离木材消费地，运输困难，短期内难以形成农业的支持系统和农村能源供给系统。因此，必须利用广阔的疏林地、灌林地、未成林地、宜林荒山荒地发展农林业。

---

* 本文发表于《农业现代化研究》1989年第10卷第5期。

第三，辽阔的草原和草坡为发展畜牧业提供了良好的前提条件。此外，该区亚热带低山丘陵区和疏林地间有大量的草山、草坡，适宜建立林牧或农、林、牧结合的农林业。

第四，复杂的地形地貌和众多的气候类型为西南地区发展农林业提供了自然基础。该区的地势大致为东北、东南低，西北、西南、中部高的脊式地势。地形以山地高原为主，河坝谷地镶嵌其中，地形地貌复杂多样，山地丘陵约占全区总面积的92.5%，平原仅占7.5%。这种基本地貌特征对该区农业的发展有广泛而深刻的影响。

受地貌和大气环流影响，该区气候的水平和垂直差异都较大，各地自然景观迥然不同。大部分地区雨量充沛（年降雨量为1000毫米以上），热量丰富（年日照时数130小时以上），无霜期长，越冬条件好（年均温为15℃～22℃）。这样的气候条件，不仅为该区发展粮食作物、热带亚热带经济作物创造了有利条件，而且为树木、牧草、牲畜的生长提供了自然基础。

综上所述，西南地区的自然、气候、地理条件和农村社会经济发展的客观要求，将成为该区发展农林业的有力动因之一。

二　社会经济：西南地区发展农林业动因之二

西南地区历史上曾经是青山绿水、肥田沃土之地，气候适宜，资源丰富。但是，由于历代反动统治者和众多战争的破坏，迫使农民向森林夺地，向林地要粮，使西南地区森林资源和环境条件遭到严重破坏。新中国成立后，西南地区农业生产和社会经济都有了较大的发展。但是，由于受极“左”路线的干扰，片面强调“以钢为纲”“以粮为纲”，忽视农业的内部规律，一方面，过高地估计了自然环境对农业活动的承受能力，以为植被、森林、水资源、土地资源等都是取之不尽、用之不竭的。1958年、1960年和1970年前后，发生过三次大规模的砍伐森林、破坏植被的行为，导致植被覆盖率急剧下降，现在森林覆盖率已由新中国成立初的19%下降为

13.1%。另一方面，过低估计了大自然多方面的功能，把农业局限在种植业的狭窄范围内，从20世纪60年代末到70年代中期，大规模的围湖造田、毁林开荒运动在整个西南地区持续10年之久，耕地固然有所增加，但留下了难以弥补的生态灾难。由于上述两个方面的原因，产生了一系列不良后果。

（一）水土流失加剧

近十多年来，该区水土流失已达到相当惊人的程度。据估计，流失面积已达72万多平方公里，约占国土总面积的52%。耕地流失更严重，广西流失面积占全部耕地面积的82%。与此同时，各种侵蚀作用加剧。贵州、云南、广西、四川的山地都已遭到不同程度的毁坏，有的已成为永久性裸岩和草木难生的光山秃岭。

（二）土地肥力下降

据调查，四川盆地土壤中的有机质含量在20世纪80年代比50年代下降了50%～80%。广西每年冲刷的表土达700万～800万吨，相当于50多万亩耕地5寸厚的表土，流失氮、磷、钾养分175万多吨，相当于广西每年化肥用量的80%。

（三）自然灾害发生次数增加

最近十多年来，由于自然生态失调，各种自然灾害如洪、旱、雹、泥石流、滑坡等的发生频率、影响的范围、规模、持续时间、破坏程度等都比过去显著增加。

（四）水域生态恶化

河流、湖泊、水库等含沙量日益增加，湖泊蓄水量和河流径流量不断减少，水库严重淤塞，使用寿命缩短等。

（五）农业生产损失严重，发展缓慢

自然灾害造成的各种直接经济损失逐年加大，恶化的生态环境的生

产率降低，使农民种田收入降低，缺乏资金积累，因而也限制了其他产业的发展。从该区农业总产值构成情况看，西南地区农业总产值为460.6亿元，种植业产值占61.7%，林业产值占5.7%，牧业产值占20.2%，副业产值占11.8%，渔业产值占0.6%。显而易见，这一结构比例与各类土地资源构成的比例十分不协调。必须在不放松粮食生产的同时，大力发展林、牧、副、渔等。因此，在整个社会经济发展的大背景下，农村经济发展的迫切需求、广大山区农民脱贫致富的热切期望、农业走向持续发展之路的大趋势，以及历史经验教训的启示，便成为西南地区发展农林业的内部动因。

三　活力：西南地区农林业模式及效益

世界各国农林业实践千千万万，发展模式丰富多彩，无论是缅甸的"汤雅系统"，还是泰国的林业村，也无论是美国的森林草场结构，还是我国江苏的林粮复合系统都体现出一个共同特点，即充分地利用当地自然和社会经济资源。

西南地区现行的农林业模式也不例外。本区地形复杂、地貌多样、气候类型较多、资源分布不均，决定了其农林业模式的多样性和复杂性。为方便起见，本文按地貌类型分别进行探讨。

（一）平坝区的农林业

以川西平原为例。川西平原总面积为2.8万平方公里，耕地1420万亩。其中，水田占74.5%，旱地占25.5%。土地肥沃，气候良好，这里是四川粮油的主产地，也是全国著名的商品粮油生产基地之一。这里的粮油高产稳产与林业具有密切的关系，即农业与林业有机结合，形成了独具特色的平原区农林业系统。它由以下两个系统构成。

1. 庭院系统

这种系统在川西平原具有悠久的历史，即每家农户以自己的房舍为核心，在周围栽植各种用材树、果树、木本药材、桑树、慈竹等，形成一个四季常绿、高低错落的竹木复合系统，千千万万个农户的庭院系统构成一个大系统，规划而均匀地分布在平原上，对农业生态环境具有良好的作用。

2. 道路、沟渠、田埂系统

在各种道路、水沟水渠的两旁和田埂地边种植各种生长快、树冠小、根系分布不宽的树木，形成防护林—薪炭林体系，这是平原农林业中林业子系统的主体。由于平原区的田地沟渠均较规则，因而这种林木体系在平面上呈纵横交错的矩形网状结构，对在较大范围内为农业提供良好的生态环境和解决农村生活能源方面起到了重要的作用。

（二）丘陵区的农林业

这里以四川盐亭县林山乡为例。该乡位于川中丘陵区农业腹心带的盐亭中部，平均海拔4745米，相对高度为100～200米，属川西春旱和川东伏旱交错区，是川中降雨量最少的地区，春旱、伏旱及冬干交替发生，极为频繁，土地瘠薄，水源奇缺，燃料不足。因此，水、肥、柴便成为该乡农业生产的严重限制因素。

该乡从1972年开始，进行大面积植树造林活动，以柏树为主体树种，以桤木树为伴生树种，采用株间混交、行间混交、块状混交等方式，经过3年的时间，造林12017亩。现在森林覆盖率已达到45%以上，郁闭度均为0.8～0.9。这种大面积的植树造林活动给该乡的农业生产、农民生活、农村经济状况都带来了巨大的变化。

造林后4～5年便开始见成效，而且效用逐年加大，无论是粮食单产还是人均收入都呈直线上升趋势。1987年与1974年相比，粮食单产翻了一番，人均年收入增加约4倍。据测定，这个桤柏混交林每年可提供枝丫200万公斤作为燃料，年产沼气68万立方米，桤木叶作为肥料年可供农田 130 万斤，相当于优质化肥 300 吨。该乡林地土壤有机质比无林地多 83.9%，土壤含水量提高了 23.5%。该乡造林后显著地提高了环境质量，调节了小气候，1986 年的夏旱期间，该乡比周围其他乡多降雨两次，达 100 毫米以上，在全县粮食大减产的情况下，唯有该乡比上年增产 5%。从直接经济效益来看，该乡现有活立木 32 万立方米，可折价为 6000 多万元，人均达 1 万多元。

（三）山地高原的农林业

本文以四川省北川县为例。北川县位于四川盆地西北，向藏东过渡的高山深谷地带，国土面积为 2867.83 平方公里，耕地 26.18 万亩，占国土面积的 6%，农村人均耕地约 2 亩，但 50% 以上的耕地属于陡坡、质差、生产力低的坡地。因此，该县粮食只能勉强自给，是全省 46 个贫困县之一。该县有林地 252 万亩，森林面积达 171 万亩，覆盖率为 39.77%，草地 183.7 万亩，占国土面积的 42.73%。

该县从 1978 年开始，进行林－粮型、林－药型、林－经型、林－牧型等多种形式的农林业实践，累计面积达 47 万亩，增加收益 6000 多万元。同时，由于植被增加，减少了水土流失，改善了自然环境和农业生产条件。

1. 林－粮型

在人工造林初期，实行林粮间作，不仅可以增加粮食，而且可以促进树木良好生长。据观测，粮林间作比不间作的幼林的高度和地径分别高了 48%、91%。

2. 林－药型

在幼林行间间种各种喜光药材，待幼林郁闭后，则在林下培植各种耐阴药材，这样既减少了为药材遮阴的费用，又有利于林木生长，因而经济效益十分显著。自 1986 年起，该县共进行 1 万亩林－药型试验，每亩可增加收入 800～1000 元。

3. 林－经型

在幼林下种植各种经济作物，如蔬菜、茶叶、草药、葡萄、食用菌等。这种方法的目的在于增加短期收入，以弥补造林生产周期长的不足。

4. 林－牧型

在乔木林下或疏林地、草地上放牧各种畜禽，如牛、羊、猪、鸡、鸭、鹅等。这是该县农民肉食品的主要来源。总之，山区地形地势变化多样，农林业实践也丰富多彩，但各有其优劣，也各有其自身存在的条件。如能因地制宜，进一步完善推广，将对山区的脱贫致富产生重要作用。

四　问题与对策

（一）西南地区农林业实践中的主要问题

1. 类型单一

如前所述，西南地区地域辽阔，地形地貌、气候资源、社会经济情况变化很大，客观上要求农林业模式多种多样。但目前的农林业类型还比较单一，基本上还限于各种防护林体系，而且各类型多是一种雏形，结构不完善。如何根据各地具体条件，应用生态学、经济学、系统工程学的理论方法，创造出千千万万各具特色、充满活力的农林业模式，将是摆在我们面前的重要任务。

2. 发展速度慢、规模小

目前西南地区的农林业实践尚不成规模、不成体系，而且多是农民自发进行的，因而发展速度慢。据估计，现有农林业面积不足该区国土面积的5%。

3. 效益不佳

正因为类型单一，结构不合理，规模不大，加之社会经济条件的制约，目前的农林业实践多数效益不理想。另外，就是农林业的间接效益不易被人们所认识，植树造林的投资回收期长，没有足够的利益诱惑力，因而难以在农村中形成浪潮。

（二）发展对策

1. 提高认识，更新观念，解放思想

将农业、林业、牧业视为一个有机的整体，作为一个多功能，多层次的复合系统，尤其是要用活生生的典型事例启发各级领导干部和科技人员，使他们充分认识并相信农林业的生命力。

2. 多渠道筹集资金

尽管我国财政资金与信贷资金紧张，但并不是无法可想，资金潜力还有待挖掘。除国家应在可能的情况下，增加对农业的投资外，更主要的是依靠千千万万的农民自筹资金，制定有关政策鼓励农民向土地投资。

3. 加强科学技术研究和推广应用工作

当前的任务是联合农、林、牧等各行业的科技人员，进行协同作战。一方面，加强系统的理论研究；另一方面，尽快进行试验、示范和推广。同时，培训大量的基层技术人员，并发挥千百万农民的积极性和创造性。

4. 做好社会服务工作

除了科技咨询服务外，应搞好交通运输和市场网点等基础设施，做好产前、产中、产后服务，搞活商品流通，使农林业系统成为一个商品输出系统，成为农村的主导产业之一，带动农村经济起飞。

综上所述，发展农林业的策略不外乎宏观与微观两个方面的内容。宏观上，主要是政府部门制订正确的有利于农林业发展的方针政策，进行合理的规划和调节，形成有利于农林业发展的社会经济环境；微观上，应坚持因地制宜的原则，解决好农林业的技术问题和效益问题。宏观、微观同时并举，就会有力地推动农林业的发展。

（与王朝全合作）

江津四面山林区自然资源保护与开发总体方案*

四面山地处重庆江津县内，与贵州接壤，面积为235.1平方公里，1987年林区人口为4800人，与外部经济交往微弱。1962～1987年，共输出商品木材约40万立方米。1984年后，四面山问题引起了广泛重视，保护和开发的关系成了解决四面山问题的瓶颈。

一　四面山林区基本特征

（一）资源特征

四面山自然资源（见表1）单位面积富集度高，与外部区域比较，表现出明显的地域差。虽然林区总面积仅占江津县的7%左右，却拥有全县63%的立木蓄积、14%的水量资源和34%的水能资源，可开发水量占全县拟开发水量的52.8%。因此，四面山资源综合开发对江津县具有重要的经济意义和产业涟漪效果。

四面山在占重庆市幅员1%的微地貌单元内，拥有全市25%的活立木蓄积、植物资源种中的75%和野生脊椎动物的68%，堪称物种资源基因库。这些资源与其特有的地理架构组合在一起，成为重庆市南端的

---

* 此文发表于《西南农业大学学报》1989年第11卷第2期。

一块绿色屏障，具有重要的科学研究和休憩游乐价值，这些可以成为建立市级以上自然保护区的充分依据。

表1　四面山主体资源概览

名称	单位	数量	备注
一、土地	公顷	25514.7	
林地		22431.5	
天然林		14525.0	
农地		334.6	
现有水域		61.7	
未利用地		182.3	
二、水资源			未计入外来水1322立方米
地表水年径流量	万立方米	20646.0	
水能资源理论储量	度	27560.0	
水能资源生产力	亿度/年	2.3	
三、林木资源	万立方米	192.3	
天然林		180.8	
人工林		11.5	
四、林内动植物			
维管束植物	科/种	200/1500	据典型调查推算
经济林木	科/种	14/23	有重要经济价值的10种
药用植物	种	约300	已定名120种
珍稀植物	种	19	三级以上保护的11种
资源动物	科/种	57/171	部分已绝迹
珍稀种	种	23	有三级保护等级以上，部分绝迹

（二）经济系统特征及其演化

据考证，明清以来，四面山一直是一个人口稀少、经济活动单调的封闭系统。种植、烧炭和以易货贸易方式进行的商品木材交换活动，构成了林区经济活动的主体。由于缺乏对山地木材的需求和可比价格系统，直到50年代后期伐木也未成为林区农民的经济支柱。这种状况直接制约着林区人口增长方式，即除调入的1000余名伐木和营林工外，人口平均递增率为3.8%，基本符合山区人口自然增长状况。

1950～1986年的37年，四面山共输出商品木材51.7万立方米，但真正的大规模采伐活动是在1962年后，木材采伐活动收入在农民经济收入中也表现出越来越明显的地位。到20世纪70年代末，多数村队的木材收入已超过总收入的一半，尽管1983年就提出了四面山问题，但直到1985年仍并未采取强有力的措施制止规模采伐活动（见表2）。

表2　1983～1985年头道乡农民收入构成

单位：%

项目	1983年	1984年	1985年
种植业	19.39	11.78	14.82
林业	55.70	37.95	34.54
牧业	17.01	6.70	8.24
副业	5.52	4.74	4.63
其他	2.37	38.83	37.77

在表2中，“其他”收入主要包括黄连收入和以木材为原料的粗加工收入。故木材收入的实际比重比表2中更高。这种单调的生产收入结构既与林区自然条件有关，也与林区农民缺乏深层开发的经济实力和能力有关。林区气温低，土地瘠薄，土地生产力低下（见表3），在很大程度上堵塞了农民靠农地开展多种经营的门路。

表3　头道乡1983～1985年作物实际单产水平

单位：公斤/公顷

年份	大春粮食	小春粮食	水稻	玉米	薯类	油菜	烟草
1983	985	530	1345		945	500	205
1984	1070	720	1240	930	848	203	213
1985	933	723	1078	728	898	206	225

（三）生产模式的转变

四面山是地球同纬度地带为数不多的大面积常绿阔叶林区，在四川省仅次于雷波林区面积，为川东地区仅有的“绿色明珠”。因此，一切开发活动均应在保护的前提下进行。

二　自然保护区的确立

在确立自然保护区时，我们考虑了以下原则。

第一，现有天然次生林的完好性。对林区各国营、集体单位内保存较好的成片天然林坚持最大保护原则。

第二，物种多样性。使具有保护意义的多种物种资源能够完备地留存下来。

第三，生态系统稳定性。把容易引起水土流失的地段尽可能纳入保护区。

第四，兼顾森林游乐发展。根据各地貌单元内景观点的密度和观赏价值，把具有游乐意义的单元纳入保护范围。

第五，保护区集中连片。按照各主要保护对象的地理分布（见表4和表5）及确定备择方案的弹性要求，制订了四种水平的保护方案（见表6）。

表4　亚热带常绿阔叶林的主要分布范围

群系	主要分布区域
栲树银叶木荷林	大窝铺，盘龙溪，倒流水，告房，太阳坪，高滩，沙田村2、4队，洪洞1、2、3、4、7队，林海7队
硬斗石栎林	大窝铺、古家沟、七洞溪
栲树福建柏林	大窝铺、林海3队（小湾）
元江栲海南五针叶	大窝铺

1. 第一方案

为满足上述原则的最低方案，保护面积占总幅员的60.9%，尚有834.4公顷农地、8427.2公顷林地可资经济性开发，生产和生活区域共计9260公顷。该方案下的保护区有插花分布状。

表5　四面山风景资源主要分布区位

景观路线	主要景点	涉及区域
西线	黄雀岩、花岩沟栈道	大松树、洪洞4队
西南线	土地岩瀑布、水口寺瀑布、鸳鸯瀑布、十里一线天、猴血岩、小黄洞瀑布、朝阳观、大窝铺天然林区	洪洞1、2、3、7、8队，头道3、5、6队，飞龙1、2、3队，倒流水13、14、16林班，张家山3、4林班，核桃坪，大窝铺
东北线	坪山杉木林、悬幡岩瀑布	坪山，大道4、5队，及6队公路东侧区域
东南线	银乡太瀑布、响水滩、洪海、小洪岩、太子洞	头道6队，樱核丹，响水滩，林海3、4、5、6队，太阳坪

表6　四面山自然保护方案

单位：公顷/万立方米

方案	保护区类型	总面积		有林地		活立木蓄积量	
		总计	累计	总计	累计	总计	累计
一	人工维护	14253	3287	11602	3022	127.1	45.0
	自然风景		4702		2970		27.9
	资源生态		6265		5610		54.1
二	人工维护	16290	3619	13390	3319	148.6	48.0
	自然风景		8593		6429		64.8
	资源生态		4078		3652		35.2
三	人工维护	18039	8593	14710	5789	161.7	74.9
	自然风景		4078		6503		63.4
	资源生态		6745		2419		23.3
四	全面保护	22681	/	18063	/	192.2	/

注：总面积中不含保护区现有农地面积。

2. 第二方案

在第一方案基础上，把风景点的保护拓展为对以风景点为主的综合自然景观的保护。涉及风景点衔接，旅游道路及潜在旅游线路两旁景观带，并纳入小湾林区。保护面积占总幅员的69.3%，生产区域为7225公顷。

3. 第三方案

在第二方案的基础上，遵循最大限度地保护现存集中连片的天然林的原则，把保护区界限向北推移，纳入西北部的楟树银叶木荷林集中分布地段。保护面积占总幅员的76.7%，生产生活区面积为5476.3公顷。

4. 第四方案

即全面保护。除834.4公顷农地外，所有林地和水域全部保护。在该方案下，营林活动完全停止。

三 综合开发总体方案

四面山可开发资源即为满足保护要求下的林木、农地、水、林隙地和风景旅游资源。

（一）林分生产力

鉴于四面山尚缺乏规范连续的林分生产力统计资料，本文仅根据二类调查提供的小班资料由拟合方式求得（见图1、图2、图3）。

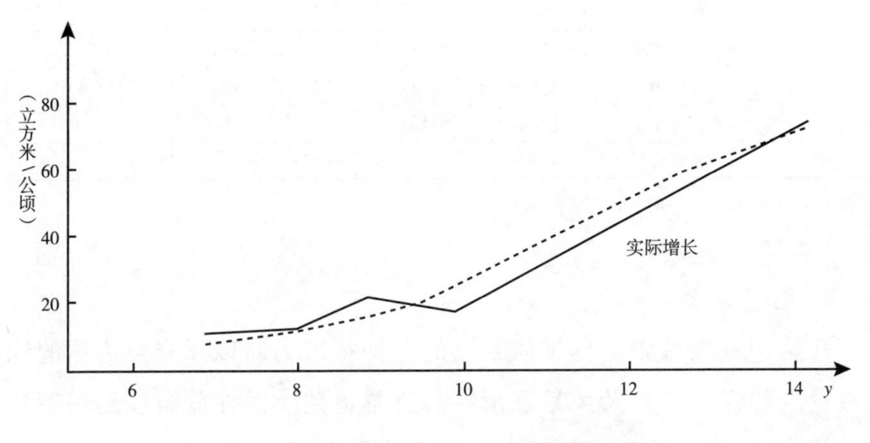

图1 张家山人工林（占88%）增长曲线

图1、图2、图3比较客观地体现了在现有经营水平下，不同地位级林地上的林分生产力差异。由此可以简便地确定单位营林地的物理生

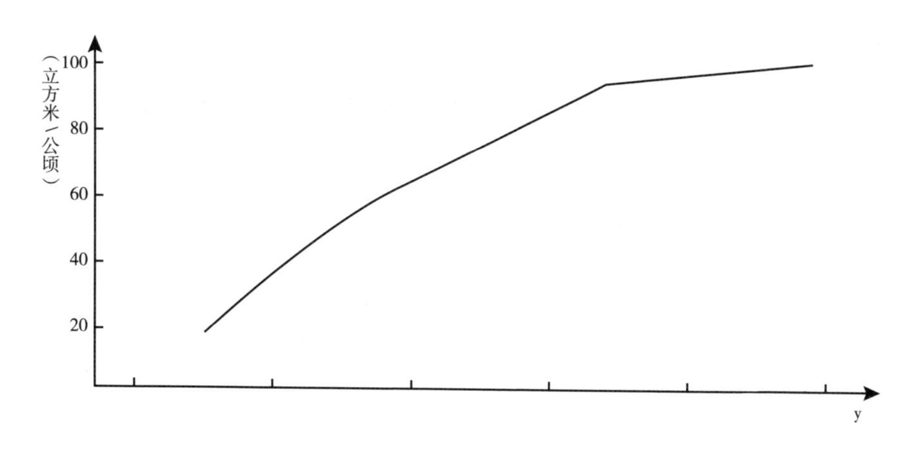

图 2　总体资料表现的林分生产力

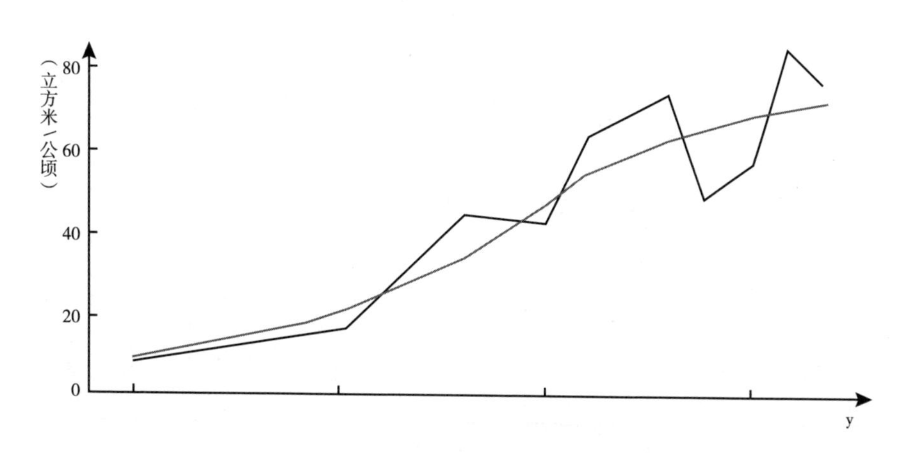

图 3　坪山人工林林分生产力增长曲线

产力，即低地位级（7 立方米/公顷）；一般水平（65 ~ 105 立方米/公顷）；高地位级（150 ~ 160 立方米/公顷）。

根据林分生产力水平，可以规范地确定自然保护区之外林地的营林生产规模报酬。

（二）现有农地的潜在人口支持能力

四面山现有农地 834.4 公顷，经营多种粮作物和经济作物，生产力水平很低，每年要调入 40 万 ~ 50 万公斤粮食。若全部农地用于生产粮食以支持综合开发，并作如下假设。

其一，把四面山视作同一气候带，不考虑坡面光温差异。

其二，现有耕作制能保证土地休闲要求。

其三，田土比稳定在目前水平——约2：1。

其四，现有作物构成基本反映了自然条件的选择。

其五，通过努力，可望大面积达到目前林区的示范最高产量，即水稻每公顷4500公斤，旱作（玉米）每公顷3000公斤，不从外调进粮食。

其六，劳动力简单再生产的条件是满足基本的能量（或蛋白质）要求，膳食标准相当于一般地区中等劳动强度的成年男子的食粮标准。

根根四面山农地生产力和上述前提，算得潜在人口支持能力如表7所示。可以看出，林区长年调入粮食具有不可逆转的客观依据。

表7 现有农地的潜在人口支持能力

水平	面积（公顷）	粮食产量			潜在人口支持能力（人）	
		实物（万公斤）	蛋白质（公斤）	热量（万千焦）	根据蛋白质计算	根据热量计算
目前水平	834.4	100.9	74367	1475424	2547	3218
示范最高产量	834.4	332.9	244960	4868553	8389	10619

（三）水资源开发及其经济报酬能力

四面山集雨面积为241平方公里，地表水年均流深856.7毫米，年径流量为20464万立方米，水能资源理论蕴藏量为37560千瓦。

水能资源最具有开发价值，存在两种可供选择的方式：一是在开发的同时尽可能保护现有瀑布，保护风景区的原始风貌。二是充分利用南高北低的地形，采用密集的梯度开发。后者必然会降低或完全扼杀望乡台瀑布、水口寺瀑布旅游点的景观价值。用人工控制方式调节瀑布下泄时间和流量的补偿方案，我们认为是不可取的。

根据总体方案的要求，应舍弃原梯度开发方案中的周家湾、水口寺电站，扩建小红岩、洪海、头道河水库，新建飞龙庙、斑竹园、盆溪口水库。在头道河上建设响水滩、头道河、李家蓬三座电站。在飞龙河上部署高滩子、斑竹园、成黄岗、盆溪口四座电站。在该方案下，总装机容量4460千瓦，多年平均发电量约3414万度，总投资约3700万元。

（四）森林旅游及其对相关支持产业的需要

自1983年以来，四面山旅游人口数呈指数率上升。旅游者中，认为四面山风景绮丽，实为森林旅游佳境的占31%；认为风景优美，可开发为森林旅游区的占61%；有3%的游客认为不宜把四面山辟为旅游区；多数游客认为四面山游乐设施、交通条件较差。因此，应做好游乐设施、林间道路的建设。若分别以10万人/年（相当于1987年水平）、20万人/年、30万人/年规划，应拨出162公顷、324公顷、486公顷农地支持森林游乐及疗养产业。据此，提出4个备择方案（见表8）。

表8　四面山保护与开发梯度方案

项目		单位	Ⅰ	Ⅱ	Ⅲ	Ⅳ	
						1	2
生产规模	自然保护区	公顷	14253	16290	18039	22681	22681
	营林生产	公顷	8427	6391	4642	/	/
	装机容量	瓦	4460	4460	4460	/	4460
	森林游乐	万人年	10	20	30	30	30
	中药材	公顷	100	100	100	/	/
	剩余农地	公顷	570	425	260	360	360
投入产出	前期投入	万元	4177	4377	4402	720	4390
	运营期年投入	万元	300	310	322	195	230
	运营期年收入	万元	1560	1470	1396	281	961

注：剩余农田由农民经营。营林收入以中等林分生产力水平计算。

Ⅰ方案：最小保护、最大开发方案

该方案是符合自然保护第一方案要求的资源保外与开发总体方案，

其特点是收入高，转产困难少。除水电开发外，其余项目投资较小。就业人员可达3300人左右。

该方案的缺点是：保护区面积小且不集中连片，区内零星开发活动很难与森林游乐活动协调。

Ⅱ方案：中等保护、中等开发方案

该总体方案与自然保护第二方案相对应。主要特点是：营林生产规模较方案Ⅰ小，自然保护区集中连片，人工维护的自然保护区和自然风景保护区浑然一体，营林生产集中于远离风景区之外的西北、东南两片，整个保护区不再受营林生产干扰，林区就业人员可达3150人。

Ⅲ方案：高水平保护，适度开发方案

本方案与自然保护第三方案相对应。其特点是：四面山现存的成片天然林均得到保护，可以按照森林公园及森林疗养地的特点进行全面规划并建设自然风景保护区。加上水电项目的建设，使山、水、林、泉更加协调。但是，本方案前期投资大，项目经济寿命期内年运营费用高，且年收入相对较低。就业人员约2980人。

Ⅳ方案：全面保护方案

本方案把整个四面山建成纯粹的森林公园，营林、中药材生产活动完全停止，即只发展森林游乐，排除一切具有规模经济效益的资源开发项目或在发展森林游乐的同时开发水电。无论哪种选择，都会面临就业不足问题，需要考虑多余人口的外移。

在上述4个备择方案中，Ⅱ方案、Ⅲ方案都很好地体现了保护与开发相结合的需要，可作为决策的参考依据，而Ⅲ方案更具有合理性。

四　结论和建议

第一，四面山具备发展森林休憩和旅游业的客观基础，但目前尚未到达开发的成熟时机，迫切需要项目的指导和协调，严格保护森林资源，改善交通条件和游乐设施，形成各具特色的森林休憩和游乐线路。在规划和建设期间，旅游宣传应慎重并规范化。

现存的林区地域所有制格局完全不能适应总体规划和建设需要，可供选择的模式是建立相当一级政府的林区管理会，协调不同所有制单位之间的开发建设和利益再分配。

第二，在自然保护、游乐设施建设和水电开发上，宜采用效益最显著的集中、连续的投资方式，力争在4～5年内一气呵成。如财力受限，则应在进行营林生产的同时，循序渐进地恢复主要旅游线上的森林植被，建设旅游线路，分步骤地实施水电工程。

第三，营林生产应严格进行线区设计，防止分散经营中可能出现的蚕食行为。主要开发项目之外的生产活动宜实行自主经营。随着农地减少，粮食调入量应有所增加。

第四，应通过建立森林休憩地和疗养地的方式欢迎区外企事业单位投资建设，各投资单位应在符合地籍管理条件下享有优惠享受的权利。

（与胡柏合作）

重庆市三峡生态经济区贫困地区类型、分布、扶贫对策与可持续发展*

重庆市辖区范围大，但新增的3个地区为老、少、穷、山地区，新增22个县级单位中有20个贫困县（12个国定贫困县、8个省份定贫困县）。在1473.18万新增人口中，贫困人口341.63万人，占新增人口的23.19%。新增地区是三峡水库的重点淹没区，有13个淹没县，淹没区静态移民70.59万人，动态移民108万人，贫困人口和移民人口总计达412.22万人次，占重庆市新增人口的27.98%。可见，移民和脱贫是该地区在20世纪末必须解决的关键问题和重要任务。同时，新增地区长期过度垦殖，致使生态环境恶劣、水土流失严重、山地灾害频繁。随着三峡水库的修建，以治理水土流失为中心，改善库区生态环境的任务已刻不容缓。但这些地区山高坡陡，生态环境脆弱，生态恢复困难，环境治理的难度极大。重庆新增地区地处库区核心，其发展直接关系着重庆市乃至整个三峡生态经济区的发展。因此，正确划分重庆新增贫困地区的类型，掌握其特征和空间分布，对区域扶贫开发和移民开发具有重要意义。

---

* 本文被收录在《重庆市及三峡库区可持续发展研究》，重庆大学出版社，1997。

一 范围的界定

三峡生态经济区是与三峡水库和三峡库区密切关联的概念。三峡水库指按175米坝高所确定的水库的水域范围。狭义的三峡库区指水库周边坡面水力侵蚀物质、重力侵蚀物质和长度小于10公里的短小溪河流域或物质直接进入水库的区域，按此理解，三峡库区的面积不足2000平方公里，绝大部分分布于重庆市辖区。广义的三峡库区指三峡水库的集水区域，包括四川、重庆、湖北、贵州、云南、陕西、甘肃的部分地区，总面积约为100万平方公里，其中以四川省面积最大，约占55%。笔者认为，三峡生态经济区应是从三峡水库建成后的管理、运营效益和水库安全的角度而确定的区域，按此理解，亦应将泥沙进入水库、影响水库水质的流域划入三峡生态经济区范围。为了便于管理，还应保持县级行政区域的完整性。因此，三峡生态经济区的范围略大于广义的三峡库区范围。两者的区别在于：三峡库区是以三峡水库的集水区域划分的自然区域。三峡生态经济区则是以集水区域和行政区域划分的生态经济区域。

本文研究重庆市贫困地区分布最集中的地区，即新辖的万县市、涪陵市和黔江地区。

二 贫困地区的分布及其特征

由于缺乏乡镇级经济统计和土地利用的有关资料，难以准确分析乡镇的贫困状况和类型。为此，笔者仅针对重庆三地市的大量调研资料，确定特贫乡镇主要集中分布片区。

（一）大巴山、巫山片区

包括开县、巫山县、巫溪县、云阳县、奉节县、城口县等，其特征是：①地形非常破碎，山坡陡峭，山脊尖刃。②山地灾害非常严重，经常毁坏农田和村庄。③矿产资源比较丰富，特别是锰矿和煤炭资源丰富，但因缺乏能源和运输条件，资源优势不能转化为市场优势。此片区应以发展经果林、水保林和用材林为重点，逐步搞好生态恢复，走林果生态农业脱贫致富之路。

（二）武陵山片区

包括酉阳县、秀山县、黔江县等。其特征是：①山原面积较大，山脊形态较平缓，牧草资源丰富。②山坡陡峭，山地灾害严重，生态恢复十分困难。③前期开发差，交通不便。此片区应以发展草食性牲畜、中药材为重点，结合坡地营造水保林和用材林，逐步控制水土流失，提高土地利用效益，走养殖业、林果业和中药材系列开发脱贫致富之路。

（三）大娄山、方斗山片区

包括武隆、彭水、石柱、南川、忠县、丰都、涪陵、龙宝区和天城区等。其特征是：①石灰岩面积广大，地表水渗漏严重，人畜饮水困难较大。②干旱、缺水严重，生态恢复十分困难。③旅游资源丰富，人文景观和自然景观组合较好，与重庆市市区距离近，区位优越、开发条件好。此片区应以发展旅游业和加强人畜饮水工程建设为重点，结合坡地营造水保林和用材林，保护优美的自然景观，走生态旅游业、反季节优质蔬菜和农副产品生产脱贫致富之路。

三　贫困地区的类型

（一）经济发展现状聚类分析

贫困县经济发展水平的现状是未来经济发展的重要条件。因此，科学分析贫困县经济发展现状，有助于正确体现贫困县经济发展的差异，便于分类指导脱贫致富。为此，笔者选择人口密度、农业人口比重、人均 GNP 等 11 个指标（见表 1）对贫困县的经济发展现状进行聚类分析。其中，人均 GNP、人均财政收入、工农业产值比、农业人口比重和公路网密度 5 个指标主要反映县域经济发展状况。农民人均纯收入、人均粮食产量、人均储蓄余额 3 个指标反映人民的生活状况；人口密度、垦殖率和田土比率 3 个指标从某一侧面反映区域自然条件。

表 1　贫困县生活经济条件聚类分析（1995 年资料，当年价）

地区	人口密度	农业人口比重	人均 GNP	人均财政收入	农民人均纯收入	工农业产值比	人均粮食产量	垦殖率	田土比例	公路网密度	人均储蓄余额
	（人/平方公里）	（%）	（元）	（元）	（元）		（公斤）	（%）		（公里/平方公里）	（元）
龙宝区	739	62.99	3225	113	789	4.355	227	22.12	3.129	0.276	2019
天城区	514	86.74	2643	82	933	2.492	353	22.03	1.027	0.416	530
五桥区	339	95.00	1566	36	795	0.454	337	18.10	1.102	0.259	207
开　县	363	92.58	2088	58	881	0.846	375	19.02	0.758	0.319	436
忠　县	445	91.53	1681	59	897	0.647	395	24.93	1.256	0.256	673
云阳县	335	92.73	1376	44	793	0.515	336	17.75	0.638	0.343	253
奉节县	235	92.81	1757	51	858	0.559	366	14.15	0.295	0.300	173
巫山县	194	93.31	1377	58	821	0.614	373	14.32	0.135	0.336	172
巫溪县	124	92.80	1084	40	682	0.422	424	10.31	0.080	0.205	172
城口县	67	91.73	1407	53	676	0.415	460	7.65	0.077	0.158	222
涪陵市	360	75.58	3460	110	1150	3.742	397	24.61	1.076	0.631	852
南川市	249	85.74	2849	114	1076	4.174	464	16.58	1.995	0.228	736
丰都县	257	90.04	1768	79	928	1.528	414	18.09	1.134	0.340	696
武隆县	133	90.12	1698	103	762	1.482	355	11.75	0.339	0.562	391
石柱县	159	89.38	1749	80	861	1.029	525	9.96	0.998	0.361	436
秀山县	226	92.14	1603	51	798	0.887	554	14.69	1.454	0.324	270
黔江县	194	89.12	2018	116	878	1.728	558	14.01	0.625	0.323	374
酉阳县	133	91.24	1103	51	753	0.441	476	10.52	0.554	0.227	257
彭水县	150	92.27	1347	89	795	0.639	451	13.52	0.239	0.261	203

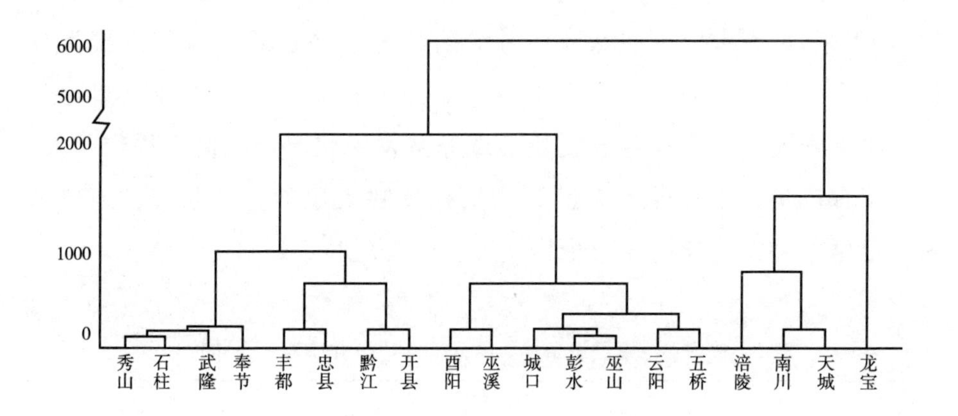

图1 重庆新增贫困县经济发展现状聚类

采用德尔菲法（DELPH 法），除公路网密度和人均储蓄余额两项指标权重系数取 0.5 外，其余各项目权重系数取 0.1，采用切比雪夫距离聚类分析。聚类结果（见图 1）表明，该地区的贫困县按经济发展现状可划分为三类。

第一类是经济相对发达的涪陵市、天城区、南川市和龙宝区，人均 GNP 为 2634～3406 元，人均财政收入 82～114 元，农民人均纯收入798～1150 元，农业人口占比为 85.74%～62.99%，垦殖率为16.58%～24.61%。从总体上看，主要经济指标处于地区经济发展的领先水平。

第二类是经济比较落后的开县、黔江县、忠县、丰都县、奉节县、武隆县、石柱县和秀山县，人均 GNP 为 1603～2088 元，人均财政收入 51～116 元（仅黔江县、武隆县高于 80 元），农民人均纯收入 762～881 元，农业人口占比为 92.58%～89.12%。主要经济指标处于地区经济发展的中等水平。

第三类是经济相对落后的巫山县、巫溪县、城口县、酉阳县、云阳县、五桥区和彭水县，人均 GNP 为 1048～1556 元，人均财政收入 36～89 元（除彭水县外，均在 60 元以下），农民人均纯收入 676～695 元，农业人口占比为 95.00%～91.24%。

（二）耕地垦殖状况聚类分析

耕地垦殖状况对区域自然条件具有一定的表征意义。从区域实际情况看，耕地垦殖具有两个显著特征：一是海拔低的地区，垦殖率较高。二是地势比较平坦的地区，垦殖率较高，且水田所占比重较大。笔者根据垦殖率和田土比例两个指标，对各县的垦殖情况进行了聚类分析（原始数据见表1），希望以此客观评价各县的种植业生产条件。

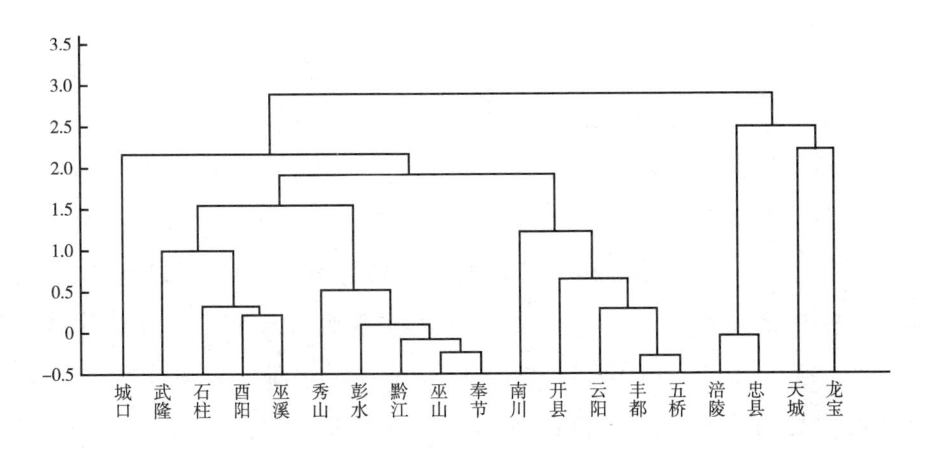

图2　重庆新增贫困县种植业生产条件聚类

图2表明，本区垦殖状况可分为四种类型：①垦殖率高，水田占优势（龙宝、天城、忠县和涪陵）。垦殖率为22.03%～24.93%。耕地以水田为主，田土比例为1.076～3.129。这些地区自然条件较好，丘陵和低山所占面积较大。②垦殖率较高，水田占有一定优势（五桥区、丰都、云阳、开县和南川）。垦殖率为14.69%～18.10%。耕地以水田占一定优势，田土比例为1.102～1.995。③垦殖率较低，旱地占有一定优势（秀山、奉节、巫山、黔江和彭水）。垦殖率为13.52%～15.02%，耕地以旱地占一定优势，田土比例为0.153～0.758。④垦殖率低，旱地占优势（巫溪县、酉阳县、石柱县、武隆县和城口县）。垦殖率为7.05%～10.52%，耕地以旱地占绝对优势，田土比例为0.077～0.672。农业生产

条件较差，一般以低山地貌为主，中山地貌也占有相当比重，丘陵面积狭小。

四 扶贫对策研究

（一）加强对扶贫的组织、领导和管理

1. 制定扶贫攻坚规划

中共中央部署，2000 年内基本消除我国贫困人口。重庆地区的扶贫任务十分艰巨，必须依据各贫困县的经济发展现状和社会、经济、资源等条件，尽快制定重庆“九五”扶贫攻坚规划，保证 2000 年内完成脱贫任务。根据我们对各贫困县社会经济条件的分析，在脱贫序列上建议规划如下：第一类经济相对发达的 4 个贫困县（区），即涪陵市、天城区、南川市和龙宝区，应于 1997 年内实现脱贫。第二类经济比较落后的 8 个县（区），即开县、黔江县、忠县、丰都县、奉节县、武陵县、石柱县和秀山县，可于 1998 年内实现脱贫。第三类经济发展相对落后的 7 个县（区），即巫山县、巫溪县、城口县、酉阳县、云阳县、五桥区和彭水县，扶贫难度较大，特别是酉阳县、巫溪县和城口县 2000 年内实现脱贫难度很大，因而应主要在农田基本建设、人畜饮水工程、地方病治理等方面取得突破性进展，使特贫地区群众基本摆脱绝对贫困，实现生活基本自给。

2. 加强组织领导

市委、市政府应加强对扶贫攻坚的统一领导，根据统一领导、分级负责、重点在县的原则，各贫困县均适时制订扶贫年度计划，并层层实行责任制，加强扶贫开发措施的落实。可参照山东省扶贫责任制的有关措施，对贫困县、贫困乡的主要负责人，在任期内不能实现所在县、乡脱贫的，一律不调动、不升迁。同时，加强对扶贫成果的检查和验收，避免虚假脱贫。

3. 增加投入，用好各种资金

建议设立重庆市农业发展银行，争取国家扶持。其他地区到贫困地区投资办企业，可从投资之日起免征所得税5年，以多渠道争取资金投入。建议统一规划、统一管理、统一使用长防林、水保林、小流域治理、以工代赈、以粮代赈等，做到开发一片、配套一片、成功一片、稳定一片，避免重复建设。将投资重点放在水利设施、中低产田土改造、交通与通信等基础设施建设方面。按照“稳面积、攻单产、增效益”的思路，调整种植业用地结构。提高土地质量，改善生态环境，提高土地利用效益，增加资源承载力，这是扶贫开发的重点，也是移民开发的重点，对保障三峡水库的安全具有特殊意义。

（二）依托当地资源，发展商品生产

1. 实现由单一结构向合理结构的转化

各地要因地制宜，大力推行集约化经营，并在保护和稳定粮食生产、提高粮食自给率的基础上，围绕市场需求，以山区特色资源为依托，加快农业综合开发。从大农业内部挖掘潜力，不仅要实现种植业的集约化经营，而且要大力推行林业、畜牧业、淡水养殖业的集约化经营，大幅度提高土地的产出率，并在大农业内部消化大量剩余劳动力。此外，大力推广适合山区特色的节约土地的农业技术和管理措施，促进“三高”农业发展，形成“近期种养+远期林果畜”的生产格局，这是贫困山区农业发展的主要方向。各地应根据不同情况，积极发展多种经营，形成科学合理的立体生态农业结构。按“山上烟、棓、药、林、畜，山下桑、果、兔、油、禽，山上山下粮猪安天下”的思路发展农村经济，将以规模经营为特色的大宗农产品生产以及山区分散的农、林、土、特产品经营有机结合，提高农产品的综合竞争力。

2. 发展农业生产的适度规模经营

山区地形破碎、地块狭小、分散。受自然环境条件限制，山区农业的适度规模经营受到极大制约，必须通过联户、联产、联营等方式，将分散的农户（最基本的生产单元）联合为整体，尽可能集中连片经营，方能积少成多、积零成整，培植优势农产品，发挥区域优势，使山区农业与社会主义市场经济体制接轨。如可在农资供给、农业生产、农民消费、储存、运输、加工、金融等各环节组织股份合作，农民以劳动力、土地、资金、生产工具、技术等多种方式入股，管理上采取与股份责任公司相应的办法，由农民自主决策、自主经营、自主管理，从而培养有开放意识和竞争意识的农村市场主体。坚持土地资源集体所有制，实现农地资源配置市场化。政府可以低价拍卖50年以上的“四荒”地经营权，充分体现“谁开发、谁使用、谁受益”的优惠政策。鼓励一部分人从事非农产业或开发荒地、林地、牧草地、水域等，永久性地脱离耕地。对农用地管理实行以“竞价承包”为基础的土地流转机制，并在农村剩余劳动力转移过程中，避免土地的再次平均分配，保障土地能流转到用地能手的手中，以逐渐扩大土地经营规模，提高土地利用效率。

3. 以特色资源为依托，推动加工业发展

立足于农业特色资源的延伸利用和深度加工，培植具有地方优势的农产品，大力发展加工工业和乡镇企业，形成以工带农、以农促工的良性循环。近期可以发展中药材（药品、保健品、天然色素等）、畜产品（皮革、肉类等）、粮食（食品、饲料等）、经济作物（卷烟、丝绸加工等）的系列开发，以加工工业的发展保护、稳定和促进商品农业的健康发展。

（三）发展经营实体，完善市场体系

1. 依托地方资源，建立经营实体

充分利用地方非耕地资源，引进新技术、新品种，成片开发面向大中城市市场和国际市场需求的优质特色产品，并组建干果公司、畜产品公司、中药材公司等经济实体，以“农户＋公司＋市场”的“双加”模式推动农业产业一体化。对公司实体可从投资之日起，免征5年所得税。对贫困山区能人承包的非耕地资源，可以按民营科技企业对待，享受免征5年所得税优惠。

2. 完善流通渠道

政府大力培育农村市场体系，改变计划经济体制下“重计划，轻市场，重速度和产值，轻效益和质量”的思想，树立市场、质量和效益观念，切实转变经济增长方式。打破所有制限制及条块分割，帮助农民平等地进入市场，参与竞争。同时，大力培育农村生产要素市场，引导生产要素合理流动。此外，建立与山区农业相适应的购销体系，根据山区农业商品性生产比较分散、规模小、份额多的特点，改革不合理的流通体系，鼓励发展多种形式的购销专业户，鼓励农户和购销专业户、农资公司、供销社之间通过购销合同减小风险，稳定和扩大生产规模。把国有商业、供销社、内外贸和山村集市连接为统一的网络，便于农民就地生产、销售、集中和运销产品。

3. 改善交通运输条件

良好的交通运输条件能促进山区商品流通，是山区商品农业发展的主要保证。针对地区地形封闭、出口不畅和县道等级低等状况，交通发展应以提高效益为中心，以干道改造、畅通出口、缩短里程、打通断头路和环网建设为重点，形成以公路运输为主、水运为辅的运输体系。

（四）扶贫与扶智相结合，加速科技成果推广

1. 加强基础教育和成人技术教育

扶贫先扶智、治穷先治愚。扶贫与扶智必须紧密结合，着力发展以农业劳动力为对象的职业技术教育，提高劳动力素质。大力普及九年制义务教育，并在乡镇中学开设农业技术课程，提高后备劳动者素质，增强区域发展后劲。

2. 以科技为先导，提高土地产出率

大力引进和推广耕地替代型的农业生产技术，包括良种、施肥技术、耕作制度改进等，尽可能提高土地单产和集约化水平。以提高畜、禽出栏率为重点，进一步推动畜牧业发展。以速丰林、经果林、三木药材为重点，提高林业生产效益。

3. 建立适合区域特色的教育和科技推广体系

建立农业科技市场，农科人员收入与所服务农户的收益挂钩，鼓励科技人员走科研—示范—教育—推广相结合的路子，提高农业生产质量和效益。建议在四川省大专院校、科研单位带着项目对口支援贫困地区，培训科技人员，以各种途径推广成熟科技成果，促进贫困山区脱贫致富。

（五）提高生态环境质量，实现贫困人口脱贫和不返贫

重庆经济发展、脱贫致富和移民安置等，增大了对地区生态环境的压力。而三峡水库的运营和安全，又急需大力促进生态恢复和环境治理。可见，生态恢复与开发式移民及扶贫之间存在一定矛盾，但两者终极趋同，因为提高生态环境质量有助于地区移民开发和扶贫开发。如果地区环境质量不能有效改善，则贫困人口的脱贫致富不可能稳定。为此，必须加大投资力度，把解决以温饱工程为中心的基础设施建设和治山治水、改善生态环境相结合，既提高生态环境质量，又提高环境承载能力，为移民安置、扶贫开发和区域经济的可持续发展创造环境基础。

（与王力合作）

可持续生态林业补偿问题分析*

一　可持续生态林业的建设面临资金投入问题

生态林业的主要功能是涵养水源、保持水土、防风固沙、调节气候、净化空气等，对水利工程蓄水、保水、防止泥沙淤积、延长水利工程使用寿命有巨大作用，对保障农牧业高产、稳产起到了屏障作用。如1982～1985年北京林业大学等院校对我国“三北”防护林的多种效益进行了调查统计，其结果是：防护农田增产效益的年价值为10.2418亿元。保持水土、涵养水源效益的年价值为3.2878亿元。防风固沙效益的年价值为0.4840亿元。森林年生长量价值为6.6646亿元。林副产品价值为25.1758亿元，其中生态效益部分的价值占70.33%，而经济效益部分的价值仅占29.67%，随着林木的生长，生态效益的比重还会增加。同时，森林通过净化空气、美化和改善环境，为人们开展旅游、疗养及其他娱乐活动提供了良好的、不可替代的自然条件。生态林业的效用即通常所说的“公共物品”。“公共物品”具有无排他性和无排斥性。无排他性——任何人即使他不愿意为某商品或为他提供的服务付费，也不可能把他排斥于该商品和服务的消费之外。无排斥性——商品被人消费，并不妨碍或影响别人对同一商品的消费。生态林不能贮藏和移动，经营者难以对其进行控制，生态价值

* 此文发表于《林业经济问题》2000年第20卷第5期。

无法回收，得不到合理的补偿，投入的资金也不能回收，连简单的再生产也无法进行下去。

林业部门在经济上无力资助这些经营保护性林业单位，致使这些国有林业单位职工生活非常困难，林业生产步履艰难。据对全国除西藏、上海以外的29个省份的4200多个国有林场调查统计，属于贫困的林场就有1400多个，占国有林场总数的1/3。其中，绝大部分是以防护、生态效益为主的生态林场，涉及职工达11万多人，约占国有林场职工总数的20%。如广西金秀大瑶山水源林保护区，拥有森林13.13万公顷，覆盖率为52.62%，被誉为广西最大的天然绿色水库。从这个林区发源的有3条主要水系，共有大小河流25条，总长为1683千米，年总水量为24亿立方米，为570处引水工程、1620座山塘水库和590多个山区水电站提供水源，浇灌了柳州、梧州、玉林、桂林4个地区、8个县的8.13万公顷农田，并为80多万人口提供了生产和生活用水。但是，目前资金不足已成为制约生态林业发展的主要障碍。

这个问题不解决，不但影响林业发展，也直接影响和制约水利工程的寿命和效益。由于经营者培育的这部分森林只能保护，不能采伐，经营单位只有投入，没有产出，经济上得不到应有的补偿，致使这些以经营生态林为主的单位，个个是负债经营。

生态林业是特殊行业，生产周期长，在漫长的生产过程中需要投入巨额资金。然而，目前生态林建设没有可靠的资金来源。现行生态林的价值循环以及资金循环和周转是不完全的、不正常的。社会应付给它们应得的报酬，补偿其创造的价值，以保证其不断发展。因此，需要一个跨部门、跨行业的权威性机构来处理公益林效益补偿问题，制订合理的补偿尺度，这个任务自然落到了政府肩上。然而，政府承担资金供应有其具体困难：首先，在资金供求矛盾尖锐，许多部门都急需投资的情况下，如何合理分配有限的资金成为一个难题。有限的资金究竟是用于发展经济，还是用于改善环境？生态环境的重要性不容易被人们所认识，经济发展的情况却是众所周知的，于是环境改善工作被暂时搁置一边。在实际执行中，该政策难以完全落实。其次，困难在于经济发展与环境保护对其他宏观政策目标（如就业、财政收入、外汇收入等）的实现状况具有不同的影响，从而在宏观经济决策中不得不权衡利弊得失。从短期来看，资金投入营林业不如投入其他行业，因而在资金投入顺序上，营林业可能被往后排。

二　对可持续生态林业进行补偿的必要性

目前我国林业生产状况是家大业少、功大利小，改变这种被动状况的根本出路在于向产业化发展。各产业部门或企业的生产资金主要依靠自我积累和自我循环，以保证生产的不断发展。在这种情况下，实行森林资源有偿使用、建立森林生态效益补偿制度是必然的，也是必要的。

森林生态效益补偿符合现代林业的要求：生态林业是现代林业的基本经营模式，其目的是发展现代生态经济生产力。生态林业的本质含义是生态与经济协调发展的林业，其本质特征是自然和人工森林生态系统的生态平衡，它包含合理利用资源和保护生态环境。

补偿机制是实现生态林资产化管理的前提：生态林之所以难以进行资产化管理，就在于生态林是以保护、控制、稳定、改善生态环境为主要经营目的林种。由于生态功能具有外部公共性，生态功能很难在市场上交换流通，也就无法使生态效益与它的成本——营造生态林的成本配比起来，也就无法从市场角度进行保值、增值的资产化管理。森林生态效益补偿符合价值规律和市场规律的要求：商品有价，服务收费是市场经济的基本特征。用材林、经济林和薪炭林可通过价格得到补偿。防护林和特种用途林等生态林应该得到补偿。森林的生态效益和社会效益所产生的价值比它的直接经济效益高得多。我国森林一年可蓄水及涵养水量约3470亿吨，相当于我国水库总容量4660亿吨的74%，每年减少江河湖库的泥沙淤积量约 76.8 亿吨。由于森林生态效益和社会效益是在无形中发挥作用的，这部分投资得不到回收，给林业的发展带来不利的影响：一方面，林业经济发生危机；另一方面，生态公益林的建设遇到困难。

确立生态林业产业的独立地位，使它商品化、市场化，以及建立与之相配套的资源价格体系、核算体系、税收体系、信贷政策体系以及市场、市场运行机制等，是解决林业经营管理费用的重要途径。研究生态林补偿政策的目的是把森林环境资源核算纳入国民经济核算体系，将森林物质资源核算与森林环境资源核算进行综合研究，只有提出国家级实施方案，并与新的中国国民经济核算体系接轨，才能有效地解决林业持续问题。对生态林进行量化研究，在价值方面提出一套较完整的核算方案来反映森林资源与森林环境为社会做出的贡献，并做出适当补偿，可以为主管部门提供决策依据。

三　对可持续生态林业进行补偿的可能性

（一）理论依据

按照马克思的劳动价值论，任何商品必须同时具备 3 个条件：一是劳动产品。二是有使用价值。三是生产的目的不是为了自身消费，而是为了交换。在生态林的培育过程中，首先，是营林生产凝结着大量的物化劳动和活劳动，是一种劳动产品。其次，是劳动产品具有商品的两个基本属性，即具有使用价值和价值。它的使用价值除了可以向社会提供大量的不同树种、不同规格的用材外，还具有多种生态效益和社会效益，森林的价值就是在培育和生产森林的过程中凝结在商品中的无差别的人类劳动。如果说生态公益林并不具备第 3 个条件，即生态公益林并没有通过市场交换来提供生态功能，为社会服务。则按照马克思对商品的定义，生态公益林并不是商品。但是，国家为了维持生态公益林的持续发展，通过政府行为对其进行价值补偿，即通过政府行为实现其社会价值完成了生态公益林的价值交换。在这一特殊情况下，生态公益林才成为特殊商品，西方学者称其为社会公共商品。

马克思的地租理论对研究林地的有偿使用有很重要的借鉴意义。第一，目前存在级差地租。林地的肥沃程度在全国范围有明显的差异，林地位置差别也十分明显，要求不断对林地进行追加投资，这种追加投资必然出现劳动生产率的差异。第二，仍然存在形成级差地租的社会经济条件，土地的经营垄断与林地的差异结合在一起时，级差林地收入就必然转化为级差地租。第三，林地的绝对地租是客观存在的。因为从绝对地租形成的条件和来源看，林业生产力水平仍大大低于工业，林业资本的有机构成也大大低于工业。这表明在同量固定资产的情况下，林业部门比工业部门能够更多地推动活劳动，创造更多的新价值。所以，在林业资金的有机构成大大低于工业的条件下，林产品的价值必然大于其社会生产价格，其差额就是构成绝对地租实体的那部分超额利润。从绝对地租形成的原因来看，目前仍然存在林地所有权的垄断，并要求在经济上加以实现。从林地所有权与使用权的关系看，我国仍然存在林地使用权与所有权的分离，这是绝对地租形成的前提。林地是土地的重要组成部分，直接对林地有偿使用的理论依据的研究还很少。林地虽属自然资源，它有偿使用的理论依据，应遵从自然资源价值决定基础的理论，尤其是土地资源价值决定基础的理论，但应有特殊性；应当从林地的社会经济关系、林地的价值形成、林地的价值本质、形成条件以及价值形成的基础去研究，探讨林地有偿使用的理论依据。

（二）法律与政策依据

建立森林生态效益补偿制度的法律、政策依据如下：首先，《中华人民共和国森林法》第六条规定：“征收育林费，专门用于造林育林……建立林业基金制度。”自1953年建立育林基金制度以来，对我国用材林的发展起到了很大作用，随着社会经济的发展，生态环境问题越来越突出，改善和保护生态环境已成为一项十分紧迫的任务，因此，建立森林生态效益补偿制度，征收森林生态效益补偿费作为培育生态林费用应该说是时候了。其次，中央有关通知、报告和决定。如《关于保护森林发展林业若干问题的决定》（中发〔1981〕12 号）指出："建立国家林业基金制度"；适当提高（除黑龙江、吉林、内蒙古林区外）集体林区和国有林区育林基金和更改资金的征收标准，扩大育林基金征收范围，具体办法由林业部、财政部拟定。据此，不少省份的林业部门要求把征收育林基金范围扩大到防护林和经济林等生态林。《国务院批转国家体改委关于 1992 年经济体制改革要点的通知》（国发〔1992〕12 号）也明确指出：要建立林价制度和森林生态效益补偿制度，实行森林资源有偿使用。1992 年 9 月 10 日《关于出席联合国环境与发展大会的情况及有关对策的报告》（中办发〔1992〕7 号）第七条指出：运用经济手段保护环境，就强调提出了"按资源有偿使用的原则，要逐步开征资源利用补偿费，并开展对环境税的研究"。1993 年国务院《关于进一步加强造林绿化工作的通知》指出：要改革造林绿化资金投入机制，逐步实行征收生态效益补偿费制度。最后，《水法》《矿产资源法》《渔业法》《土地管理法》等相关法律法规中的规定，如《水法》第三十四条，"使用供水工程供应的水，应当按照规定向供水单位缴纳水费……对城市中直接从地下取水的单位，征收水资源费；其他直接从地下或者江河、湖泊取水的，可以由省、自治区、直辖市人民政府决定征收水资源费"。

根据上述法律和政策条款，可以确认：作为主要由人工培育的生态林资源，它们具有的生态和社会效益更需要得到经济补偿。为了加快造林绿化和林业发展，林业部决定逐步实行征收森林生态效益补偿费制度，1994 年 12 月向国务院提交了《关于将部分森林生态效益补偿费列入水利工程供水生产成本的报告》，建议：在制定《水利工程供水价格管理办法》时，请国务院批准，将森林生态效益补偿费作为工程供水价格的构成部分，通过在水利部门收取的水费上附加的办法收取。

四　可持续生态林业补偿制度的设想

（一）征收范围和对象

生态林的性质决定了其补偿制度：受益对象不仅是依靠生态公益林的生态和社会效益、从事生产经营活动、有直接收入单位，而且包括受益地区内的所有其他产业部门及居民，他们的受益程度远比依靠生态公益林取得经济效益的经营单位大得多。因此，征收森林生态和社会效益补偿费，属于资源补偿性的收费。凡受益于各类防护林和特种用途林或依靠这些森林资源从事各项生产经营活动的单位和个人，均属被征收对象，都必须缴纳森林生态和社会效益补偿费。根据国家目前的现实情况，可考虑先对有经营收入的大中型水库、大中型水力发电厂（站）、大中城市自来水厂（公司）、以森林景观为依托的风景旅游区的经营单位和个人，以及内河航运企业、淡水养殖、采集林区野生植物资源、林区附近的煤矿等征收森林生态和社会效益补偿费。鉴于目前农民负担过重，对受益于各类防护林的农田和牧场，由当地政府规定，原则上可缓征、少征或免征森林生态和社会效益补偿费。补偿的渠道如下：①国家补偿渠道，建立公益资源储备。②社会补偿渠道，国家向受益单位、个人征缴一定量的税、费，然后由国家根据具体情况，补给公益林生产者。③市场补偿渠道，推销有形林产品或服务性收入，具有不稳定性。

国家补偿渠道是公益林生产补偿中最重要的部分。补偿的内容除了林地补偿费、林木补偿费、林地安置补助费、森林植被恢复费外，还包括林地损失补偿费、林地附着物补偿费、林区设施补偿费、承担林地开垦补偿费、森林资源涵养水源补偿费和森林资源社会收益补偿费。

（二）征收标准与方法

补偿总标准应是公益林生产经营过程中所消耗的社会平均成本。关键是要确定公益林社会平均成本的水平。在确定具体的幅度和计征的标准时，要认真核算并充分考虑被征收单位和个人的经济承受能力。对有水费收入的水库、水力发电厂（站）、城市自来水厂（公司）、风景旅游区、风沙区的煤矿，特别是露天煤矿，可分别在原水费、电费、门票和煤价的基础上附加一定的数额或比例。在风景旅游区内从事的服务项目，可按其营业额的一定比例计征。对内河航运可按其运价的一定比例计征。对风沙区的露天煤矿可按其每年采煤收入的一定比例计征。对在林区采集野生的药材、食用菌、人参、编织等植物资源的数量，按当地市场收购价的一定比例计征。对进入林区养蜂的可按每次、每箱、每月征收一定数额。为照顾农民利益，减轻农民负担，对农田灌溉用水、用电应少征或不征。

（三）征收办法、使用与管理

生态林业补偿费由各级人民政府的林业行政主管部门负责征收。林业主管部门可委托水利、电力、交通、供销、税务和风景旅游区的管理部门等代征，按季转拨林业主管部门，由林业主管部门付给适当的代征手续费。凡大中城市征收的森林生态和社会效益补偿费，原则上应将其中的大部分上缴国家林业局作为中央级林业基金，由国家林业局统筹安排使用，剩余部分可纳入地方林业基金分级管理和使用。

其他地方征收的森林生态和社会效益补偿费，大部分应返还给提供森林生态和社会服务的经营单位，主要用于森林培育、管护和林政管理开支，剩余的可参照育林基金的分配办法，由省、地、县（市）按比例分成，统一计划、统一调剂、分级管理。森林生态和社会效益补偿费，应主要用于各类防护林、自然保护区、风景林和生态环境保护林等的保护和建设。森林生态和社会效益补偿费的征收、使用和管理，应由同级审计和财政部门进行监督。

（与张美华合作）

运用市场机制进行林业建设的再认识*

运用市场机制进行经济建设已经获得了广泛的认可。那么，运用市场机制进行林业建设，究竟有什么问题？如何正确认识这些问题？本文试图对此有个初步的认识。

一　林业建设中市场机制失灵的主要论点

（一）市场不完全竞争或垄断

不完全竞争或垄断是指市场由一个或少数几个购买者（售卖者）所统治的情形。不完全竞争或垄断的根源，是进入、退出方面存在障碍或产品差别的存在，加强了垄断企业控制价格的能力，从而使价格偏离均衡水平。不完全竞争或垄断，直接导致了产量不足、社会资源浪费，同时因存在超额利润而致使社会分配不公，这一切均不符合最佳资源配置的要求。木材流通管理，采取集体林区独家收购、独家经营的方式，虽然在林政方面不失为一种相对有效的手段，有利于保护森林资源免遭破坏，但这种买方垄断力量，往往是垄断者限制产品价格，使产品价格低于边际价值，造成生产经营者的收益受损。

---

* 此文发表于《生态经济》2001 年第 10 期。

（二）公共产品与外部性问题

社会上有些物品的消费是难以排除他人的，同时这些物品也无法分割，以便将每一份按竞争价格在市场上出售，这些物品被称为公共物品。一些消费者享受了此类物品的外溢效果，却不支付费用或不支付相应的费用，这必然导致市场机制不能有效地将投资引向此类物品的生产。还有些物品，具有公共物品的特性，但其消费具有地域性或集团性，所以这类公共物品被称为准公共物品，准公共物品可以在某些领域内按受益者负担的原则确定其价格。林业不仅具有经济效益和生态效益，还具有社会效益。森林资源不仅为人类提供观赏、休息等游憩价值，也为人类提供美化环境的精神文化价值。森林资源的这种环境效益属于公共商品，没有市场交换和市场价格，市场机制无法促进森林资源的社会价值的发展。林业中有许多森林类型属公共物品或准公共物品，如防护林体系、水源涵养林、自然保护区、森林公园、狩猎区、绿化带等。将林业生产与公共产品生产紧密联系在一起的是林业存在经济外部性的观点。简单地说，外部效应就是指一个经济单位的经济活动对其他经济单位所产生的非市场性的影响。外部效应包括外部经济性和外部不经济性。外部经济性是指某些经济单位的生产经营活动使他人得到额外利益，而受益者并未付给相应的报酬。例如，森林的营造、管护，当森林发挥保持水土、涵养水源、防风固沙、调节气候、净化空气、美化环境等多种效能时，社会上许多团体、个人都从中得益，而不必为此付出相应费用。外部不经济性是指某些经济单位的生产经营活动使他人受到附带的损害，但并不给予相应的赔偿。外部负效应对林业的影响是严重的，一方面，负效应的生产者由于不支付必要的代价，其结果导致过多的资源被用于某项特定的生产活动。比如，过多地营造纯林造成土壤板结，过度砍伐森林资源造成对资源体系和环境的破坏等。另一方面，整个经济社会中的各种对环境的干扰活动也会溢出大量负效应到林业，如温室效应、酸雨等对森林的影响。

（三）信息不对称与风险

在完全竞争的市场里，供求双方都掌握所有信息。在现实市场中，经常存在生产者不确切知道自己产品的需求曲线或成本曲线，而使生产量达不到最佳水平的情况。存在于林业中的信息不完备主要有：林业生产经营者地处交通不便、信息闭塞之地，加之企业缺乏有关人才，对产品的市场价格、供求数量及趋势、产品质量等情况掌握不全；对森林多种功能的作用、社会需求状况、社会成本及赢利水平等研究比较肤浅；对森林生产力、森林灾害发生规律认识不足；林业生产的长期性，使个别生产者无法把握长期的价格趋势、供求变化态势。生产者总是需要在一定的预测下决定自己投入开发方向（如种子园建设、集约栽培模式、林业工业项目等），企业由于无法掌握这些活动的全部信息，这种投资便伴随着较大的风险，由于个人或企业资金能力及抗风险能力有限，往往会取消长期性的、风险大的投资。

（四）市场目标与社会目标的不一致问题

市场机制在微观平衡方面，具有自动调节器的作用。由于受短期利益的支配，市场机制通常只能反映现有的生产和需求结构，无法对国民经济的宏观运动起导向作用。因此，市场机制对调节市场经济目标实现过程与社会目标之间的矛盾和冲突是无能为力的。社会主义市场经济制度是市场机制与社会主义制度相结合的经济社会，在这个经济社会中，除了效率上的考虑外，社会也完全有必要对分配的公平、经济的稳定采取必要措施，保证在高效率的基础上，实现社会持续发展，求得社会的公平和共同富裕，而市场在这方面似乎存在失灵现象。

1. 分配不公问题

市场机制尽管在促进资源效率方面有基础性的作用，但在分配的公正性方面是盲目的。公平分配首先是要保护公平竞争、保护劳动者的正当收入。林业方面的产权制度安排不完善，森林资源的所有者与使用者的权利得不到保障，任意增加林农的费用负担，使依赖山林而生存的许多林农的权益无法得到保障，从林产品价格上升中得不到好处，极大地损伤了林业经营者的积极性；一些权力者凭借非经济手段侵吞林业收入，造成极大的不平等；林业多处于经济、文化落后地区，教育水平低，发展机会少，在市场竞争中呈弱势加剧态势。这一切都不利于林业的发展，同时严重地影响对林业的激励。

2. 经济发展的波动性问题

在市场机制的作用下，社会是完全可以实现经济的高速增长的，同时却伴随着较大的经济波动以及大量的失业和通货膨胀，引起社会经济秩序混乱。如果说经济周期震荡对许多行业的发展会产生不利影响的话，对林业的损害则更严重、更久远。众所周知，木材需求是一种派生需求，经济周期的作用使木材需求也呈周期性变化。当出现对木材的过热需求时，木材价格上升直接刺激着采伐，过度采伐导致对资源的破坏和林区秩序的混乱。森林一旦遭到破坏，由于林业投资的长期性和外部性等原因，要靠市场机制的自发作用而自动恢复资源供需平衡，不仅力量很弱，而且恢复均衡所需要的时间特别长。

（五）我国林业自身特点及现状

传统的观点认为，林业具有生产周期长、风险大、劳动投入、资金投入多等特点。林业既是一项产业，又是一项社会公益事业，兼具经济效益、生态效益和社会效益。正是由于林业生产的特殊性和功能的多样性决定了林业市场化过程更复杂和困难。林业在市场竞争中的劣势地位主要表现在：林业（营林业）生产周期长，使森林资源供给弹性小，即引起的价格上扬或下跌，对供给量影响不大。林业生产的长期性，同时造成了生产资金占用多、资金周转时间长、投资收益慢的结果。林业生产风险较大，除受自然因素影响大外，林业还受社会影响，乱砍滥伐现象普遍存在。林业比较利益低，目前我国营林投资利润率低，这是由于我国目前林业生产经营水平、科技水平都相对较低导致的。

二　对市场机制失灵主要论点的再认识

分析目前对林业市场机制问题的有关讨论，我们不难发现，许多观点还是站在计划经济的角度，从为本部门争利益出发来探讨问题。如果我们对林业特点的研究仅仅停留在这样的基点上，就难以准确认识林业的特点和林业经济发展的规律性。实际上，林业经济中的“市场失灵”问题与其他行业没有本质上的区别。而市场机制在林业中的积极作用有限论或许有助于在特定时期用来满足提高社会对林业的重视程度、增加对林业的投入、提高林业的地位等方面的需要，但无助于从根本上解决中国林业经济发展的问题。

林业有自己的特殊性，但林业的特殊性也不是在林业中排斥市场机制积极作用的理由。市场机制的基本原则适用于林业。

（一）公共产品问题

从资源经济学的角度来看，森林资源是介于私人产品和公共产品之间的“准公共产品”。因为森林资源具有生态效益和社会效益就认为林业生产具有公共产品生产的特征，就认为市场机制在林业中的作用是有限的，这样的观点显然都存在一个问题，那就是将林业中存在的公共产品生产的范畴扩大化了。林业主要的生产和经营活动是对森林资源的培育、经营、采伐、加工。无论从人力、物力、财力、规模、效益等几个方面来看，林业都以“准公共产品”生产为主要内容。即使将林业生产全部看成公共产品生产，即不对森林进行任何形式的以经济为目的直接采伐，森林资源的公共产品性质也与纯公共产品性质不同。

森林资源仍然可以为许多其他以经济生产为基本目的的社会生产活动创造条件，取得经济收益。在林业及其他技术比较发达的情况下，对森林资源实现多目标利用，作为公共产品部分的森林资源仍可获得比较可观的排他性经济收益。森林资源的经济、社会、生态效益是融合在一起的，在林业生产活动中，我们尽管可以为了取得某种效益培育森林，但我们无法排斥其他效益，这些特性是联系在一起的、密不可分的。这是林业最重要的特殊性之一。因此，将林业生产全部或部分地看成纯公共产品生产，并以此来说明市场机制在林业中的积极作用是有限的观点，是不全面的。

（二）林业自身特点及现状

很多人认为，林业的生产周期长的特点使市场机制难以发挥作用。这种观点将林业的生物性特点与林业的生产和经营特点混淆了。生产和经营周期是以产品完成生产过程，进入流通过程，成为商品来计算的。虽然林木生长周期长，但不足以排斥或否定市场机制的作用。而且林木生长的长周期也仅仅是在以林木生产为主要经营内容的林业企业经营的初期才会对企业的经营造成一定的影响，在林业企业具有一定的规模，森林资源和资金累积达到一定程度时，企业实现了木材的均衡生产（即永续利用）之后，生产周期长就不再是制约企业经营的主要问题，投资大、风险高是与长生产周期联系在一起的，因而也就不能成为市场机制作用的障碍。从市场经济发达国家林业生产和经营的实际看，林业生产的地域性也不是制约市场机制作用的主要因素。

实际上，在我国的林业经济理论研究中，并没有对林业在正常市场经营条件下的营利性进行全面系统的研究。但从国外学者的研究和论述中，我们得不出林业不具有营利性的结论。

长期以来，我国林业形成了以天然林开发利用为基础的模式，这种模式是有其特殊前提条件的。在这种生产模式下，出现了所谓的“林业生产周期长、投资大、风险高、地域分散”等特点。人类文明的进步和社会经济的发展，使林业经营的思想发生了重大变化，以天然林采伐和利用为主要基点的传统林业观念，已经日益为以维持生态平衡为基础的森林多目标利用等现代林业经营思想所取代。人们的林业生产活动已不再是单纯对森林的采伐利用，而是充分发挥林业的生态、社会、经济综合效益。由此而产生的林业特点就发生了变化。林业生产周期长已不再是制约林业发展的主要因素，正是由于林木生产周期长，才使人们通过林业生产活动而获得相对稳定和长久的生态和社会效益。同时，林业可以通过对森林的多目标利用获得更多的经济效益。因此，林业经济效益也就有更广泛的内涵和外延。从这个观点来看待林业，林木生产周期长恰恰不是林业产业的弱点，反而是得天独厚的优势。

（三）政府扶持与干预的必要性

简单地去谈简政放权或笼统地以森林资源的特点为由对林业经济活动加以干预都是不可取的，必须从理论与实践两个方面去分析政府干预与市场机制的关系，规范政府行为以减少政府干预的盲目性，减少政府干预的成本。政府扶持或干预的最终目的，则是使市场机制的作用更有效地发挥出来。林业的发展需要政府的扶持，政府的扶持是支持林业的发展，使之具备自我发展的能力，而不是培养经营管理者的懒惰行为。从我国国民经济发展的实践来看，由国家把林业完全养起来是不现实的，林业发展中的政府扶持必须符合市场经济发展的要求并利用市场机制。

（四）市场机制与资源保护

部分学者反对市场机制运用于林业建设的一个原因，是我国森林资源非常短缺。事实上，一个产业的发展是否应发挥市场机制的作用，不在于资源是否短缺，而在于它的供给和需求是否可以形成竞争，竞争是否有利于降低成本。我国的森林资源短缺，从根本上说，是由于产权不分，林业经营的责任、权利、义务等不明确，企业经营中的行政干预、林木市场缺位等使林业生产和经营缺乏激励机制。改善我国林业生产和经营中资源短缺状况的有效途径之一是改革，使市场机制发挥积极作用，通过市场机制的激励作用，促进森林资源保护。

也有的学者认为，林业引入市场机制必然使森林资源遭受严重破坏。事实上，我国乱砍滥伐林木由来已久，每次乱砍滥伐林木都有各种各样的诱因，由此乱砍滥伐林木不是只有在市场经济条件下才有的。在市场开放的情况下，之所以会造成森林资源的破坏，其根本原因是森林资产与经营主体的分离，经营者不对森林资产的保值和增值负责。在市场体系比较健全的条件下，森林经营者不仅能从森林的砍伐和木材的交易中获得满意的直接利益，而且还能从森林的经营中获得其他经济利益，森林资源的消失会对具体的经营者造成明显损失，那么市场机制就会起到保护森林资源的作用。

三　运用市场机制加强我国林业建设

在传统的计划经济体制下，市场机制发挥作用的基础被人为地取消，其作用遭到否定，政府对生产者、消费者实行超强控制，包罗万象、僵死的计划和命令支配着整个经济领域，生产者和消费者都不成其为独立的经济实体，无利益驱动，无竞争活力，经济效率低下。建立社会主义市场经济体制的首要任务就是要改革传统的计划经济体制，用一种新的充满活力的新体制取代原来的行政社会主义的产品经济旧体制，以充分发挥市场在资源配置方面的基础性作用。我国正处在由计划经济向市场经济过渡的历史时期，当前林业经济理论研究的重点应是对市场机制在林业中的作用进行深入研究，以充分发挥市场机制的积极作用，避免市场机制的消极作用，并通过改革，充分发挥市场机制的积极作用。

（与张美华合作）

重庆市三峡库区建设可持续发展新型山地生态农业的思考*

重庆市辖区范围大，新增加的涪陵、万县和黔江为老、少、穷、山地区，又是三峡库区的重点淹没地区，移民和脱贫是20世纪末该地区必须完成的关键任务。三峡库区人多地少，农业生态环境恶劣，水土流失严重，山地灾害频繁。

针对地区山高坡陡、生态环境脆弱、生态恢复困难的状况以及艰巨的移民、脱贫任务，建设可持续发展新型山地生态农业，对重庆市三峡库区的可持续发展具有极其重要的现实意义和深远的历史意义。

一 可持续发展新型山地生态农业是三峡库区可持续发展的必然选择

（一）基本情况

重庆市新增的3个地区位于三峡库区、大巴山和武夷山区，地形和地貌复杂，人多地少，资源短缺，生态环境脆弱，社会经济发展极不平衡。这里是全国18个集中连片的贫困地区之一，是三峡库区的主要淹

---

* 此文发表于《重庆大学学报》（社会科学版）1999年第1期。

没区。移民开发和脱贫形势严峻，主要表现在：①贫困市县多。库区43个区（市、县）中，有贫困区市县21个，占比为48.8%，比全国平均水平高出22.9个百分点，集中分布在涪陵、万县和黔江，其中包括12个国定贫困县、8个省定贫困县。②贫困人口多。按国家划分标准，1994年库区贫困人口为498.96万人，占总人口的16.6%，比全国同期平均水平高出9.9个百分点。1473.2万新增人口中，有贫困人口341.6万人，占新增人口的23.2%。③贫困程度重。在21个贫困区市县中有国定贫困县12个，建卡贫困户96.5万户，人口达422.8万人；特困乡镇225个，特困村2385个，特困户35.8万户，至今仍处于绝对贫困线以下贫困人口有383万人，占全部人口的12.8%。④扶贫投入不足。按每解决一个贫困人口的温饱需投入1500元计算，要解决400万贫困人口的脱贫，需投入60亿元，而中央扶贫资金加上地方配套资金，每年只有6亿元左右，到2000年也只能提供24亿元，缺口达36亿元，再加上对已解决温饱问题地区的继续投入，缺口达50亿元左右。⑤时间紧迫。要在20世纪末解决40万人口的温饱问题，时间紧、任务重，受诸多因素制约。这些人口大多分布在山区，山高坡陡，土地质量差、容量低、人口密度大；人口素质低；资源短缺；自然生态条件差，大量水土流失导致三峡库区的植被处于逆向演替状态；交通不便，导致扶贫难度增加。⑥移民数量大。库区淹没区涉及重庆所辖范围内的25个区市县的71.5万人，占全库区静态移民的85.2%，到工程竣工时，动态移民达108万人。

（二）可持续发展新型山地生态农业是重庆三峡库区移民开发和脱贫的必然选择

贫困是经济问题，也是社会和环境问题。因为贫困不仅威胁着区域的可持续发展，也影响社会的稳定与健康发展，并给生态带来毁灭性的破坏。因而，对三峡库区而言，消除贫困和可持续发展是同一问题的两个方面：不消除贫困就难以持续发展；不有效改善生态环境和以可持续发展的方式开发利用资源，就不可能从根本上消除贫困，并影响全库区移民的顺利进行。

开发性移民必然影响区域的生态环境，适宜的开发方式势必有利于实现脱贫任务。因而，脱贫—生态环境—移民三位一体、密不可分。环境越脆弱，生态环境破坏越严重，贫困程度越高，脱贫难度也越大，移民开发的范围和强度必然加大，又进一步加剧了生态环境的破坏，加深了贫困的程度，如此便形成了难以打破的恶性循环。因而三峡库区脱贫和移民的首要任务是恢复区域生态环境。生态农业由于重视生态学原理的根本特点，保证了它对生态脆弱、恶劣地区的必然贡献。

实践证明，从改善生态环境条件入手，十分有利于扶贫和脱贫，并推动移民工作的开展。

综上所述，重庆三峡库区特殊的自然条件和生态环境，以及移民和脱贫任务繁重的现实情况，决定了发展生态农业是三峡库区生态经济发展的必由之路，必须探寻适合区域特征的可持续发展新型山地生态农业模式，以推动三峡库区乃至整个重庆市社会经济的全面发展。

二　生态农业内涵深化的必然选择

建设重庆三峡库区可持续发展新型山地生态农业，是年轻的重庆直辖市办实事、造福子孙后代的一项重大战略选择，对三峡库区贫困人口脱贫，实现开发式移民与振兴农业经济具有重要的现实意义和深远的历史意义。这也是我国生态农业的内涵亟待深化和扩大、实践亟待成功探索的必然。

农业是国民经济的基础产业，更是农村经济的基础。农业的产业特征决定了生态农业建设是农村生态经济管理的基本形式。生态农业建设在全国蓬勃发展的实践证明，生态农业是持久振兴农业和全面发展农村经济的根本大计，是对“持续、协调、稳定”发展农业战略的最佳体现，是实现农业可持续发展的战略选择。截至 1995 年底，全国生态农业的试点已达1200个，大约有2亿农民靠生态农业快速脱贫致富，有的已跨入小康行列。生态农业建设是由自给自足小农经济式的传统农业走向新兴现代农业的必由之路，不仅使农民增产增收增效益，还能有效地防止水土流失，增强抵御自然灾害的能力，改善生态环境。显然，这对加强三峡库区安全保障更具有重大的现实意义。

尽管我国实施生态农业的时间不长，但由于它符合自然界的发展规律，能比较好地协调经济建设和环境保护的矛盾，从而保证农业持续、稳定地发展，所以是保护环境促进经济持续发展的重要途径。不过，目前其理论尚缺乏整体、系统、深入的研究，更多的是单学科分散研究，而且科学研究远远落后于实践的需要，低层次的生态农业实践缺乏理论指导，出现了一些弊病。笔者认为，生态农业尚处于理论研究的初级阶段，中国生态农业的实践和内涵亟待深化和扩大，向生态农业的高级阶段——可持续发展新型山地生态农业发展，从而补充和完善生态农业理论体系。

著名生态经济学家石山提出了“中国的希望在山区”的科学论断，正是基于理论和实践方面的需要。笔者提出的可持续发展新型山地生态农业理论，是实现重庆市三峡库区脱贫和开发式移民、推动库区农业可持续发展的战略选择，是中国到21世纪末解决650万贫困人口脱贫的有效途径，也是实现“中国到2030年16亿人口能自己养活自己”的国际承诺的有效、可行、科学的战略选择。

三　可持续发展新型山地生态农业的内涵及发展思路

可持续发展新型山地生态农业包括四个方面的内涵：这是在传统农业成功经验与现代科学技术进步相结合的基础上产生和发展的一种高科技、高生态位、高起点、多模式和有序协调的可持续发展的新型山地生态农业新战略设想，是生态农业理论体系的进一步发展与完善，也是生态农业实践的补充。

可持续发展新型山地生态农业模式紧密结合库区山地特点，以林草为主，农、牧、禽、渔、蚕、果、花、桑、药、藻、菌、虫以及野菜、野果、野兽、野禽驯化养殖相结合，以适用技术因地制宜，多种经营综合发展，实现全新的产业结构。设施农业，大面积推广大棚（温室）、菜篮子工程、清洁（绿色）食品生产、试验无土栽培等新兴的生产方式。推广城镇微型生态农业模式的试验，提倡城镇居民从事自给自足（或部分销售）的微型生态农业系统生产，减轻农业对三峡库区人多地少、山多地少、资源短缺、粮食供需矛盾突出被动局面所承担的超负荷压力。

根据可持续发展新型山地生态农业的内涵进行理论研究，以指导三峡库区生态农业实践，推动移民开发，加快脱贫步伐。研究的主要内容包括：可持续发展新型山地生态农业的理论内涵；可持续发展新型山地生态农业与三峡库区农业的可持续发展；三峡库区山地生态农业系统分析，包括生态农业系统辨识、生态经济区贫困地区类型划分、分布以及区域资源适宜性分析等；三峡库区可持续发展新型山地生态农业模式设计；可持续发展新型山地生态农业的效益评价方法；可持续发展新型山地生态农业的试验推广研究等。

重庆市三峡库区面临发展的历史机遇和挑战，应不失时机地尽早投入力量加强研究和试点建设，特别是在库区条件优越的县（区）先行建点推广。为此，建议成立“重庆三峡库区可持续发展新型山地生态农业建设行动小组”，主持、协商、讨论总体行动计划和实施方案，尽早选点实施，加快库区脱贫和移民的步伐，带动重庆市乃至整个三峡库区经济、资源、环境协调、持续地发展。

（与于法稳合作）

中国面向21世纪绿色食品的发展趋势*

一　中国绿色食品发展的现状分析

在国外提倡发展有机食品大潮的推动下，1990年5月中国正式宣布开始发展绿色食品，使中国的生产方式和消费方式的观念发生了重大的变化。1990～1993年从农垦系统启动的基础建设后，又经历了1994年至今向全社会推进和加速发展的两个重要阶段，中国的绿色食品事业获得了蓬勃发展，并产生了显著的经济效益、生态效益和社会效益。

（一）绿色食品的生产状况

经过8年的建设，全国30多个省、自治区、直辖市建立了具有一定生产规模的绿色食品生产基地。绿色食品的产品数量已由最初的127个增加到目前的932个，主要涉及农业产品、林业产品、畜产品、渔业产品、加工产品、饮料、饲料七大类。绿色食品的开发面积已达213万公顷。实物生产量由最初的60万吨增加到目前的360万吨。绿色食品的产品已遍布全国各地，许多产品还成为全国或地区的名牌产品。

---

* 此文发表于《当代生态农业》1999年第1期。

（二）绿色食品的销售状况

目前，全国许多地方不同程度地开展了绿色食品市场体系建设工作，初步取得了成效。在北京、上海、天津、哈尔滨等大中城市相继组建了绿色食品专业营销渠道。另外，各地通过举办绿色食品宣传展销会来促进绿色食品的销售。在中国绿色食品总公司组织下，绿色食品出口贸易出现了新的局面，探索出“公司＋专家＋基地＋农户”农业产业化外向型开发模式。近几年，黄豆、大米、花生、红小豆等绿色食品产品先后进入了日本、美国、德国等国家和地区的市场，并在技术、质量、价格、品牌上显示了明显的优势，展现出了绿色食品广阔的出口前景。

（三）绿色食品管理状况

目前，全国30个省、自治区、直辖市都已在中国绿色食品发展中心委托下，成立了绿色食品管理机构，并分区域委托了9个食品检测中心负责绿色食品的质量控制。在标志管理上，我国将绿色食品标志作为商品商标在国家工商行政管理局进行注册，作为质量证明商标使用，受法律保护。在技术和质量管理上，中国绿色食品发展中心与有关科研部门配合，制定了《绿色食品产地环境检测及评价纲要》；制定了绿色食品分级标准（A级和AA级）；制定并颁布了49个绿色食品产品标准；在全国七大地理区域制定了72种农作物的A级绿色食品生产技术规程。制定了生产绿色食品的肥料、农药、兽药、水产养殖用药、食品添加剂、饲料添加剂六种生产资料使用准则。

（四）绿色食品的科研状况

绿色食品科研及技术开发推广工作已经起步。首先，绿色食品的研究已初步形成自身的理论体系，近几年相继出版和发表了一些相关著作和论文，其中以刘连馥先生编著的《绿色食品导论》为主要代表。其次，绿色食品的生产和管理部门与有关高校及科研院所建立了广泛的科技交流与协作联系，为绿色食品科研及技术开发推广体系的完善奠定了良好的基础。最后，先后完成了“绿色食品农产品基础环境条件与生产技术的研究”“绿色食品市场开发和培育研究”等多项绿色食品科研课题，并将其应用到了绿色食品生产开发中。

二　中国绿色食品的发展趋势

（一）产业化

绿色食品产业化是从传统食品向现代食品产业转化的历史过程，是促进绿色食品发展的最佳途径。我国绿色食品开发虽然时间不长，但由于选择了绿色食品产业化发展途径，取得了长足发展。利用“以市场引导产业、以标准规范产业、以标志管理产业”的绿色食品良性发展机制，将现有的产业化模式，如以某一产业为龙头的带动型模式、以某一个或某几个优势产业为主导的主导型模式、以市场为导向的导向型模式等进一步完善，并根据绿色食品的发展需要，探索出新的产业化模式，形成涵盖粮油、果品、蔬菜、畜禽蛋奶、水海产品、酒类、饮料七大类农产品的多种形式的绿色食品产业链，使“贸、工、农”“产、加、销”“科、工、贸”有机地衔接起来，有效地实现了绿色食品产业一体化经营。

（二）国际化

绿色食品的兴起是由于有市场需求，是市场经济的产物。市场经济是开放经济，必然要面对世界、走向世界，在世界市场竞争中求得发展。我国绿色食品若要得到快速、健康发展，必须面向世界市场，与国际接轨。1993 年，中国绿色食品发展中心代表我国政府加入了有机农业国际联盟（IFOAM），奠定了我国绿色食品与国际相关行业交流合作的基础，要继续在质量标准、技术规范、认证管理、贸易准则等方面加强国际合作与交流，扩大我国绿色食品的出口规模，尤其要抢占俄罗斯、日本、韩国等周边和亚太地区国家的市场。只要我们在标准、技术、管理、贸易等方面加快与国际对接，瞄准越来越向好的国际绿色食品市场，一定能产生更大的绿色食品发展的牵动力，跨越“绿色贸易壁垒”，不断扩大国际绿色食品市场的占有率，树立我国绿色食品的精品名牌形象，创造出更好的经济和社会效益。

（三）品种多样化、系列化

虽然到目前为止我国已开发了900多种绿色产品，但与我国现有的上万种食品相比，其所占比例较小，可见绿色食品还有极大的发展空间。各省、自治区、直辖市，尤其是资源优势较强的东北等地区，应不断挖掘开发潜力，在确保产品质量的前提下，根据市场需求，不断优化产品结构，大力开发多种品种的绿色食品，尤其应优先发展与人民生活密切相关的肉、奶、蛋、鱼、蔬菜、水果、饮料等产品及相关产品，以达到饮食绿色食品化。这样可全方位地达到使人类的饮食无污染、安全、营养的目的。

（四）生产科技化

科技是绿色食品生产、加工效果和质量的保障。绿色食品科技主要包括农业技术、食品工业技术、商品技术等诸多方面。我国绿色食品的生产，应与现代化大生产相结合，在生产、加工、储运等诸多环节中，尽可能采用现代化科技手段，尤其是在作为原料的绿色食品粮食、畜禽等生产中，要充分利用各种生物技术、膜技术、酶技术等高新技术，并把绿色食品生产相关的科研成果尽快转化为生产力，增加绿色食品的科技含量，提高其附加值。同时，应充分吸收中国传统农业的经验和技术，并加以应用，加强对现代常规技术的生态化。

（五）精装化

产品的包装效果直接影响消费者及外商对该产品的兴趣，进而决定产品的销售量。绿色食品生产企业应注重其产品的包装效果，在突出产品的特点，让消费者非常容易地了解该产品的同时，把包装设计得美观、精致，精心塑造绿色食品鲜明独特的市场形象，使我国的绿色食品向精装化方向发展，提高其在国际市场上的竞争能力。

（六）销售专业化

在全国大中城市建立绿色食品销售网，发展绿色食品专卖店、连锁店、专销柜等对其进行集中销售。这不仅可以方便消费者集中购买所需的各种绿色食品，而且可以增加消费者对绿色食品的信任感，防止购到假货，维护消费者的权益。另外，还要注意绿色食品销售商店的位置选择，以便于消费者购买绿色食品。

绿色食品的开发，可以为人们提供无污染的安全、优质、营养的食品，保护和改善生态环境，提高农产品及其加工品的质量，增强城乡人民体质，促进国民经济和社会可持续发展。随着人们对绿色食品认识的深入及生活水平的提高，绿色食品的需求量将日益扩大，它必将成为21世纪的主导产品。

（与尚杰合作）

图书在版编目（CIP）数据

叶谦吉文集/叶谦吉著. —北京：社会科学文献出版社，2014.6
ISBN 978-7-5097-5984-4

Ⅰ.①叶… Ⅱ.①叶… Ⅲ.①生态农业-文集 Ⅳ.①S-0

中国版本图书馆 CIP 数据核字（2014）第 090839 号

叶谦吉文集

著　　者 / 叶谦吉

出 版 人 / 谢寿光
出 版 者 / 社会科学文献出版社
地　　址 / 北京市西城区北三环中路甲 29 号院 3 号楼华龙大厦
邮政编码 / 100029

责任部门 / 经济与管理出版中心（010）59367226　　责任编辑 / 王莉莉
电子信箱 / caijingbu@ssap.cn　　责任校对 / 赵贝培
项目统筹 / 恽　薇　　责任印制 / 岳　阳
经　　销 / 社会科学文献出版社市场营销中心（010）59367081　59367089
读者服务 / 读者服务中心（010）59367028

印　　装 / 北京鹏润伟业印刷有限公司
开　　本 / 787mm×1092mm　1/16　　印　　张 / 20
版　　次 / 2014 年 6 月第 1 版　　彩插印张 / 0.25
印　　次 / 2014 年 6 月第 1 次印刷　　字　　数 / 291 千字
书　　号 / ISBN 978-7-5097-5984-4
定　　价 / 75.00 元